西门子变频器与PLC综合应用入门

万 英 编著

中国电力出版社
CHINA ELECTRIC POWER PRESS

内 容 提 要

本书以西门子公司的MM440变频器与S7-200PLC为例，以现场应用为导向，循序渐进地介绍了变频器与PLC的使用方法和实际应用，全书内容结构完整、重点突出、条理清晰、趣味性强、插图直观、通俗易懂。

本书实用性强、可读性强、操作性强，可供职业院校电气工程、机电一体化、自动化等相关专业的学生使用，也可供技术培训及在职技术人员参考。

图书在版编目（CIP）数据

西门子变频器与PLC综合应用入门/万英编著. —北京：中国电力出版社，2017.2（2023.7重印）

ISBN 978-7-5198-0025-3

Ⅰ.①西… Ⅱ.①万… Ⅲ.①变频器-基本知识②PLC技术-基本知识 Ⅳ.①TM773②TM571.61

中国版本图书馆CIP数据核字（2016）第274985号

中国电力出版社出版、发行

（北京市东城区北京站西街19号 100005 http://www.cepp.sgcc.com.cn）

三河市万龙印装有限公司印刷

各地新华书店经售

*

2017年2月第一版 2023年7月北京第三次印刷

787毫米×1092毫米 16开本 11.25印张 272千字

印数3501—4000册 定价**35.00**元

前 言

在众多的自动化控制器件和驱动装置中，变频器与PLC的应用非常广泛，已成为电气自动化控制系统中不可或缺的部分。本书是在认真研判相关职业标准的基础上，结合当前变频器与PLC的应用现状及一线工人的实际需求而编写的。通过本书的学习，力争使读者了解和掌握电气控制变频器与PLC的基本知识和设计方法，并通过一些完整的应用实例，达到举一反三的目的。

本书以西门子公司的MM440变频器与S7-200PLC为例，以现场应用为导向，循序渐进地介绍了变频器与PLC的使用方法和实际应用。全书共分十章，详细介绍了变频器与PLC的基本知识、变频器与PLC的使用方法、变频器与PLC的基本应用和典型应用、变频器与PLC的联机应用、变频器与PLC的选型与维护等内容。

本书内容结构完整、重点突出、条理清晰、趣味性强、插图直观、通俗易懂。因此，本书实用性强、可读性强、操作性强，可供职业院校电气工程、机电一体化、自动化等相关专业的学生使用，也可供技术培训及在职技术人员参考和使用。

在编写本书过程中参阅了近年来出版的一些电工电子类书籍和刊物，以及互联网上的电工电子类资料，在此对这些作者表示衷心的感谢！由于编者水平有限，书中难免有疏漏和不妥之处，欢迎广大读者批评指正。

编 者

目录

第一章 变频器的基本知识

第一节　变频器的作用与分类

一、变频器的作用

变频器是集高压大功率晶体管技术和电子控制技术于一体的控制装置，它利用电力电子器件的通断特性，将固定频率的电源变换为另一频率（连续可调）的交流电。其作用是改变交流电动机供电的频率和幅值，进而改变其运动磁场的周期，达到平滑控制交流电动机转速的目的，如图 1-1 所示。

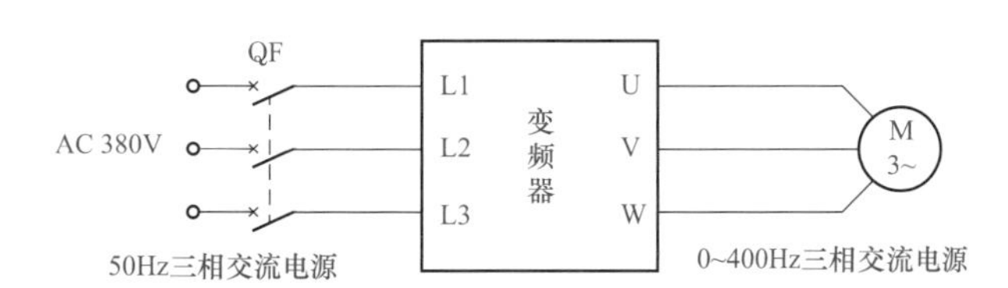

图 1-1　变频器的作用

变频器具有明显的智能化特征，能实现对交流电动机的软启动、变频调速，可提高运转精度、改变功率因数并具有过电流保护、过电压保护和过载保护功能。变频器与交流电动机相结合，可实现对生产机械的传动控制，称为变频器传动。变频器传动已成为实现工业自动化的主要手段之一，在各种生产机械中（如风机、水泵、生产线、机床、纺织机械、塑料机械、造纸机械、食品机械、石化设备、工程机械、矿山机械、钢铁机械等）有着广泛的应用。它不仅可以提高自动化水平、机械的性能、生产效率、产品质量和节能等，而且缩小了机械的体积，降低了维修率，使传动技术发展到了一个新的阶段。

变频器的出现，使得交流电动机复杂的调速控制变得简单。它可替代大部分原来只能用直流电动机完成的工作，在调速性能方面可与直流电力拖动相媲美，是现代电动机调速运行的发展方向之一。从调速特性上看，变频调速的任何一个速度段的机械特性都较硬，且调速范围宽，能实现真正的无级调速，在交流电动机多种调速方式（变极调速、串电阻调速、降压调速、串级调速）中具有绝对优势。归纳起来，变频调速具有以下优点。

（1）调速时平滑性好，效率高。交流电动机低速运行时，相对稳定性好。

（2）调速范围大，精度高。

（3）可实现交流电动机软启动，且启动电流低，对系统及电网无冲击，节电效果明显。

（4）变频器体积小，便于安装、调试、维修简便。

（5）易于实现过程自动化。

（6）交流电动机总是保持在低转差率运行状态，可减小转子损耗。

变频器经过几十年的发展，目前已处于应用普及阶段，但许多企业的工程技术人员对变频器的了解还处于非常初级的阶段。因此，我们有必要学习变频器的有关知识。

二、变频器的分类

1. 按电路结构形式分类

变频器按主电路结构形式不同可分为交-交变频器和交-直-交变频器两大类。主电路中没有直流中间环节的变频器称为交-交变频器，有直流中间环节的变频器称为交-直-交变频器。

（1）交-交变频器可将工频交流电直接转换成频率、电压均可控的交流电，由于没有直流中间环节，因此又称为直接式变压变频器。这类变频器的优点是过载能力强、效率高、输出波形较好，缺点是输出频率只有电源频率的1/3～1/2，功率因数低，一般只用于低速大功率拖动系统。

（2）交-直-交变频器先将工频交流电整流成直流电，再通过逆变器将直流电变成频率和电压均可控的交流电，由于有直流中间环节，因此又称为间接式变压变频器。这类变频器是通用变频器的主要形式，能实现平滑的无级调速，变频范围可达0～400Hz，效率高，广泛应用于一般交流异步电动机的变频调速控制。

交-直-交变频器根据直流中间电路的储能元件是电容性还是电感性，还可分为电压型变频器和电流型变频器两种。

1）电压型变频器储能元件为电容器，被控量为电压，动态响应较慢，其特性是输出电压恒定，电压波形为方波，电流波形为正弦波，允许多台电动机并联运行，过电流及短路保护复杂，适宜一台变频器对多台电动机供电的运行方式。

2）电流型变频器储能元件为电抗器，被控量为电流，动态响应快，其特性是输出电流恒定，电流波形为方波，电压波形为正弦波，不允许多台电动机并联运行，过电流及短路保护简单，适宜一台变频器对一台电动机供电的单机运行方式。

2. 按电压调制方式分类

变频器按输出电压调制方式不同可分为PAM控制方式变频器、PWM控制方式变频器和SPWM控制方式变频器3种。

（1）脉冲幅值调制（PAM）控制方式变频器通过改变直流电压的幅值进行调压，在变频器中，逆变器只负责调节输出频率，而输出电压的幅值调节则由相控整流器或直流斩波器通过调节直流电压的幅值实现。此种方式下，系统低速运行时谐波与噪声都比较大，所以当前只有与高速电动机配套的高速变频器中才采用。

（2）脉冲宽度调制（PWM）控制方式变频器通过逆变器同时对输出电压的幅值和频率按PWM方式进行调节，其特点是变频器在改变输出频率的同时，也改变输出电压的脉冲占空比（幅值不变）。此种方式具有谐波影响少、输出转矩波动小、控制电路简单（与PAM相比）、成本低等特点，是目前通用变频器中广泛采用的一种逆变器控制方式。

(3) 正弦波脉宽调制（SPWM）控制方式变频器是通过对 PWM 输出的脉冲系列的占空比宽度按正弦规律来安排，使输出电压（电流）的平均值接近于正弦波。此种方式下，电压的脉冲系列可以使负载电流中的谐波成分大为减小，使电动机在进行调速运行时能够更加平滑。

3. 按逆变器控制方式分类

变频器按逆变器控制方式不同可分为 U/f 控制方式变频器、转差频率控制方式变频器、矢量控制方式变频器和直接转矩控制方式变频器等几种。

(1) U/f 控制方式是早期变频器采用的控制方式，在这种控制方式中，为了得到比较满意的转矩特性，变频器的输出电压频率 f 和输出电压幅值 U 同时得到控制，并基本保持 U/f 的恒定。

(2) 转差频率控制方式是在若基本保持 U/f 恒定，则电动机的转矩基本上与转差率 s 成正比的基础上所建立的控制方式。它通过调节变频器的输出频率就可以使电动机具有某一所需的转差频率，即可得到电动机所需的输出转矩。

(3) 矢量控制方式的基本原理是通过测量和控制电动机定子电流矢量，根据磁场定向原理分别对电动机的励磁电流和转矩电流进行控制，从而达到控制电动机转矩的目的。

(4) 直接转矩控制方式也称为“直接自控制”，是建立在精确的电动机模型基础上的控制方式，电动机模型是在电动机参数自动辨识程序运行中建立的。这种控制方式通过简单地检测电动机定子电压和电流，借助瞬时空间矢量理论计算电动机磁链和转矩，并根据与给定值比较所得差值，实现磁链和转矩的直接控制。

4. 按性能和用途分类

变频器根据性能和用途的不同可分为通用型变频器和专用型变频器。通用型变频器是变频器的基本类型，具有变频器的基本特征，它包含节能型变频器和高性能变频器两大类，可应用于各种场合；专用型变频器是针对某一种特定的应用场合而设计的变频器，其在某一特定方面具有优良的性能，如风机、水泵、空调专用变频器，注塑机、纺织机械专用变频器，电梯、起重机专用变频器等。

5. 其他分类

变频器按供电电压的不同可分为低压变频器（440V 以下）、中压变频器（600V～1kV）、高压变频器（1kV 以上），按供电电源的相数不同可分为单相输入变频器、三相输入变频器，按输出功率的大小不同可分为小功率变频器（7.5kW 以下）、中大功率变频器（11kW 以上），按主开关器件不同可分为 IGBT 变频器、GTO 变频器、GTR 变频器等。

第二节　变频器工作原理概述

一、变频器的调速原理

由电动机理论可知，电动机的转速 n 与三相交流电源的频率 f、电动机磁极对数 P、电动机转差率 s 之间的关系为

$$n=\frac{60f}{P}\times(1-s)$$

从公式可以看出，影响电动机转速的因素有电动机的磁极对数 P、转差率 s 和电源频率

f。对于一个定型的电动机来说，磁极对数 P 一般是固定的，通常情况下，对于特定的负载来说转差率 s 是基本不变的，并且其可以调节的范围较小，加之转差率不易被直接测量，调节转差率来调速在工程上并未得到广泛应用。因此，只有通过改变电动机的供电频率 f 来实现电动机的调速运行，这就是变频器调速的原理。

二、变频器的工作原理

从表面上看，只要改变三相交流电源的频率 f，就可以调节电动机转速的高低，事实上，只改变 f 并不能正常调速，因为会出现转速非线性变化，而且很可能会引起电动机因过电流而烧毁，这是由异步电动机的特性决定的。因此进行调速控制时，必须保持电动机的主磁通恒定。

若磁通太弱，铁心利用不充分，在同样的转子电流下，电磁转矩小，电动机带负载能力下降。要想带负载能力恒定，需要加大转子电流，这就会引起电动机因过电流发热而烧毁。若磁通太强，则电动机处于过励磁状态，励磁电流过大，同样会引起电动机因过电流而发热。所以，变频调速一定要保持磁通恒定。

为了保证电动机调速过程中磁通保持恒定，由感应电动势的基本公式 $E=4.44fN\Phi_m$ 可知，磁通最大值 $\Phi_m=\frac{E}{4.44fN}$，由于式中 N（定子绕组匝数）对某一台电动机而言是一个固定常数，所以只要对 E（感应电动势）和 f（频率）进行适当的控制，就可以使磁通 Φ_m 保持额定值不变。恒磁通变频调速实质上就是调速时，要保证电动机的电磁转矩恒定不变，这是因为电磁转矩与磁通是成正比的关系。

由上面的分析可知，异步电动机的变频调速必须按照一定的规律且同时改变感应电动势 E 和频率 f，即必须通过变频装置获得电压和频率均可调节的供电电源，从而实现调速控制，这就是变频器的工作原理。下面分基频以下与基频以上两种调速情况进行分析。

1. 由基频（电动机额定频率）开始向下变频调速

为了保持电动机的带负载能力，应控制气隙主磁通 Φ_m 保持不变，这就要求频率由额定值 f 向下减小的同时应降低感应电动势，以保持 E/f 为常数，即保持电动势与频率之比为常数。这种控制又称为恒磁通变频调速，属于恒转矩调速方式。

但是，E 难以直接检测和直接控制。当 E 和 f 的值较高时，定子的漏阻抗电压降相对比较小，如忽略不计，则可以近似地保持定子绕组相电压 U 和频率 f 的比值为常数，即认为 $U=E$，这就是恒压频比控制方式，是近似的恒磁通控制。

当频率较低时，U 和 E 都变得很小，此时定子电流却基本不变，所以定子的阻抗压降，特别是电阻压降相对此时的 U 来说是不能忽略的。因此可想办法在低速时人为地提高定子相电压 U 以补偿定子阻抗压降的影响，使气隙主磁通 Φ_m 额定值基本保持不变。

2. 由基频（电动机额定频率）开始向上变频调速

频率由额定值 f 向上增大的同时，如果按照 E/f 为常数的规律控制，电压也必须由额定值向上增大，但电压受额定电压的限制不能再升高，只能保持不变。根据公式 $E=4.44fN\Phi_m$ 可知，随着 f 的升高，即电动机转速升高，主磁通 Φ_m 必须相应地随着 f 的上升而减小才能保持E/f 为常数，此时相当于直流电动机弱磁调速的情况，属于近似的恒功率调速方式。也就是说，随着转速的提高（f 增大），电压恒定，磁通自然下降，当转子电流不

变时，电磁转矩减小，电磁功率却保持恒定不变。

第三节　变频器的基本结构

交-直-交变频器称为通用变频器（简称变频器），它先将工频交流电源通过整流器变换成直流电，然后经过逆变器将直流电变换成电压和频率可调的交流电源，目前变频器的变换环节大多采用交-直-交变频方式。交-直-交变频器的基本结构是整流电路和无源逆变电路的组合，它由主电路、控制电路、检测电路、保护电路、操作电路、显示电路等组成，其中主电路和控制电路是变频器的核心，如图 1-2 所示。

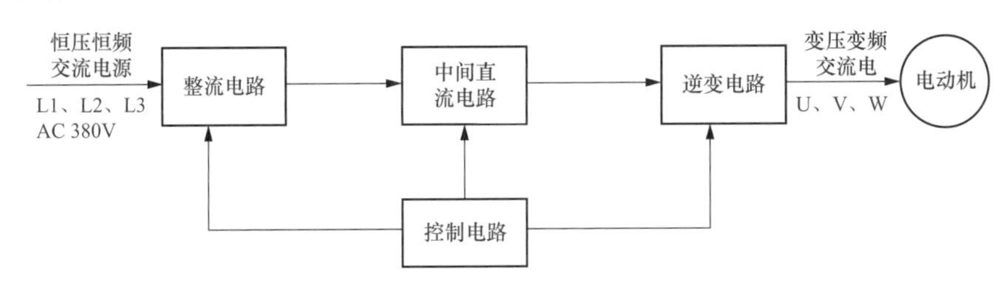

图 1-2　变频器的主电路和控制电路

变频器的主电路包括整流电路、中间直流电路和逆变电路 3 部分。整流电路可将三相（也可以是单相）交流电转换成直流电。中间直流电路又称为中间直流储能环节，由于逆变器的负载为异步电动机，属于感性负载，无论电动机处于电动状态还是发电制动状态，其功率因数都不会为 1，因此在中间直流电路和电动机之间总会有无功功率的交换，这种无功能量要靠中间直流电路的储能元件（电容器或电抗器）进行缓冲。逆变电路可将直流电转换成任意频率的交流电。

变频器控制电路为主电路提供控制信号，通常由运算电路、检测电路、控制信号的输入/输出（I/O）电路及驱动电路等组成，其主要任务是完成对逆变电路开关元件的开关控制、对整流电路的电压进行控制及各种保护功能等。控制电路的控制方式有模拟控制和数字控制两种，另外，高性能的变频器目前已经采用微型计算机进行全数字控制，采用尽可能简单的硬件电路，主要靠软件来完成各种功能。由于软件的灵活性，因此数字控制方式常可以完成模拟控制方式难以实现的功能。

一、主电路

变频器的主电路如图 1-3 所示。

1. 整流电路

变频器的整流电路是由全波整流桥（VD1～VD6）组成，可分为可控整流和不可控整流，根据输入电源的相数可分为单相（小型变频器）和三相桥式整流。它的主要作用是对工频电源进行整流，经中间直流电路平滑滤波后为逆变电路和控制电路提供所需要的直流电源。可控整流使用的器件通常为普通晶闸管，不可控整流使用的器件通常为普通整流二极管。

2. 中间直流电路

（1）限流电路。

限流电路是由限流电阻 R_L 和短路开关 SL 组成的并联电路。短路开关 SL 大多由晶闸管

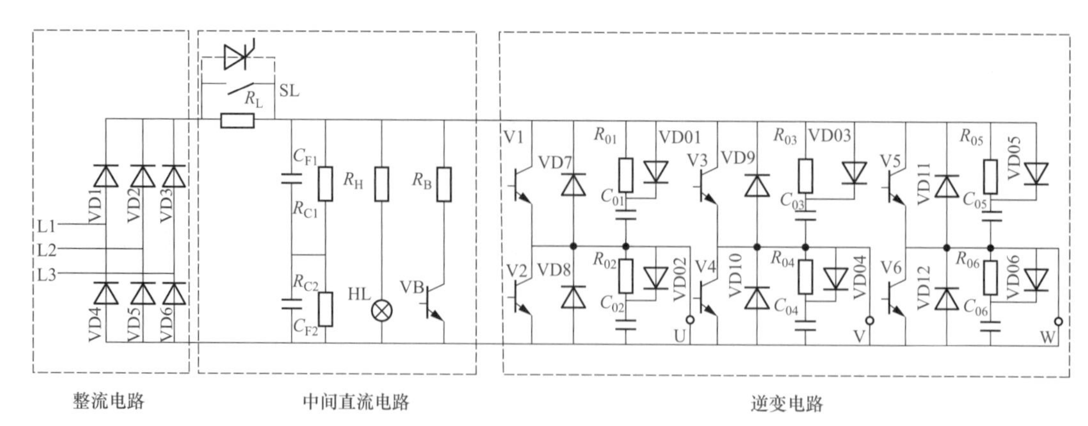

图 1-3　变频器的主电路

构成，在容量较小的变频器中，也常由继电器的触头构成。变频器刚接入电源的瞬间，将产生很大的冲击电流经整流电路流向滤波电容器 C_{F1}、C_{F2}，使整流桥可能因此而受到损坏，将限流电阻 R_L 串接在整流桥和滤波电容器之间，就是为了削弱该冲击电流并将其限制在允许的范围内，避免整流桥受到损坏。但限流电阻 R_L 不能长期接在电路内，否则会影响直流电压和变频器输出电压的大小，并消耗能量。所以当直流电压增大到一定程度时，令短路开关 SL 接通，将限流电阻 R_L 短路（切出限流电路）。

（2）滤波电路。

滤波器可分为电容和电感两种，采用电容滤波具有电压不能突变的特点，可使直流电的电压波动比较小，输出阻抗比较小，相当于直流恒压源，因此这种变频器也称为电压型变频器。电感滤波具有电流不能突变的特点，可使直流电流波动比较小，由于串联在回路中，其输出阻抗比较大，相当于直流恒流源，因此这种变频器也称为电流型变频器。

电容滤波电路通常由若干个电解电容串联成一组（C_{F1}、C_{F2}），以滤除桥式整流后的电压纹波，保持直流电压平稳。由于电解电容的容量有较大的离散性，可能使各电容的电压不相等，为了解决 C_{F1} 和 C_{F2} 的均压问题，在两电容旁并联一个阻值相等的均压电阻 R_{C1} 和 R_{C2}。

（3）电源指示电路。

电源指示灯 HL 除了表示电源是否接通外，还具有提示保护的作用，即在变频器切断电源后，提示滤波电容器 C_F 上的电荷是否已经释放完毕。由于 C_F 的容量较大，而切断电源又必须在逆变电路停止工作的状态下进行，因此 C_F 没有快速放电的回路，其放电时间往往长达数分钟。又由于 C_F 的电压较高，如不放完，将对人身安全构成威胁。故在维修变频器时，必须等指示灯 HL 完全熄灭后才能接触变频器内部的导电部分，以保证安全。

（4）能耗制动电路。

能耗制动电路是为了满足异步电动机制动的需要而设置的，它由制动电阻 R_B、制动晶体管 VB 构成。电动机在停机或降速过程中，输出频率将下降，电动机将处于再生制动状态，此时必须将再生到直流电路的能量消耗掉，制动电阻 R_B 就是用来以热能形式消耗这部分能量的。制动晶体管 VB 由 GTR 或 IGBT 及其驱动电路构成，其功能是为放电电流流经 R_B 提供通路。

新型变频器都有内部制动功能，并有交流制动和直流制动两种方式。一般来讲，7.5kW 及以下的小容量通用变频器都采用内部制动功能，7.5kW 以上的大、中容量的通用变频器可采用外接制动电阻、制动单元和电源再生电路。

3. 逆变电路

（1）三相逆变桥。

三相逆变桥是通用变频器核心部件之一，其输出就是变频器的输出，它通过 6 个功率开关器件（V1～V6）按一定规律轮流导通或截止，将中间直流电路输出的直流电源转换为频率和电压都任意可调的三相交流电源。目前，常用的功率开关器件有门极关断晶闸管（GTO）、电力晶体管（GTR 或 BJT）、功率场效应晶体管（P-MOSFET）以及绝缘栅双极型晶体管（IGBT）等，在使用时可查有关使用手册。

（2）续流电路。

续流电路由续流二极管（VD7～VD12）构成，其主要功能有：电动机的绕组是电感性的，其电流具有无功分量，VD7～VD12 为无功电流返回直流电源时提供通道；当频率下降、电动机处于再生制动状态时，再生电流将通过 VD7～VD12 整流后返回给直流电路；同一桥臂的两个功率开关器件在不停地交替导通和截止的换相过程中，需要 VD7～VD12 为电流提供通路。

（3）缓冲电路。

功率开关器件在关断和导通的瞬间，其电压和电流的变化率是很大的，有可能使功率开关器件受到损害。因此，每个功率开关器件旁还应接入缓冲电路，以减缓电压和电流的变化率。缓冲电路的结构因功率开关器件的特性和容量等的不同而有较大差异，其比较典型的一种是由 C01～C06、R01～R06、VD01～VD06 构成。

C01～C06 的功能。功率开关器件 V1～V6 每次由导通状态切换成截止状态的关断瞬间，集电极（c 极）和发射极（e 极）间的电压将极为迅速地由近乎 0V 上升至直流电压值，这过高的电压增长率将导致功率开关器件的损坏。因此，C01～C06 的功能是减小 V1～V6 在每次关断时的电压增长率。

R01～R06 的功能。功率开关器件 V1～V6 每次由截止状态切换成导通状态的接通瞬间，C01～C06 上所充的电压将向 V1～V6 放电。此放电电流的初始值将是很大的，并且将叠加到负载电流上，导致 V1～V6 的损坏。因此，R01～R06 的功能是限制功率开关器件在接通瞬间 C01～C06 的放电电流。

VD01～VD06 的功能。由于 R01～R06 的接入，又会影响 C01～C06 在功率开关器件 V1～V6 关断时减小电压增长率的效果。因此，VD01～VD06 的功能是在 V1～V6 的关断过程中，使 R01～R06 不起作用；而在 V1～V6 的接通过程中，又迫使 C01～C06 的放电电流流经 R01～R06。

二、控制电路

变频器的控制电路框图如图 1-4 所示。

各厂家的变频器主电路大同小异，而控制电路却多种多样。依据电动机的调速特性和运转特性，可对供电电压、电流、频率进行控制。变频器的控制电路目前都采用微机控制，与一般微机控制系统没有本质区别，是专用型的。

1. 运算电路

运算电路的作用是将变频器外部负载的非电量信号如压力、速度、转矩等指令信号同检

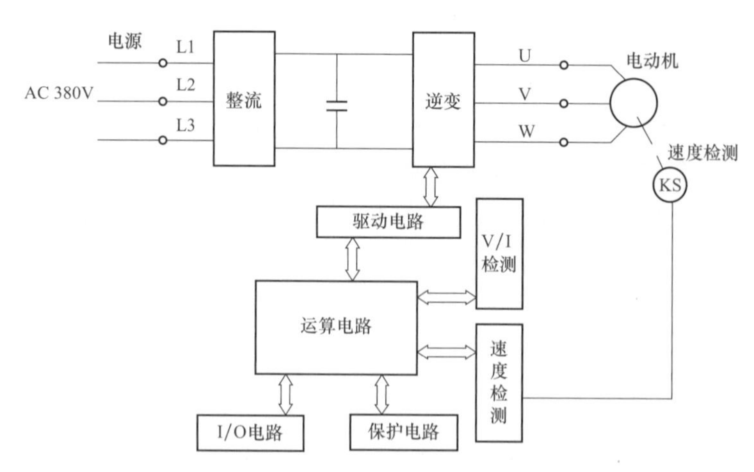

图 1-4　变频器的控制电路框图

测电路的电流、电压信号进行比较，其差值作为驱动电路的输入信号，决定变频器的输出频率和电压。

2. 输出电压、电流（V/I）检测电路

输出电压、电流检测电路采用电隔离检测技术检测主回路的电压、电流并将变频器和电动机的工作状态反馈至运算电路，然后由运算电路按事先的算法进行处理后为各部分电路提供所需的控制信号或保护信号。

3. 速度检测电路

速度检测电路以装在异步电动机轴上的速度检测器为核心，将检测到的电动机速度信号进行处理和转换并输入运算电路，变频调速系统可根据信号处理电路设置的参数运行。

4. 驱动电路

驱动电路的作用是在控制电路的控制下，产生足够功率的驱动信号使逆变电路中的开关器件导通或关断。

5. 保护电路

保护电路的主要作用是对检测电路得到的各种信号进行运算处理，以判断变频器本身或系统是否出现异常。当检测出现异常时，进行各种必要的处理，如变频器停止工作或抑制电流值、电压值等。

6. I/O 电路

I/O 电路的功能是为了使变频器更好地实现人机对话，变频器可对外界输出多种输入信号（如运行、多段速度运行等），还有各种内部参数的输出信号（如电流、频率、保护动作驱动等）及故障报警输出信号等。

第四节　变频器的核心元器件

一、电力半导体开关器件

电力半导体开关器件本质上都是大容量的无触点电流开关，因在电气传动中主要用于开关工作而得名，其基本性能要求是能耐大的工作电流、有高的阻断电压和开关频率，变频器

主电路中的整流电路和逆变电路就是由电力半导体开关器件构成的。以下简单介绍几种常用的电力半导体开关器件，并对其性能及应用进行简单的说明。

1. 晶闸管

晶闸管（SCR）是一种不具有自身关断能力的半控型电力半导体开关器件，从外形上可分为平板型和螺栓型两种。SCR 应用于变频器时，由于需要强迫换流电路，使得控制电路复杂、庞大、工作频率低、效率低，并提高了变频器的成本。但是，由于从生产工艺和制造技术上来说，大容量、高电压、大电流的晶闸管器件更容易制造，而且和其他电力半导体开关器件相比，晶闸管具有更好的耐过电流特性，因此仍广泛应用于大容量交-交变频器中的可控整流电路和变流电路中。

2. 门极可关断晶闸管

门极可关断晶闸管（GTO）是一种可以通过门极信号进行开通和关断的晶闸管，属于电流控制型器件，它的基本结构和普通晶闸管相同，只是采取了特殊的工艺，使得十几个甚至数百个共阳极的小 GTO 单元集成在一个芯片里，具有高阻断电压和低导通损失率的特性。GTO 应用于变频器时，主电路组件少，结构简单，体积变小，成本低，开关损耗少，由于是脉冲换流，因此噪声小，容易实现 PWM 脉宽调制控制，在大功率、高电压变频调速领域应用范围广。

3. 电力晶体管

在电力电子器件中，常将大功率的开关器件和高击穿电压大容量的双极型晶体管称为电力晶体管（GTR/BJT），我国和日本常称之为 GTR，欧美国家常称之为 BJT。GTR 应用于变频器时，一般采用模块型 GTR，其内部结构既有单管型，也有达林顿复合型（将 2、4、6 只 GTR 封装在一个管壳内），这样的结构是为了实现大电流、耐高压。GTR 具有开关速度快、饱和压降低、功耗小、安全工作区宽等特点，并具有自关断能力（切断基极电流即可切断集电极电流的特性），但工作频率较低，一般为 5～10kHz，驱动功率大，驱动电路复杂，耐冲击能力差，易受二次击穿损坏。目前，GTR 的应用一般被绝缘栅双极晶体管所替代。

4. 绝缘栅双极晶体管

绝缘栅双极晶体管（IGBT）是一种新型复合电力半导体开关器件，它集合了场效应晶体管和（GTR）的优点，具有可靠性高、功率大、输入阻抗高、输出特性好、开关速度快、工作频率高（达 20kHz 以上）、通态电压低、耐压高、驱动电路简单、保护容易等特点。其产品也有多种形式，主要有模块型和芯片型，模块型结构有一单元（一个 IGBT 与一个续流二极管反向并联）、二单元、四单元、六单元及七单元等。目前，一单元的 IGBT 模块指标已达到最高电压 4000V、最高电流 1800A、关断时间已缩短到 40ns，工作频率可达 40kHz，在中小容量变频器电路中，IGBT 的应用处于绝对的优势。

二、智能功率模块

智能功率模块（IPM）是一种输出功率大于 1W 的混合集成电路，由大功率开关器件（IGBT）、门极驱动电路、保护电路、检测电路等构成，不但具有一定功率输出的能力，而且具有逻辑、控制、传感、检测、保护和自诊断等功能，从而将智能赋予功率器件，通过智能作用对功率器件状态进行监控。

IPM从电流、电压、容量来划分可分为3种，即低压大电流、高压小电流和高压大电流。高压大电流IPM主要用于电动机控制、家用电器等，其他的IPM主要应用于电视机、音响等家用电器和计算机、复印机等办公设备及汽车、飞机等交通工具。变频器中常用的IPM的工作电压已达到1500V，工作电流达700A，特别适用于逆变器高频化发展方向的需要，在中小容量变频器中广泛应用。

三、脉宽调制SPWM波形处理芯片

1. HEF4752系列

HEF4752系列芯片输出的调制频率范围比较窄，为1～200Hz，开关频率也较低，一般不超过2kHz，2路6相SPWM波输出电路，既可用于强迫换流的三相晶闸管逆变器，也可用于由全控型开关器件构成的逆变器。对于后者，可输出三相对称SPWM波控制信号，在实际应用中开关频率在1kHz以下，所以较适于以GTR或GTO为开关器件的逆变器，在早期的通用变频器中应用较为广泛，目前已不适合采用IGBT逆变器的通用变频器。

2. SLE4520系列

SLE4520系列芯片是一种大规模全数字化CMOS集成电路，它产生波形的基本原理是利用同步脉冲触发3个可预置数的8位减法计数器，预置数对应脉冲宽度，因此SLE4520系列芯片的调制方式为单缘调制。理论上它的正弦波输出频率为0～2.6kHz，开关频率可达23.4kHz，与中央处理器及相应的软件配合后，就可以产生三相逆变器所需要的6路控制信号。

3. MA818系列

MA818（828/838）系列芯片是一种新型的三相PWM专用集成芯片，其工作频率范围宽，三角波载波频率可选，最高可达24kHz，输出调制频率最高可达4kHz。该芯片与SLE4520系列芯片相似，但功能比SLE4520系列芯片要强大得多，特别适用于控制以IGBT为开关器件的逆变器，其输出波形为纯正弦波。

4. 8XC196Mx系列

8XC196Mx系列微处理器芯片是新型通用变频器中广泛应用的芯片，该系列包括8XC196MC/8XC196MD/8XC196MH等，是三相电动机变频调速控制专用高性能16位微处理器。8XC196Mx系列芯片载波调制频率由输入到重装寄存器RELOAD中的数值决定，三相脉宽调制由软件编程计算，并分别送到其内部的三相SPWM发生器的比较输出寄存器进行控制。因为8XC196Mx系列芯片把CPU与PWM波发生器等功能集成在一起，硬件电路大大简化，进一步提高了系统的抗干扰能力和可靠性。

5. TMS320DSP系列

TMS320DSP系列芯片是专为实时数字信号处理而设计的，芯片包含定点运算DSP、浮点运算DSP、多处理器DSP和定点DSP控制器等，在变频器中应用较多的是TMS320C24x、TMS320C28x系列定点DSP或DSP控制器。

四、电动机控制芯片80C196Mx

80C196Mx系列有3种型号，即80C196MC、80C196MD、80C196MH，该系列芯片内

部除了具有一般16位微处理器的功能外，还集成了专用于电动机控制的外围部件，如三相互补SPWM波形发生器WG、PWM调制器、事件管理器EPA、频率发生器FG、串行SIO、I/O口、模拟量/数字量（A/D）转换通道及监视定时器（看门狗时钟）WDT等。波形发生器WG、PWM调制器可以编程产生中心对称的三相SPWM波形和脉宽调制PWM波形，通过P6口可直接输出6路SPWM信号，在用于逆变器的驱动时，每个引脚的驱动电流可达20mA。

五、数字信号处理器（DSP）芯片

DSP芯片按执行速度可分为低速产品、中速产品、高速产品。低速产品一般为20～50MIPS（每百万条指令/s），能维持适量存储和功耗，提供了较好的性能价格比，适用于仪器仪表和精密控制等，在变频器中应用的TMS320C24x、TMS320C28x、ADMCx等系列定点DSP芯片就属于这一类。DSP芯片具有实时算术运算能力，减少了查表的数量，节省了内存空间，集成了电动机控制外围部件，减少了系统中传感器的数量，依据控制算法控制电源的开关频率，从而产生SPWM波形控制信号，在电动机控制方面，具有其他控制器无法比拟的优越性。以TMS320C24x芯片为例，它采用高性能静态CMOS技术，塑壳扁平封装，其特征是将高性能的DSP内核和丰富的微处理器外设功能集成在一体。

六、矢量控制处理器芯片AD2S100

AD2S100是矢量控制专用处理器，它是根据Park变换原理构成的矢量变换控制器，可实现正交矢量旋转变换，从而用于异步电动机和永磁无刷电动机的矢量控制。目前，大多数变频器都采用微处理器或数字信号处理器以软件来实现，而采用AD2S100硬件来代替软件处理中的Park变换算法，处理时间可由典型微处理器的100μs或数字信号处理器的40μs降低到2μs，它不但使系统带宽增加，而且可使中央处理器（CPU）附加更多性能。因此，在一些高动态性能的变频器中得到应用。

第二章

西门子MM440变频器

第一节　西门子变频器产品简介

西门子变频器产品包括标准变频器和大型变频器，标准变频器主要包括 MM4 系列标准变频器、MM3 系列标准变频器和电动机变频器一体化装置 3 大类。其中，MM4 系列标准变频器包括 MM440 矢量型变频器、MM430 节能型变频器、MM420 基本型变频器和 MM410 紧凑型变频器 4 个系列；MM3 系列标准变频器包括 MMV 矢量型变频器、ECO 节能型变频器和 MM 基本型变频器 3 个系列。西门子大型变频器主要包括 SIMOVERT MV、SIMOVERTS、6SE70 等系列。目前，西门子在中国市场上常用的主要机型是 MM420、MM440、6SE70 系列。

1. 西门子 MM440 矢量型变频器

西门子 MM440 矢量型变频器是全新一代可以广泛应用的多功能标准变频器，它采用高性能的矢量控制技术，提供低速高转矩输出和良好的动态特性，同时具备超强的过载能力，以满足广泛的应用场合。

2. 西门子 MM430 节能型变频器

西门子 MM430 节能型变频器是全新一代标准变频器中的风机和泵类变转矩负载的专用变频器，它按照专用要求设计，并使用内部功能互联技术，具有高可靠性和灵活性。控制软件可以实现以下专用功能：多水泵切换、手动/自动切换、旁路功能、水泵缺水检测、节能运行方式等。

3. 西门子 MM420 基本型变频器

西门子 MM420 基本型变频器是全新一代模块化设计的多功能标准变频器，安装于 35mm 标准导轨上，适用于大多数普通用途的电动机变频调速控制的场合。它具有全新的 IGBT 技术、强大的通信能力、精确的控制功能、友好的用户界面和高可靠性，在设置相关参数后也可用于较高要求的电动机控制系统，一般情况下，利用默认的工厂设置参数就可满足控制要求。

4. 西门子 MM410 紧凑型变频器

西门子 MM410 紧凑型变频器是全新一代紧凑型标准变频器，可安装于狭小的箱体中或安装位置受到限制的地方，多台变频器可相邻安装，它具有功率小、结构紧凑、体积小、使用灵活方便、安装简单、采用自冷式散热器、没有冷却风机等特点。

5. 西门子 MMV 矢量型变频器

西门子 MMV 矢量型变频器是一种无速度传感器矢量控制的通用型变频器，广泛应用于

各种三相交流电动机的转速控制，它具有启动转矩大、控制精度高、过载能力强、保护措施安全可靠、安装调试比较方便等特点。

6. 西门子 ECO 节能型变频器

西门子 ECO 节能型变频器是一种适用于风机、水泵、供暖、空调设备等降转矩负载变频调速控制的经济型变频器，其基本特征是具有“能耗优化控制”功能，通过输入电动机的铭牌数据自动测定和设置电动机的参数，运行中能够精确跟随设定点，并自动搜寻电动机的最小运行功率，对其进行调节和控制，从而达到节能运行控制的目的，节能效果突出，目前在各行各业中应用较为广泛。

7. 西门子 6SE70 工程型变频器

西门子 6SE70 工程型变频器是针对行业特殊用途而设计的变频器，它内部设计了多种具有行业应用特点的功能模块，通过全数字化控制功能解决了行业工程所提出的所有传动任务，能满足各种应用场合，它除了在冶金行业中有较为广泛的应用之外，在塑料制品、包装机械、印刷机械、拉丝机械、电线电缆、木材加工等行业都有着很广泛的应用前景。

第二节　西门子 MM440 变频器的特性

一、西门子 MM440 变频器的规格

西门子 MM440 变频器按照箱体外部尺寸大小不同可分为 A～F 共 6 种型号，其中具有代表性的 A 型、B 型的外形如图 2-1 所示，箱体尺寸及额定功率范围见表 2-1。

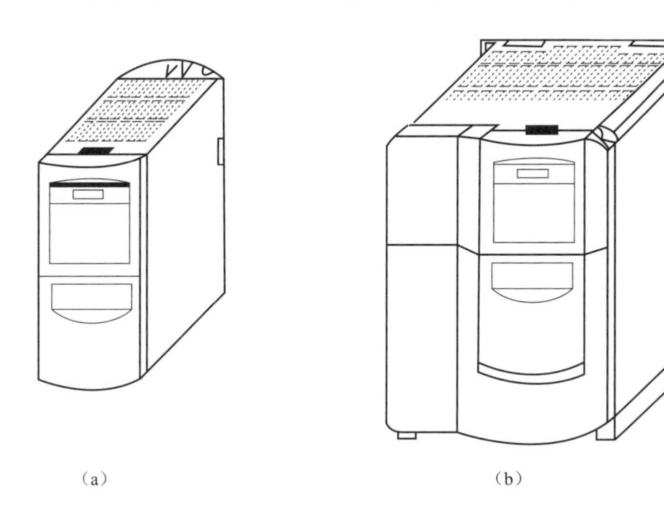

(a)　　(b)

图 2-1　西门子 MM440 变频器 A 型、B 型的外形

(a) A 型；(b) B 型

表 2-1　　西门子 MM440 变频器箱体尺寸及额定功率范围

规格型号	箱体尺寸（宽×高×深）(mm×mm×mm)	额定功率范围（kW）
A 型	73×173×149	0.12～1.5
B 型	149×202×172	1.1～4.0

续表

规格型号	箱体尺寸（宽×高×深）(mm×mm×mm)	额定功率范围（kW）
C型	185×245×195	3.0～11.0
D型	275×520×245	7.5～22.0
E型	275×650×245	18.5～37.0
F型	350×850×320	30.0～75.0

二、西门子MM440变频器的特点

西门子MM440变频器由微处理器控制，采用具有现代先进技术水平的绝缘栅双极型晶体管ICBT为功率输出器件，具有很高的运行可靠性和功能多样性，其脉冲宽度调制的开关频率是可选的，因而降低了电动机运行的噪声。该变频器在设置相关参数以后也可用于更高级的电动机控制系统，它既可用于单机驱动系统，也可集成到自动化系统中。西门子MM440变频器的保护功能全面而且完善，为变频器和电动机提供了良好的保护。

1. 机械特点

（1）模块化设计，配置非常灵活。

（2）工作温度：0.12～75kW时为－10～＋50℃，90～200kW时为0～＋40℃。

（3）功率密度高，外壳结构紧凑。

（4）简单的分离电缆连接，电源和电动机连接，获取最优的电磁兼容性。

（5）可拆卸式操作面板。

（6）可拆卸式I/O板上无螺钉控制端子。

2. 性能特点

（1）最新IGBT技术。

（2）数字式32位高性能微处理器控制。

（3）高性能矢量控制系统。

（4）磁通电流控制（FCC），用于提高动态响应以及优化电动机控制。

（5）线性U/f特性曲线、平方U/f特性曲线（风机曲线）、多点特性曲线（可编程U/f特性曲线）。

（6）转矩控制、低功率模式、快速重启、滑动补偿、动态缓冲、斜坡下降定位。

（7）输入频率为47～63Hz，输出频率为0～650Hz。

（8）固定频率15个，可编程；跳越频率4个，可编程。

（9）PWM频率：2～16kHz（每级改变量为2kHz）。

（10）过载能力（恒转矩）：150%负载过载能力，5min内持续时间60s；200%负载过载能力，1min内持续时间3s。

（11）数字量输入端6个：带电位隔离的数字量输入端子，可由用户定义其功能，可切换为高/低电平有效（PNP/NPN）。

（12）模拟量输入端2个：AIN1（0～10V、0～20mA、－10～＋10V）、AIN2（0～

10V、0～20mA)，可作为第7个、第8个数字量输入端。

(13) 继电器输出端3个：继电器1～3，其外加电压DC 30V/5A (电阻性负载)、AC 250V/2A (电感性负载)。

(14) 模拟量输出端2个：可编程 (0～20mA)。

(15) 电源失灵或故障之后自动重启装置。

(16) 高级PID控制器，用于简单内部过程控制 (自动整定)。

(17) 可编程加速/减速，从0～650s。

(18) 用于无脱扣操作的快速电流限制 (FCL)，用于快速控制制动的复合制动器。

(19) 使用两个高分辨率10位模拟量输入的精密调节。

(20) 集成制动断路器 (只用于0.12～75kW变频器)。

3. 保护特点

(1) 过电压/欠电压保护。

(2) 逆变器过热保护。

(3) 用于PTC或者KTY的特殊直接连接，以保护电动机 (温度保护)。

(4) 接地故障保护。

(5) 短路保护。

(6) 电动机过热保护 (短路极限发热)。

(7) 闭锁电动机保护。

(8) 电动机失速保护。

(9) 参数PIN编号保护。

三、西门子MM440变频器的可选件

西门子MM440变频器的可选件如下。

(1) EMC滤波器，A/B级。

(2) LC滤波器和正弦滤波器。

(3) 线性换向扼流圈。

(4) 输出扼流圈。

(5) 密封盘。

(6) 基本操作面板 (BOP)。

(7) 带多语言纯文本显示的高级操作面板 (AOP)。

(8) 带中英文纯文本显示的高级操作面板 (AOP)。

(9) 带西里尔字母、德语和英语纯文本显示的高级操作面板 (AOP)。

(10) 现场总线通信模块PROFIBUS。

(11) 脉冲编码器测定模块。

(12) RS-485/RPOFIBUS总线电缆插接器。

(13) PC至变频器的连接组合件。

(14) AOP柜门安装组合件，适用于多台变频器的控制。

第三节　西门子 MM440 变频器的电路结构及接线端子

一、西门子 MM440 变频器的电路结构

西门子 MM440 变频器的电路由主电路、控制电路两大部分组成，如图 2-2 所示。

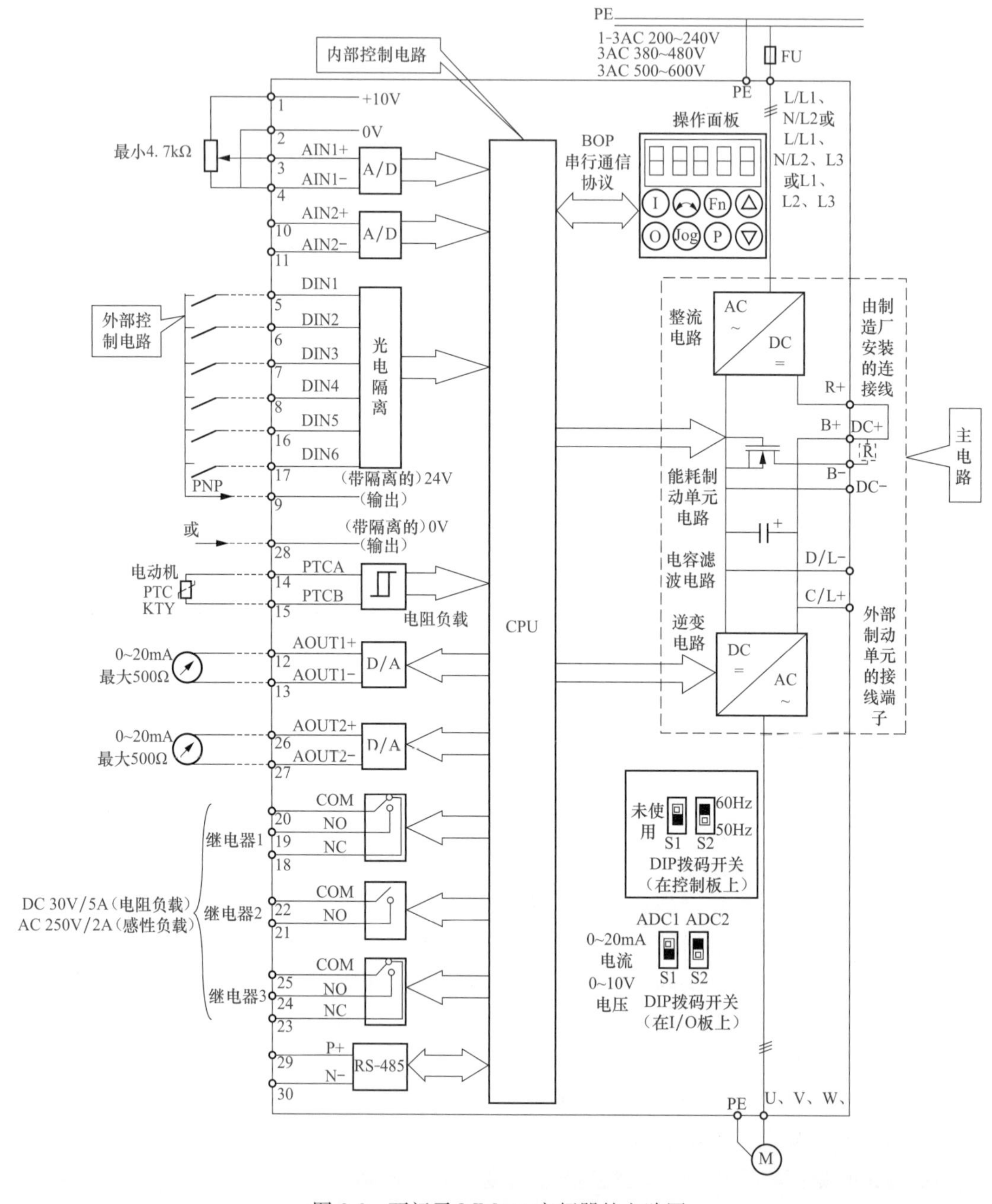

图 2-2　西门子 MM440 变频器的电路图

1. 主电路

主电路是完成电能转换（整流、逆变），给电动机提供变压变频交流电源的部分，由整流电路、逆变电路、电容滤波电路、能耗制动单元电路等构成。主电路由输入的单相或三相恒频恒压的交流电源，经整流电路转换成恒定的直流电压，供给逆变电路。逆变电路在CPU的控制下，将恒定的直流电压逆变成电压和频率均可调的三相交流电供给电动机负载。由于变频器中间直流环节是通过电容器进行滤波的，因此属于电压型交-直-交变频器。

2. 控制电路

控制电路分为内部控制电路和外部控制电路，是信息的收集、变换、处理和传输的电路，由主控板（CPU）、控制电源板、模拟量I/O、数字量I/O、输出继电器触点、操作面板等构成。

二、西门子 MM440 变频器的接线端子

不同系列的变频器都有其标准的接线端子，接线时，要根据使用说明书进行连接。变频器的接线主要有2部分：一部分是主电路，用于电源及电动机的连接；另一部分是控制线路，用于控制电路及监测电路的连接。

1. 西门子 MM440 变频器的主电路接线端子

西门子MM440变频器的主电路接线端子有输入端（L1、L2、L3）、输出端（U、V、W）、接地端PE，其接线如图2-3所示。其中L1、L2、L3端子接三相交流电源，U、V、W端子接三相交流电动机，PE端子接地。接线时，输入端和输出端是绝对不允许接错的，否则将导致相间短路而损坏变频器。

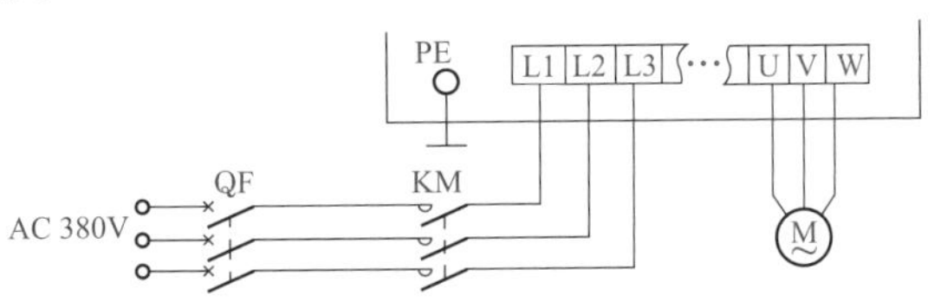

图2-3　西门子MM440变频器的主电路接线

2. 西门子 MM440 变频器的控制电路接线端子

西门子MM440变频器的控制电路接线端子及功能如图2-4所示，接线端子及功能简要说明如下。

（1）端子1、2，是变频器为用户提供高精度10V直流稳压电源的输出端子，用于采用模拟电压信号输入给定频率。使用时将端子2、4短接，端子1、3、4分别接到外接电位器，通过调节外接电位器，可以使得模拟电压信号在0～10V之间可调，以实现模拟信号控制电动机运行速度的目的。

（2）端子3、4、10、11，是模拟量输入端，频率给定的信号经变频器内部电路进行A/D转换，将模拟量信号转换成数字量信号，传输给CPU来控制系统。

（3）端子5、6、7、8、16、17，是功能可自主设定的数字输入端，输入信号经光耦隔离输入CPU，用于对电动机进行正（反）转、正（反）向点动、固定频率设定值等控制。通常将端子5、9作为变频器的远程启、停控制端，以控制变频器的启动和停止。

（4）端子9、28，是带电位隔离的直流电源输出端子，最大可以输出DC 24V/100mA的直流电源，用以需要有电流驱动的外部显示。它们也可作为数字量输入电源和模拟量输入电源，但此时端子2（0V模拟地）、28（0V数字地）必须连接在一起。

（a）

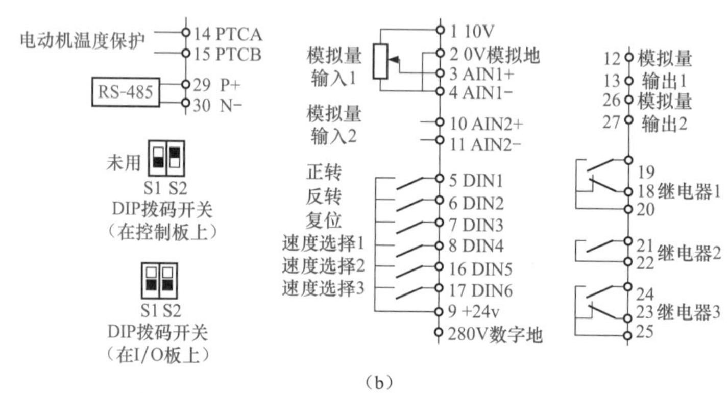

（b）

图 2-4　西门子 MM440 变频器的控制电路接线端子及功能

（a）接线端子；（b）端子功能

（5）端子 12、13、26、27，是模拟量输出端，可输出 0～20mA 的电流信号。如果在两对输出端并联一个 500Ω 的电阻，就可以输出 0～10V 的直流电压。

（6）端子 14、15，是电动机温度保护输入端，用于接收电动机温度传感器 PTC 发出的温度信号，达到监控电动机工作时的工作温度的目的。

（7）端子 18～25，是变频器内部输出继电器的触头，用于输出数字信号，主要功能是向外部发出变频器的运行状态。其中端子 20、19 为动合触头，端子 20、18 为动断触头，端子 22、21 为动合触头，端子 25、24 为动合触头，端子 25、23 为动断触头。

（8）端子 29、30，是 RS-485（USS 协议）串行通信端，当变频器和 PC 采用 RS-485 的方式进行通信时，使用这两个端子。

（9）DIP 拨码开关（在 I/O 板上），用于给定频率时设定模拟量输入的类型，其中 S1 用于设定 AIN1 模拟量输入的类型（OFF 为 0～10V 电压信号，ON 为 0～20mA 电流信号），S2 用于设定 AIN2 模拟量输入的类型（OFF 为 0～10V 电压信号，ON 为 0～20mA 电流信号）。

（10）DIP 拨码开关（在控制板上）。其中 S1 不供用户使用，S2 用于选择输入电源频率（OFF 为 50Hz，ON 为 60Hz）。

第四节　西门子 MM440 变频器面板的操作方法

西门子 MM440 变频器各型号在以标准供货方式出厂时，机上配有状态显示面板（SDP），对于很多用户来说，利用 SDP 和厂家的默认设置值，就可以使变频器在很多应用场合成功地投入运行。如果厂家的默认设置值不适合设备的运行条件，则也可以利用基本操作面板（BOP）或高级操作面板（AOP）修改参数，使其匹配。

一、SDP 的操作方法

西门子 MM440 变频器配置 SDP 时，只能利用厂家的默认设置值（见表 2-2），通过外端子控制操作，使变频器在不需要改变任何参数下投入运行，适用于电动机的简单应用控制。SDP 上有 2 个 LED 指示灯，如图 2-5 所示，用于显示变频器的运行状态和各种报警及故障状态，具体表示内容见表 2-3。

表 2-2　变频器 SDP 的默认设置值

输入/输出	端　子　号	参　　数	默认的操作
数字命令信号源	—	P0700=0	激活
数字输入 1	5	P0701=1	正常操作，ON，正向运行
数字输入 2	6	P0702=12	反向运行
数字输入 3	7	P0703=9	故障确认
数字输入 4	8	P0704=15	固定频率（直接方式）
数字输入 5	16	P0705=15	固定频率（直接方式）
数字输入 6	17	P0706=15	固定频率（直接方式）
数字输入 7	经由 AIN1	P0707=0	禁止数字输入
数字输入 8	经由 AIN2	P0708=0	禁止数字输入
输入继电器	10、11	P0731=52.3	故障识别
模拟输出	12、13	P0771=21	输出频率
模拟输入电源	1、2		模拟输入电源

利用 SDP 操作时，变频器还应满足下列条件。如果需要更多的参数调整，可根据电动机传动的复杂程度，对特定的功能及参数依据产品的操作说明和参考手册进行更加详细的设定。

（1）DIP 拨码开关（在控制板上）S2 在 OFF 位置，即电源频率设置为 50Hz。

（2）电动机额定数据、电压、电流和频率都与变频器额定数据兼容。

（3）线性 U/f 控制方式，电动机的速度通过电位器控制，最大转速 3000r/min，通过变频器的模拟输入端，利用电位器对电动机转速进行控制。

（4）斜坡上升时间为 10s，斜坡下降时间为 10s。

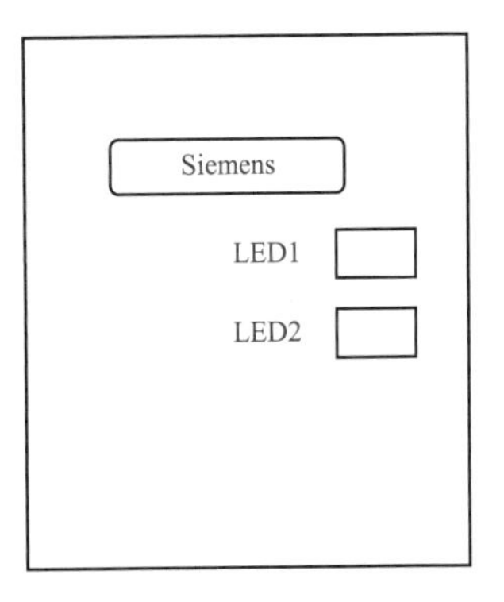

图 2-5　SDP 的外形

表 2-3 变频器 SDP 上 LED 指示灯表示的状态

指示状态		变频器状态的含义
LED1	LED2	
OFF	OFF	供电电源未接通
OFF	ON	变频器故障，下面列出的故障除外
ON	OFF	变频器正在运行
ON	ON	运行准备就绪，准备运行
OFF	闪 0.9s	过电流故障
闪 0.9s	OFF	过电压故障
闪 0.9s	ON	电动机温度过高故障
ON	闪 0.9s	变频器温度过高故障
闪 0.9s	闪 0.9s	电流极限报警（2 个 LED 同时闪光）
闪 0.9s	闪 0.9s	其他报警（2 个 LED 交替闪光）
闪 0.9s	闪 0.3s	欠电压跳闸/欠电压报警
闪 0.3s	闪 0.9s	变频器不在准备状态
闪 0.3s	闪 0.3s	ROM 故障（2 个 LED 同时闪光）
闪 0.3s	闪 0.3s	RAM 故障（2 个 LED 交替闪光）

使用 SDP 进行调试时，端子接线如图 2-6 所示。将启/停开关连接到端子 5、9；若需要电动机反向运转，则将反向运转开关连接到端子 6、9；另外，下列端子的连接可以根据需要选择，也可以不连接，如将故障复位开关连接到端子 7、9；将频率显示表连接到端子 12、13；将外部控制继电器连接到端子 10、11；将速度控制用的 5.0kΩ 电位器连接到端子 1～4。变频器按上述准备就绪后，即可接通电源在默认设置值下投入运行，并可进行以下操作：①启动和停止电动机（用外接开关经 DIN1 进行控制）；②改变电动机方向（用外接开关经 DIN2 进行控制）；③故障复位（用外接开关经 DIN3 进行控制）；④输入频率设定值改变电动机转速（用外接电位器经 AIN1 进行控制）。

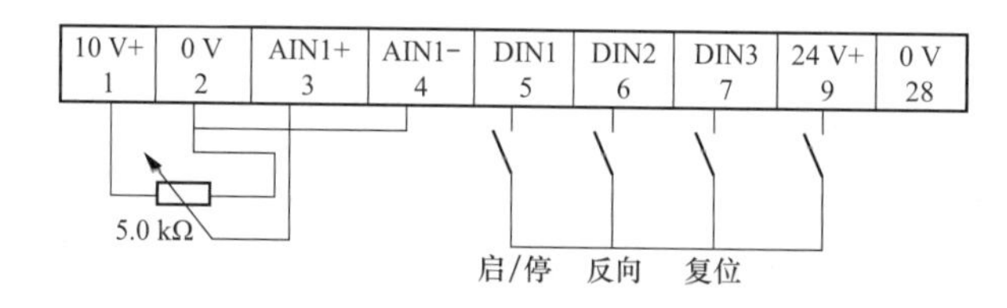

图 2-6 SDP 调试时的端子接线

二、BOP 的操作方法

BOP（可选件）是西门子 MM440 变频器最常用的面板，由可显示 5 位数字的 7 段显示器及 8 个操作按键构成，如图 2-7 所示。用户不仅可以通过 BOP 访问变频器的各个参数，还可以通过它修改变频器的默认设置值并重新设定各种新的参数。由于 BOP 自身不带存储器，因此不能存储参数信息。

一个 BOP 可以为很多西门子 MM440 变频器共用，即在进行参数配置时，先用 BOP 替换 SDP，待设定完所需的参数之后，再用 SDP 将 BOP 替换下来，两种面板的替换方法

如图 2-8 所示。BOP 可以直接安装在变频器上，也可以通过安装组件放置在控制柜的柜门上，便于用户操作。

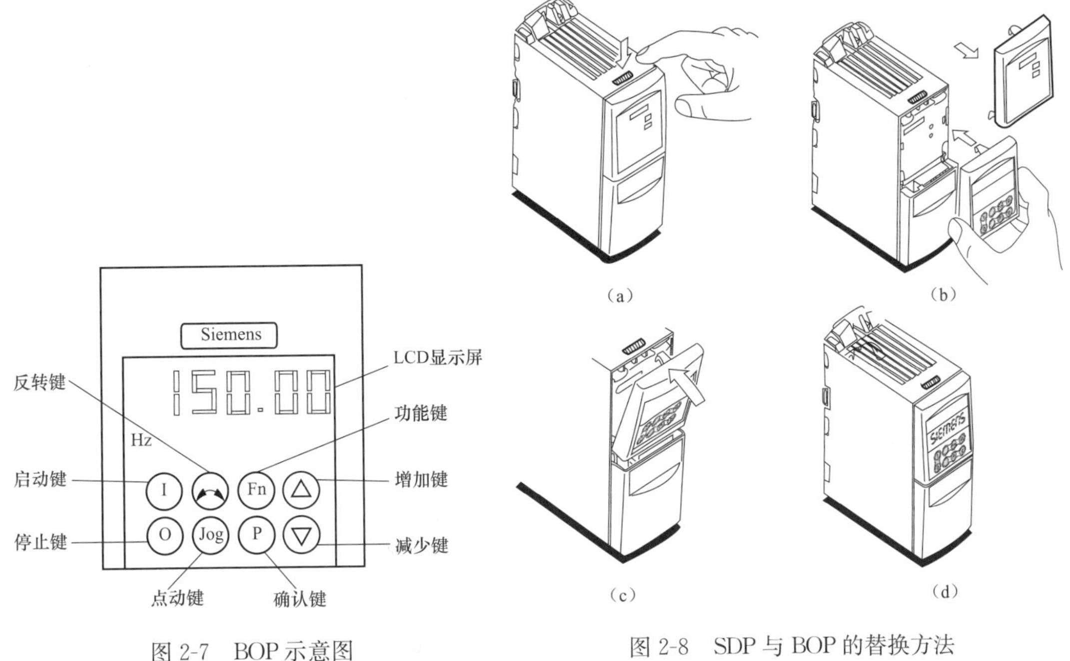

图 2-7　BOP 示意图

图 2-8　SDP 与 BOP 的替换方法

(a) 松开卡扣；(b) 取下 SDP；(c) 放入 BOP；(d) 锁紧卡扣

BOP 的按键功能如下。

(1) LCD 显示屏，用于显示参数的序号（P××××、r××××）、参数的物理单位（A、V、Hz、s）、故障号（F××××）、报警号（A××××）、当前的设定值和实际值。

(2) 启动键“I”，用于启动电动机，默认设置值运行时此键被锁定，为了使此键的操作有效，应预先设定 P0700＝1。

(3) 停止键“O”，用于停止电动机，默认设置值运行时此键被锁定，为了使此键的操作有效，应预先设定 P0700＝1。利用停止键时电动机的停止方式有两种，具体如下。

第 1 种停止方式：按停止键一次（较短），电动机将按选定的斜坡下降速率减速停机。第 2 种停止方式：按停止键两次或一次（短两次或长一次），电动机将在惯性作用下自由停机。

(4) 反转键“↶↷”，用于改变电动机的转动方向（反向用负号“－”或用闪烁的小数点“.”表示），默认设置值运行时此键被锁定，为了使此键的操作有效，应预先设定 P0700＝1。

(5) 点动键“Jog”，在变频器无输出的情况下用于控制电动机的点动运行，如果变频器/电动机正在运行，按下此键将不起作用。操作时，按此键不放将使电动机启动并按预设的点动频率运行，释放此键时电动机停机。

(6) 功能键“Fn”，此键有 2 个作用，一是用于浏览附加信息，变频器运行过程中，在显示任何一个参数时，按下此键并保持 2s 不动将显示以下参数值：直流回路电压、输出电流、输出频率、输出电压，连续多次按下此键将轮流显示以上参数；二是用于复位，当显示屏显示故障或报警信息时，按下此键可将显示内容复位。

(7) 确认键“P”，用于访问参数，按下此键即可访问参数。

（8）增加键“▲”，用于增加数值，按下此键即可增加面板上显示的参数数值。
（9）减少键“▼”，用于减少数值，按下此键即可减少面板上显示的参数数值。

第五节　西门子 MM440 变频器的参数设定及调试

西门子 MM440 变频器有两种参数类型，一种是 r××××，为只读参数，另一种是 P××××为用户可改动的参数。可改动的参数又分为非下标参数 P××××和下标参数 P××××［0］、P××××［1］……，其中［0］、［1］是下标，具有与设定值相关联的特定含义。

1. 设定非下标参数的步骤（以 P0010 为例）

（1）按“P”键，访问参数，显示器显示“r0000”。
（2）按“▲”键，直到出现要设定的参数代号，显示器显示“P0010”。
（3）按“P”键，进入参数访问级，显示器显示参数值“0”。
（4）按“▲”键或“▼”键，选择所需要的数值，显示器显示参数值“1”。
（5）按“P”键，确认并存储所设定的数值，设定结束。
（6）按“▼”键，回到设定参数状态，显示器显示“r0000”。
（7）按“P”键，返回变频器标准显示。

2. 设定下标参数的步骤（以 P0756［0］为例）

通过 P0756 可以分别设定 2 对模拟量输入端子（用下标区分）的属性，P0756［0］用于设定 AIN1 的属性，P0756［1］用于设定 AIN2 的属性。

（1）按“P”键，访问参数，显示器显示“r0000”。
（2）按“▲”键，直到出现要设定的参数代号，显示器显示“P0756”。
（3）按“P”键，进入参数访问级，显示器显示参数值“In000”（下标为 0）。
（4）按“P”键，显示当前的设定值，显示器显示“0”。
（5）按“▲”键或“▼”键，选择所需要的数值，显示器显示参数值“2”。
（6）按“P”键，确认并存储所设定的数值，设定结束，显示器显示“P0756”。
（7）按“▼”键，回到设定参数状态，显示器显示“r0000”。
（8）按“P”键，返回变频器标准显示。

3. 快速设定参数的步骤

为了快速修改参数的数值，可以一个个地单独修改显示出的每个数字，操作步骤如下。

（1）按“P”键，访问参数。
（2）按“▲”键，直到出现要设定的参数代号。
（3）按“P”键，进入参数访问级。
（4）按“Fn”键，最右边的一个数字闪烁。
（5）按“▲”键或“▼”键，选择所需要的数值。
（6）再按“Fn”键，相邻的下一位数字闪烁。
（7）执行步骤（5）～（6），直到显示出所要求的数值。
（8）按“P”键，退出参数数值的访问级。

4. 变频器参数调试

通常，一台新的西门子 MM440 变频器一般需要经过以下 3 个步骤进行参数调试，即参

数复位、快速调试、功能调试。

（1）变频器参数复位。参数复位是将变频器的参数恢复到出厂时的参数默认值，一般在变频器初次调试或者参数设定混乱时，需要执行该操作，以便将变频器的参数值恢复到一个确定的默认状态。参数复位流程图如图 2-9 所示。

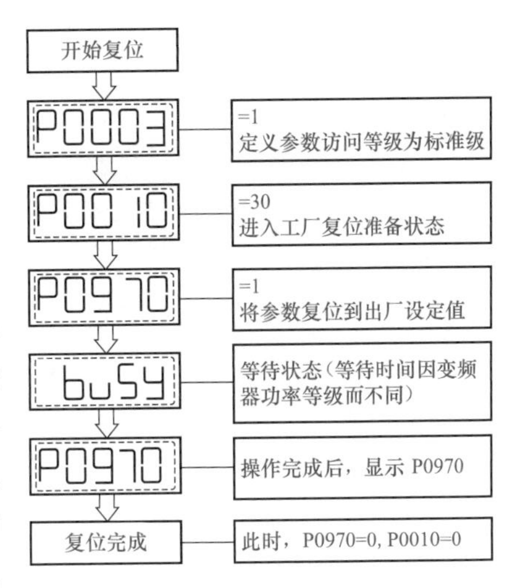

图 2-9 参数复位流程图

（2）变频器快速调试。快速调试需要用户输入电动机相关的参数和一些基本驱动控制参数，使变频器可以良好的驱动电动机运转，一般在参数复位操作后，或者更换电动机后需要进行此操作。西门子 MM440 变频器出厂时，已按相同额定功率的西门子 4 极标准电动机的基本参数进行设定，如果用户采用的是其他型号的电动机，为了获得最优性能必须输入电动机铭牌上的规格数据，即进行变频器的快速调试。

快速调试包含两方面，一方面是根据电动机和负载的具体特性，以及变频器的控制方式等信息进行必要的设定；另一方面是对电动机的参数、变频器的命令源及频率的给定源进行设定，从而达到简单快速地驱动电动机工作。

用 BOP 进行快速调试的方法见表 2-4。

表 2-4　　BOP 进行快速调试的方法

操作步骤	参数号	参数描述	推荐设置
1	P0003	设置参数访问等级 1—标准级（基本的应用）； 2—扩展级（标准的应用）； 3—专家级（复杂的应用）； 4—维修级（供授权的维修员使用）。 说明：对于大多数简单的应用场合，只要访问标准级和扩展级就足够了	1 根据实际需要设定
2	P0004	参数过滤器	根据需要设定
3	P0010	=1 开始快速调试 注意： ①只有在 P0010＝1 的情况下，电动机的主要参数才能被修改，如 P0304、P0305 等； ②只有在 P0010=0 的情况下，变频器才能运行	1
4	P0100	选择电动机的功率单位和电网频率。 =0　功率单位为 kW，f 的默认值为 50Hz； =1　功率单位为 hp [1hp（英制马力）＝0.746kW]，f 的默认值为 60Hz； =2　功率单位为 kW，f 的默认值为 60Hz。 说明：P0100 的设定值 0 和 1 应该用 DIP 开关来更改，使其设定的值固定不变。DIP 拨码开关用来设置固定不变的设定值，在电源断开后 DIP 拨码开关的设定值优先于参数的设定值	0
5	P0205	变频器应用对象 =0 恒转矩（压缩机、传送带等）； =1 变转矩（风机、泵类等）	0

续表

操作步骤	参数号	参数描述	推荐设置
6	P0300 [0]	选择电动机类型 =1 异步电动机； =2 同步电动机	1
7	P0304 [0]	电动机额定电压 注意电动机实际接线（Y/△）	根据电动机铭牌
8	P0305 [0]	电动机额定电流 注意：电动机实际接线（Y/△） 如果驱动多台电动机，则 P0305 值要大于电流的总和	根据电动机铭牌
9	P0307 [0]	电动机额定功率 如果 P0100=0 或 2，则单位为 kW 如果 P0100=1，则单位为 hp。注：1hp（英制马力）=0.746kW	根据电动机铭牌
10	P0308 [0]	电动机功率因数	根据电动机铭牌
11	P0309 [0]	电动机的额定效率 注意：如果 P0309 设置为 0，则变频器自动计算电动机的效率；如果 P0100 设置为 0，看不到此参数	根据电动机铭牌
12	P0310 [0]	电动机额定频率通常为 50/60Hz 非标准电动机，可以根据电动机铭牌修改	根据电动机铭牌
13	P0311 [0]	电动机的额定速度 矢量控制方式下，必须准确设置此参数	根据电动机铭牌
14	P0320 [0]	电动机的磁化电流通常取默认值	0
15	P0335 [0]	电动机冷却方式 =0 利用电动机轴上风扇自冷却； =1 利用独立的风扇进行强制冷却	0
16	P0640 [0]	电动机过载因子 以电动机额定电流的百分比来限制电动机的过载电流	150
17	P0700 [0]	选择命令给定源（启动/停止） =1 BOP（操作面板）； =2 I/O 端子控制； =4 经过 BOP 链路（RS-232）的 USS 控制； =5 通过 COM 链路（端子 29、30）； =6 PROFIBUS（CB 通信板）。 注意：改变 P0700 设置，将复位所有的数字 I/O 至出厂设定	1
18	P1000 [0]	设置频率给定源 =1 BOP 电动电位计给定（面板）； =2 模拟输入 1 通道（端子 3、4）； =3 固定频率； =4 BOP 链路的 USS 控制； =5 COM 链路的 USS（端子 29、30）； =6 PROFIBUS（CB 通信板）； =7 模拟输入 2 通道（端子 10、11）	1
19	P1080 [0]	限制电动机运行的最小频率	0Hz
20	P1082 [0]	限制电动机运行的最大频率	50Hz
21	P1120 [0]	斜坡上升时间 电动机从静止状态加速到最大频率所需时间	10s
22	P1121 [0]	斜坡下降时间 电动机从最大频率降速到静止状态所需时间	10s

续表

操作步骤	参数号	参数描述	推荐设置
23	P1300 [0]	控制方式选择 =0 线性 V/F，要求电动机的压频比准确； =2 平方曲线的 V/F 控制； =20 无传感器的矢量控制； =21 带传感器的矢量控制	0
24	P3900	结束快速调试 =1 电动机数据计算，并将除快速调试以外的参数恢复到工厂设定； =2 电动机数据计算，并将 I/O 设定恢复到工厂设定； =3 电动机数据计算，其他参数不进行工厂复位	3

（3）变频器功能调试。功能调试是指用户按照具体生产工艺的需要进行的设定操作，这一部分的调试工作比较复杂，常常需要在现场多次调试，下面仅介绍数字开关量和模拟量的功能调试。

1）数字开关量功能调试。西门子 MM440 变频器安装了 6 个数字开关量的输入端子，每个端子都有一个对应的参数用来设定该端子的输入功能，其输入功能见表 2-5。

表 2-5　　数字开关量输入功能

数字输入	端子编号	参数编号	出厂设置	功能说明
DIN1	5	P0701	1	1—接通正转/断开停车； 2—接通反转/断开停车； 3—断开按惯性自由停车； 4—断开按第二降速时间快速停车； 9—故障复位； 10—正向点动； 11—反向点动； 12—反转（与正传命令配合使用）； 13—电动电位计升速； 14—电动电位计降速； 15—固定频率直接选择； 16—固定频率选择+ON 命令； 17—固定频率编码选择+ON 命令； 25—使能直流制动； 29—外部故障信号触发跳闸； 33—禁止附加频率设定值； 99—使能 BICO 参数化
DIN2	6	P0702	12	
DIN3	7	P0703	9	
DIN4	8	P0704	15	
DIN5	16	P0705	15	
DIN6	17	P0706	15	
	9	公共端		

说明：
1. 开关量的输入逻辑可以通过 P0725 改变；
2. 开关量输入状态由参数 r0722 监控，开关闭合时相应笔画点亮。

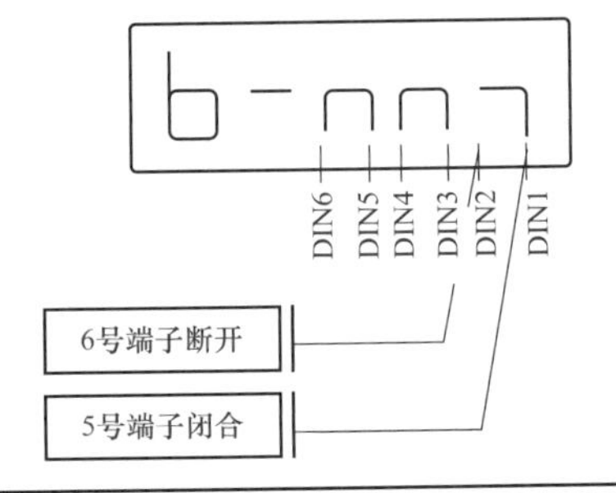

西门子 MM440 变频器安装了 3 个继电器，可以将变频器当前的状态以数字开关量的形式用继电器输出，方便用户通过输出继电器的状态来监控变频器的内部状态，其输出功能见表 2-6。

表 2-6　　数字开关量输出功能

继电器编号	对应参数	默认值	功能解释	输出状态
继电器 1	P0731	52.3	故障监控	继电器失电
继电器 2	P0732	52.7	报警监控	继电器得电
继电器 3	P0733	52.2	变频器运行中	继电器得电

2）模拟量功能调试。西门子 MM440 变频器有两路模拟量输入，相关参数以 In000 和 In001 区分，可以通过 P0756 分别设定每个通道属性。当 P0756=0 时，单极性电压输入 0～10V；当 P0756=1 时，带监控的单极性电压输入 0～10V；当 P0756=2 时，单极性电流输入 0～20mA；当 P0756=3 时，带监控的单极性电流输入 0～20mA；当 P0756=4 时，双极性电压输入−10～+10V。除了上面这些设定范围，还可以支持常见的 2～10V 和 4～20mA 这些模拟标定方式。

西门子 MM440 变频器有两路模拟量输出，相关参数以 In000 和 In001 区分，出厂值为 0～20mA 输出，可以标定为 4～20mA 输出（P0778=4），如果需要电压信号，则可以在相应端子并联一支 500Ω 的电阻。需要输出的物理量可以通过 P0771 设定，当 P0771=21 时，输出实际频率；当 P0771=25 时，输出电压；当 P0771=26 时，输出直流电压；当 P0771=27 时，输出电流。

第三章

西门子MM440变频器的基本应用

第一节　西门子 MM440 变频器的主要参数简介

变频器控制电动机运行，其各种性能和运行方式均通过变频器的参数设定来实现。不同的变频器，其参数的数量是不一样的，一般都有数十个甚至上百个参数供用户选择。不同的参数都定义着不同的功能，在实际应用中，没必要对每一个参数都进行设定和调试，多数只要采用出厂设定值即可。但有些参数，由于与实际使用情况有很大关系，且有些互相关联，因此需要根据实际情况进行设定。

一、参数过滤器 P0004

参数过滤器 P0004 的作用是按功能的要求筛选（或过滤）出与该功能相关的参数，使用该功能可以从众多参数中快速地找到想要访问的参数，大大节省调试时间。参数过滤器 P0004 可能的设定值如下。

“0”——全部参数。

“2”——变频器参数。

“3”——电动机参数。

“4”——速度传感器。

“5”——工艺应用对象或装置。

“7”——命令和数字 I/O。

“8”——ADC（模数转换）和 DAC（数模转换）。

“10”——设定值通道/斜坡函数发生器。

“12”——驱动装置的特征。

“13”——电动机控制。

“20”——通信。

“21”——报警/警告/监控。

“22”——工艺参量控制器（如 PID）。

二、用户访问级 P0003 和参数过滤器 P0004 的组合使用

参数过滤器 P0004 的设定值决定了访问参数的功能和类型，而用户访问级 P0003 的设定

值决定了由P0004限定的参数类型的访问等级。在访问和设置参数时P0003和P0004共同限定了所访问和设置的参数范围，其可能的组合如下。

（1）P0003=1，P0004=2。此时表示访问变频器参数，访问等级为标准级。

（2）P0003=2，P0004=3。此时表示访问电动机参数，访问等级为扩展级。

（3）P0003=1，P0004=10。此时可设定频率给定源P1000参数，同时还能访问电动机运行最低频率P1080、电动机运行最高频率P1082、斜坡上升时间P1120和斜坡下降时间P1121等参数。

（4）P0003=2，P0004=7。此时可访问数字输入参数P0701～P0708，设定数字输入端子1～8的功能。

（5）P0003=2，P0004=10。此时可访问固定频率1～15的对应参数P1001～P1015，通过设定其频率参数实现多段固定频率控制。

三、频率给定源P1000

在使用一台变频器时，必须先向变频器提供一个改变频率的信号，改变变频器的输出频率，从而改变电动机的转速。这个信号就被称为“频率给定信号”。所谓频率给定源，就是调节变频器输出频率的具体方法，也就是提供给定信号的方式。

变频器常见的频率给定源主要有操作面板给定、外接信号给定、模拟信号给定及通信方式给定等。这些频率给定源各有优点、缺点，必须按照实际的需要进行选择参数设定，同时也可以根据功能选择不同频率给定源之间的叠加和切换。频率给定源P1000可能的设定值如下。

“1”——BOP电动电位计（操作面板）给定。

“2”——模拟输入第1通道（端子3-4）给定。

“3”——固定频率给定。

“4”——经过BOP链路（RS-232）的USS控制给定。

“5”——经过COM链路（端子29-30）的USS控制给定。

“6”——经过PROFIBUS（CB通信板）给定。

“7”——模拟输入第2通道（端子10-11）给定。

1. 操作面板给定

通过操作面板上的键盘或电位器进行频率给定（即调节频率）的方式，称为面板给定方式。

（1）键盘给定频率的大小通过键盘上的增加键（“▲”键）和减少键（“▼”键）进行给定，它属于数字量给定，精度较高。

（2）电位器给定是部分变频器在面板上设置了电位器，频率的大小也可以通过电位器来调节，它属于模拟量给定，精度稍低。

2. 外接给定

通过外接输入端子输入频率给定信号，调节变频器输出频率的大小，称为外接给定或远程控制给定。外接给定方式有以下两种。

（1）外接输入数字量端子给定。通过外接变频器数字量端子的通、断控制变频器的频率

给定，有两种方式：一是频率升、降给定或 UP/DOWN 给定；二是多段速给定。

（2）外接模拟量端子给定。通过模拟量端子从变频器外部输入模拟量信号（电压或电流）进行给定，并通过调节给定信号的大小调节变频器的输出频率。

3. 通信接口给定

由 PLC 或计算机通过通信接口进行频率给定，大部分变频器所提供的都是 RS-485 接口。如果上位机的通信是 RS-232 接口，则需要接一个 RS-485 与 RS-232 的转换器。

4. 选择频率给定源的一般原则

（1）面板给定与外接给定比较，优先选择面板给定，因为变频器的操作面板包括键盘和显示屏。显示屏的显示功能十分齐全，如可显示运行过程中的各种参数及故障代码等，但由于受到连接线长度的限制，因此控制面板与变频器之间的距离不能过长。

（2）数字量给定与模拟量给定比较，优先选择数字量给定，因为数字量给定时的频率精度较高，且通常用触头操作，非但不易损坏，而且抗干扰能力强。

（3）电压信号与电流信号比较，优先选择电流信号，因为电流信号在传输过程中，不受线路电压降、接触电阻及其压降、杂散的热电效应和感应噪声等的影响，抗干扰能力较强。由于电流信号电路比较复杂，因此在距离不远的情况下，仍以选用电压给定方式居多。

四、下限频率（P1080）与上限频率（P1082）

电动机在一定的场合应用时，其转速应该在一定的范围内，超出此范围会造成事故或损失，为了避免由于错误操作造成电动机的转速超出应用范围，变频器具有设定上限频率和下限频率的功能。

上限频率与下限频率是根据生产机械的要求来设定的。正反转最低转速与最高转速时相对应的频率，设定值的范围为 0～650Hz，当达到这一设定值时，电动机的运行速度将与频率的设定值无关。当给定频率高于上限频率或小于下限频率时，变频器将被限制在上限频率或下限频率上运行，若上限频率小于最高频率，则上限频率具有优先权。

五、斜坡上升时间（P1120）与斜坡下降时间（P1121）

变频器驱动的电动机采用低频启动，为了保证电动机正常启动而又不产生过电流保护，变频器需设定斜坡上升时间。它表示变频器输出频率从 0Hz 上升到基本频率所需要的时间，设定值的范围为 0～650s，其大小与电动机拖动的负载有关。如果斜坡上升时间设定过小，通常会出现变频器过电流报警。

有些负载对减速停车的时间有严格的要求，因此变频器需设定斜坡下降时间，它表示变频器输出频率从基本频率下降到 0Hz 所需要的时间，设定值的范围为 0～650s，其大小与电动机拖动的负载惯性大小有关。在一般情况下，惯性越大，斜坡下降时间越长。如果斜坡下降时间设定太小，通常会出现变频器过电流或过电压报警。

基本频率（简称基频）表示变频器的最大输出电压所对应的频率，在大多数情况下，它等于电动机的额定频率。当基频与设定的工作频率不一致时，变频器的实际斜坡上升时间和斜坡下降时间与设定的值不相等，如图 3-1 所示。

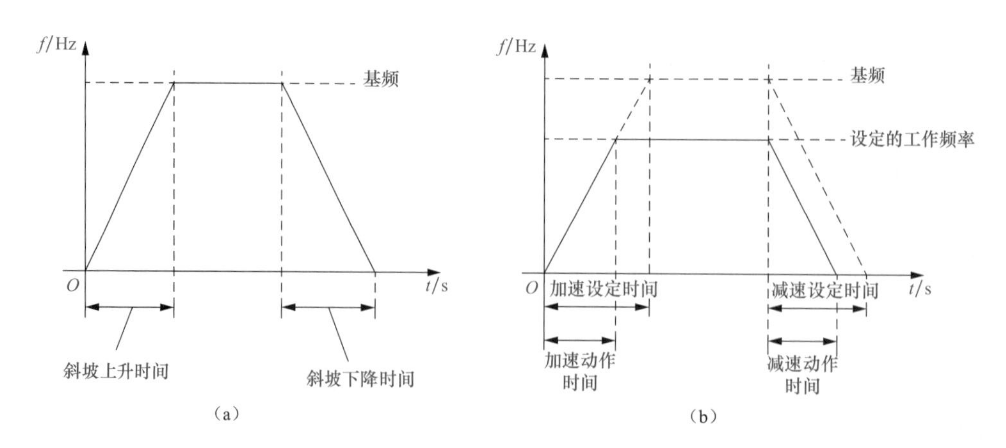

图 3-1 斜坡上升时间与斜坡下降时间

(a) 基频；(b) 设定的工作频率

六、命令给定源 P0700

命令给定源是指采用何种方式控制变频器的基本运行功能，这些功能包括启动、停止、正转、反转、正向点动、反向点动及复位等。常用的变频器命令给定源有操作面板命令给定、端子控制命令给定、通信控制命令给定 3 种。这些命令给定源必须按照实际的需要进行选择设定，同时也可以根据功能进行给定源之间的相互切换。命令给定源 P0700 可能的设定值如下。

“1”——BOP 电动电位计（操作面板）给定。

“2”——I/O 端子控制给定。

“4”——经过 BOP 链路（RS-232）的 USS 控制给定。

“5”——经过 COM 链路（端子 29-30）的 USS 控制给定。

“6”——经过 PROFIBUS（CB 通信板）给定。

1. 操作面板命令给定

操作面板命令给定是变频器最简单的命令给定方式，其最大特点就是方便、实用，用户可以通过变频器操作键盘上的启动键、停止键、点动键、增减键直接控制变频器的运转。操作面板通常可以通过延长线放置在用户容易操作的 5m 以内的空间范围，同时又能够将变频器是否正常运行、是否出现报警（过载、超温、堵转等）及故障类型告知用户。

2. 端子控制命令给定

端子控制命令给定是由变频器的外接输入端子从外部输入开关信号（或电平信号）发出运转指令对变频器进行控制。其最大特点就是可以远距离控制变频器的运转，用户可选择按钮、开关、继电器、PLC 等替代操作面板上的启动键、停止键、点动键、增减键等。

3. 通信控制命令给定

通信控制命令给定是在不增加线路的情况下，只需对上位机给变频器的传输数据改一下即可对变频器进行正转、反转、点动、复位等控制。通信端子是变频器最基本的控制端子，通常配置 RS-232 或 RS-485 接口，接线方式因变频器通信协议的不同而不同。

第二节　变频器的启动及停止控制（由 BOP 实现）

1. 项目描述

由 BOP 实现 1 台三相交流电动机的启动、停止及变频运行。电动机参数为额定功率 1.5kW，额定电流 3.7A，额定电压 380V，额定频率 50Hz，额定转速 1400r/min。

2. 变频器控制电路接线

变频器控制电路接线如图 3-2 所示，将 380V 三相交流电源连接至变频器的输入端“L1、L2、L3”，将变频器的输出端“U、V、W”连接至三相电动机，同时还要进行相应的接地保护连接。检查线路正确后，合上断路器 QF，向变频器送电。

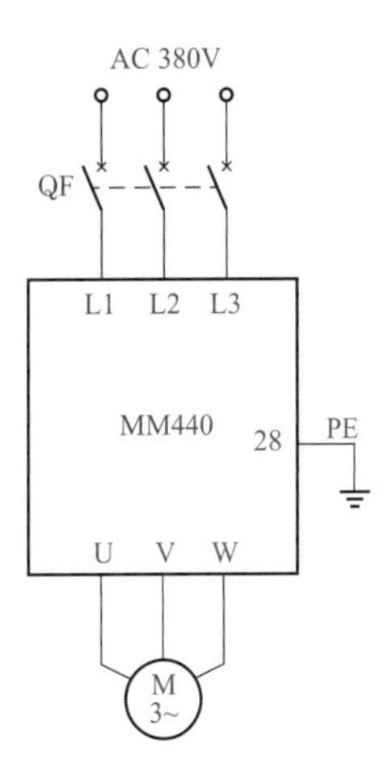

图 3-2　变频器的启动及停止控制电路

3. 变频器参数复位

先在 BOP 上设定 P0010＝30，P0970＝1，然后再按下“P”键，将变频器的所有参数复位为出厂时的默认设置值，复位过程大约需 3min 才能完成。

4. 设定电动机参数

为了使电动机与变频器相匹配以获得最优性能，必须输入电动机铭牌上的参数，令变频器识别控制对象，具体参数设定见表 3-1。电动机参数设定完成后，设 P0010＝0，变频器当前处于准备状态，可正常运行。

表 3-1　　**电动机参数的设定**

参数号	出厂值	设定值	说　明
P0003	1	1	设用户访问级为标准级
P0010	0	1	快速调试
P0100	0	0	工作地区：功率以 kW 表示，频率为 50Hz
P0304	230	380	电动机额定电压（V）
P0305	3.25	3.70	电动机额定电流（A）
P0307	0.75	1.50	电动机额定功率（kW）
P0310	50	50	电动机额定频率（Hz）
P0311	0	1400	电动机额定转速（r/min）

5. 变频器运行操作

（1）设定面板操作控制参数 P0700＝1（启、停命令源于面板），P1000＝1（频率设定源于面板）。

（2）按“I”键，电动机启动运转。

（3）在电动机转动时，按“▲”键或“▼”键，可修改运行频率（改变转速）。

（4）按“O”键，电动机停止运转。

第三节 变频器的正反转及正反转点动控制（由 BOP 实现）

1. 项目描述

由 BOP 实现 1 台三相交流电动机的启动、正反转及正反转点动、变频及停止。电动机参数：额定功率 1.5kW，额定电流 3.7A，额定电压 380V，额定频率 50Hz，额定转速 1400r/min。

2. 变频器控制电路接线

变频器控制电路接线图参见第二节中的相关叙述内容及图 3-2。

3. 变频器参数复位

变频器参数复位参见第二节中的相关叙述内容。

4. 设定电动机参数

电动机参数的设定参见第二节中的相关叙述内容及表 3-1。

5. 设定变频器正反转及正反转点动控制参数

变频器正反转及正反转点动控制参数的设定见表 3-2。

表 3-2　　变频器正反转及正反转点动控制参数的设定

参数号	出厂值	设定值	说　明
P0003	1	1	设用户访问级为标准级
P0010	0	0	正确进行运行命令的初始化
P0004	0	7	命令和数字 I/O
P0700	2	1	由键盘输入设定值（选择命令源）
P0003	1	1	设用户访问级为标准级
P0004	0	10	设定值通道和斜坡函数发生器
P1000	2	1	由键盘（电动电位计）输入设定值
P1080	0	0	电动机运行的最低频率（Hz）
P1082	50	50	电动机运行的最高频率（Hz）
P0003	1	2	设用户访问级为扩展级
P0004	0	10	设定值通道和斜坡函数发生器
P1040	5	20	设定键盘控制的频率值（Hz）
P1058	5	10	正向点动频率（Hz）
P1059	5	10	反向点动频率（Hz）
P1060	10	5	点动斜坡上升时间（s）
P1061	10	5	点动斜坡下降时间（s）

6. 变频器运行操作

（1）按“I”键，电动机启动正向运转升速，最后稳定运行在由 P1040 所设定的 20Hz 频率对应的 560r/min 转速上。

（2）在电动机转动时，按“▲”键或“▼”键，可修改运行频率（改变转速）。

（3）需要电动机反转运行时，先按“O”键，在电动机停止运转后，再按“⤻”键和“I”键，电动机启动反向运转升速，最后稳定运行在由 P1040 所设定的 20Hz 频率对应的 560r/min 转速上。

（4）需要电动机点动正向运行时，先按“O”键，在电动机停止运转后，再按住“Jog”键不放，变频器驱动电动机升速，经过1s（P1060＝5）后，稳定运行在由P1058所设定的正向点动10Hz频率值对应的280r/min转速上。

（5）点动正向运行结束，可松开“Jog”键，电动机开始降速，经过1s（P1061＝5）后电动机停止运行。

（6）需要电动机点动反向运行时，可先按“⤺⤻”键，然后重复上述的点动运行操作，电动机可在变频器的驱动下点动反向运行。

第四节　变频器的正反转点动控制（由外部数字量端子实现）

在实际生产中，采用BOP对变频器的控制只能是本地控制，一些需要远程控制的场合需要采用外部运行操作的方法，此时电动机的启动、停止、正反转、正反转点动及改变运行频率等都是由按钮、开关、继电器等通过与变频器控制端子上的外部接线控制，这种方法可大大提高生产自动化水平。

1. 西门子MM440变频器数字量端子的使用说明

西门子MM440变频器有6个数字输入端子DIN1～DIN6，每个数字输入端子的功能很多，用户可根据需要通过P0701～P0706进行设定。6个数字输入端子，哪个作为电动机运行、停止控制，哪个作为多段频率控制，是由用户确定的。一旦确定了某一数字输入端子的控制功能，其内部参数的设定值必须与端子的控制功能相对应。

西门子MM440变频器6个数字输入端子参数设定范围均为“0～99”，出厂默认值均为“1”，其可能的设定值如下。

“0”——禁止数字输入。

“1”——ON/OFF1（接通正转/断开停车命令1）。

“2”——ON reverse/OFF1（接通反转/断开停车命令1）。OFF1为默认的正常停车方式，用端子控制时，它与ON命令是同一个端子输入，为低电平有效。

“3”——OFF2（停车命令2），按惯性自由停车，为低电平有效。OFF2为自由停车方式，当OFF2命令输入后，变频器输出立即停止，电动机按惯性自由停车。

“4”——OFF3（停车命令3），按斜坡函数曲线快速降速停车，为低电平有效。OFF3为快速停车方式，当OFF3命令输入后，变频器输出立即停止，电动机按快速停车方式停车。

“9”——故障确认。

“10”——正向点动。

“11”——反向点动。

“12”——反转。

“13”——MOP（电动电位计）升速（增加频率）。

“14”——MOP（电动电位计）降速（减少频率）。

“15”——固定频率设定值（直接选择）。

“16”——固定频率设定值（直接选择+ON命令）。

“17”——固定频率设定值（二进制编码选择+ON命令）。

“25”——直流注入制动。

“29”——由外部信号触发跳闸。

“33”——禁止附加频率设定值。

“99”——使能 BICO 参数化。

2. 项目描述

由外部数字量端子实现 1 台三相交流电动机的正反转点动运行。电动机参数：额定功率 0.37kW，额定电流 0.95A，额定电压 380V，额定频率 50Hz，额定转速 1400r/min。

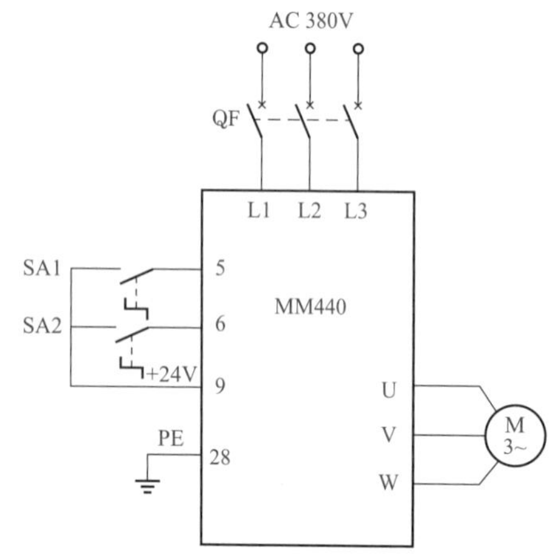

图 3-3　变频器的正反转点动控制电路

3. 变频器控制电路接线

变频器的正反转点动控制电路如图 3-3 所示，将 380V 三相交流电源连接至变频器的输入端“L1、L2、L3”，将变频器的输出端“U、V、W”连接至三相电动机，同时还要进行相应的接地保护连接。外部数字量端子选用 DIN1（端子 5）、DIN2（端子 6），其中端子 5 设为正转点动控制，端子 6 设为反转点动控制，所对应的功能通过 P0701、P0702 的参数值设定。检查线路正确后，合上断路器 QF，向变频器送电。

4. 变频器参数复位

先在 BOP 上设定 P0010＝30，P0970＝1，然后按“P”键，将变频器的所有参数复位为出厂时的默认设置值，复位过程大约需 3min 才能完成。

5. 设定电动机参数

为了使电动机与变频器相匹配以获得最优性能，必须输入电动机铭牌上的参数，令变频器识别控制对象，具体参数设定见表 3-3。电动机参数设定完成后，设定 P0010＝0，变频器当前处于准备状态，可正常运行。

表 3-3　　电动机参数的设定

参数号	出厂值	设定值	说　明
P0003	1	1	设用户访问级为标准级
P0010	0	1	快速测试
P0100	0	0	工作地区：功率以 kW 表示，频率为 50Hz
P0304	230	380	电动机额定电压（V）
P0305	3.25	0.95	电动机额定电流（A）
P0307	0.75	0.37	电动机额定功率（kW）
P0310	50	50	电动机额定频率（Hz）
P0311	0	1400	电动机额定转速（r/min）

6. 设定变频器正反转点动控制参数

变频器正反转点动控制参数的设定见表 3-4。

表 3-4　　变频器正反转点动控制参数的设定

参数号	出厂值	设定值	说　明
P0003	1	2	设用户访问级为标准级
P0004	0	7	命令和数字 I/O

续表

参数号	出厂值	设定值	说　明
P0700	2	2	命令源选择“由端子排输入”
P0701	1	10	正向点动（定义 DIN1 的功能为正向点动）
P0702	1	11	反向点动（定义 DIN2 的功能为反向点动）
P1058	5	10	正向点动频率（Hz）
P1059	5	10	反向点动频率（Hz）
P1060	10	5	点动斜坡上升时间（s）
P1061	10	5	点动斜坡下降时间（s）

7. 变频器运行操作

（1）正转点动运行控制。当闭合带锁旋钮开关 SA1 时，变频器的数字端子 5 为 ON，电动机按 P1060 所设定的 5s 点动斜坡上升时间正向启动运行，经过 1s 后，稳定运行在由 P1058 所设定的正转点动 10Hz 频率值对应的 280r/min 转速上。

（2）当断开带锁旋钮开关 SA1 时，变频器的数字端子 5 为 OFF，电动机按 P1061 所设定的 5s 点动斜坡下降时间开始减速，经过 1s 后电动机停止运行。

（3）反转点动运行控制。当闭合带锁旋钮开关 SA2 时，变频器的数字端子 6 为 ON，电动机按 P1060 所设定的 5s 点动斜坡上升时间反向启动运行，经过 1s 后，稳定运行在由 P1059 所设定的反转点动 10Hz 频率值对应的 280r/min 转速上。

（4）当断开带锁旋钮开关 SA2 时，变频器的数字端子 6 为 OFF，电动机按 P1061 所设定的 5s 点动斜坡下降时间开始减速，经过 1s 后电动机停止运行。

（5）电动机的速度调节。分别改变 P1058、P1059 的值，按上述操作过程，就可以改变电动机正反转点动运行速度。

第五节　变频器的正反转及正反转点动控制（由外部数字量端子实现）

1. 项目描述

由外部数字量端子实现 1 台三相交流电动机的正反转及正反转点动运行。电动机参数：额定功率 1.5kW，额定电流 3.7A，额定电压 380V，额定频率 50Hz，额定转速 1400r/min。

2. 变频器控制电路接线

变频器的正反转及正反转点动控制电路如图 3-4 所示，将 380V 三相交流电源连接至变频器的输入端“L1、L2、L3”，将变频器的输出端“U、V、W”连接至三相电动机，同时还要进行相应的接地保护连接。外部数字量端子选用 DIN1（端子 5）、DIN2（端子 6）和 DIN3（端子 7）、DIN4（端子 8），其中端子 5 设为正转控制，端子 6 设为反转控制，端子 7 设为正转点动控制，端子 8 设为反转点动控制，所

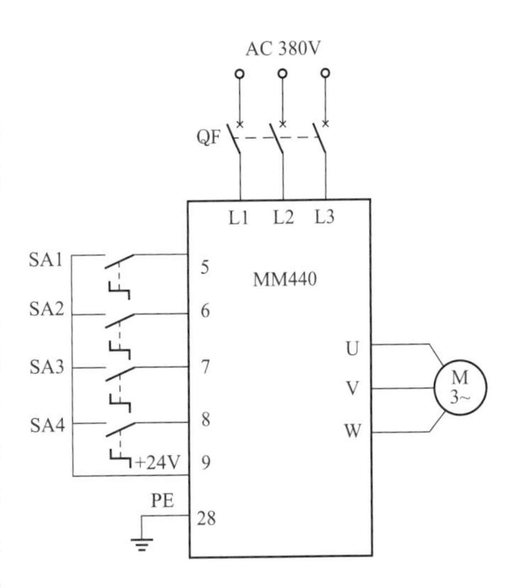

图 3-4　变频器的正反转及正反转点动控制电路

对应的功能通过 P0701、P0702、P0703、P0704 的参数值设定。检查线路正确后，合上断路器 QF，向变频器送电。

3. 变频器参数复位

变频器参数复位参见第二节中的相关叙述内容。

4. 设定电动机参数

电动机参数的设定参见第二节中的相关叙述内容及表 3-1。

5. 设定变频器正反转及正反转点动控制参数

变频器正反转及正反转点动控制参数的设定见表 3-5。

表 3-5　变频器正反转及正反转点动控制参数的设定

参数号	出厂值	设定值	说　明
P0003	1	1	设用户访问级为标准级
P0004	0	7	命令和数字 I/O
P0700	2	2	命令源选择“由端子排输入”
P0003	1	2	设用户访问级为扩展级
P0004	0	7	命令和数字 I/O
P0701	1	1	ON 接通正转，OFF 停止
P0702	1	2	ON 接通反转，OFF 停止
P0703	9	10	正向点动
P0704	15	11	反向点动
P0003	1	1	设用户访问级为标准级
P0004	0	10	设定值通道和斜坡函数发生器
P1000	2	1	由键盘（电动电位计）输入设定值
P1080	0	0	电动机运行的最低频率（Hz）
P1082	50	50	电动机运行的最高频率（Hz）
P1120	10	5	斜坡上升时间（s）
P1121	10	5	斜坡下降时间（s）
P0003	1	2	设用户访问级为扩展级
P0004	0	10	设定值通道和斜坡函数发生器
P1040	5	20	设定键盘控制的频率值（Hz）
P1058	5	10	正向点动频率（Hz）
P1059	5	10	反向点动频率（Hz）
P1060	10	5	点动斜坡上升时间（s）
P1061	10	5	点动斜坡下降时间（s）

6. 变频器运行操作

（1）变频器正向运行控制。当闭合带锁旋钮开关 SA1 时，变频器的数字端子 5 为 ON，电动机按 P1120 所设定的 5s 斜坡上升时间正向启动运行，经过 2s 后，稳定运行在由 P1040 所设定的正向运行 20Hz 频率值对应的 560r/min 转速上。

（2）当断开带锁旋钮开关 SA1 时，变频器的数字端子 5 为 OFF，电动机按 P1121 所设置的 5s 斜坡下降时间开始减速，经过 2s 后电动机停止运行。

（3）变频器反向运行控制。当闭合带锁旋钮开关 SA2 时，变频器的数字端子 6 为 ON，电动机按 P1120 所设定的 5s 斜坡上升时间反向启动运行，经过 2s 后，稳定运行在由 P1040

所设定的反向运行 20Hz 频率值对应的 560r/min 转速上。

（4）当断开带锁旋钮开关 SA2 时，变频器的数字端子 6 为 OFF，电动机按 P1121 所设置的 5s 斜坡下降时间开始减速，经过 2s 后电动机停止运行。

（5）正转点动运行控制。当闭合带锁旋钮开关 SA3 时，变频器的数字端子 7 为 ON，电动机按 P1060 所设定的 5s 点动斜坡上升时间正向启动运行，经过 1s 后，稳定运行在由 P1058 所设定的正转点动 10Hz 频率值对应的 280r/min 转速上。

（6）当断开带锁旋钮开关 SA3 时，变频器的数字端子 7 为 OFF，电动机按 P1061 所设定的 5s 点动斜坡下降时间开始减速，经过 1s 后电动机停止运行。

（7）反转点动运行控制。当闭合带锁旋钮开关 SA4 时，变频器的数字端子 8 为 ON，电动机按 P1060 所设定的 5s 点动斜坡上升时间反向启动运行，经过 1s 后，稳定运行在由 P1058 所设定的反转点动 10Hz 频率值对应的 280r/min 转速上。

（8）当断开带锁旋钮开关 SA4 时，变频器的数字端子 8 为 OFF，电动机按 P1061 所设定的 5s 点动斜坡下降时间开始减速，经过 1s 后电动机停止运行。

（9）电动机的速度调节。分别更改 P1040、P1058、P1059 的值，按上述操作过程，就可以改变电动机的正反转运行速度及正反转点动运行速度。

第六节　变频器的正反转及变速控制（由外部模拟量输入端子实现）

外部模拟量输入端子给定信号分为电压信号和电流信号，选择电流给定信号还是电压给定信号主要是根据信号传输距离的长短。电流信号在传输过程中不受线路电压降、接触电阻及杂散的热电效应和感应噪声等的影响，抗干扰能力较强，故适合远距离传输。但由于电流给定信号传输电路比较复杂，故在传输距离不远的情况下，仍优先选用电压给定信号。通常电压给定信号的范围为 0～10V、2～10V、0～±10V、0～5V、1～5V、0～±5V 等，电流给定信号的范围为 0～20mA、4～20mA 等。

1. 西门子 MM440 变频器模拟量输入端子的使用说明

西门子 MM440 变频器为用户提供两对模拟量输入端子，即端子 3-4 为一对（标为 AIN1），端子 10-11 为一对（标为 AIN2）。在使用模拟量输入端子之前，必须进行下面 2 项重要设定。

（1）DIP 拨码开关（在 I/O 板上）的设定。该拨码开关是用于设定模拟量输入的类型（均为默认），其中 S1 设定 AIN1 模拟量输入的类型（OFF 为 0～10V 电压信号，ON 为 0～20mA 电流信号），S2 设定 AIN2 模拟量输入的类型（OFF 为 0～10V 电压信号，ON 为 0～20mA 电流信号），如图 3-5 所示。

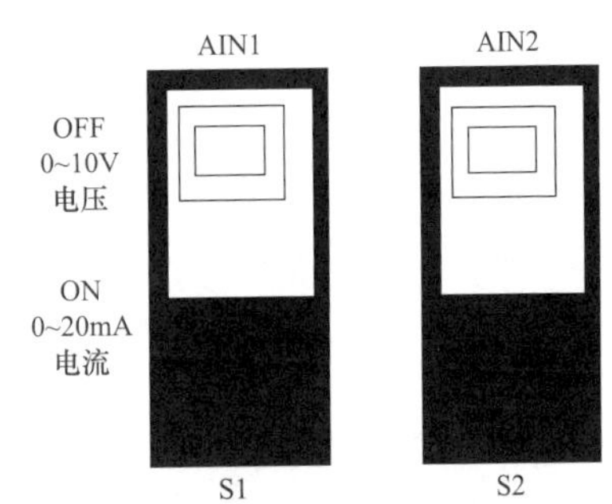

图 3-5　DIP 拨码开关（在 I/O 板上）的设定

（2）参数 P0756 的设定。通过 P0756 可以分别设定 2 对模拟量输入端子（用下标区分）的属性，P0756 [0] 时设定 AIN1 的属性，P0756 [1] 时设定 AIN2 的属性，其可能的设定值如下。

“0”——单极性电压输入 0～10V。

“1”——带监控的单极性电压输入 0～10V。

“2”——单极性电流输入 0～20mA。

“3”——带监控的单极性电流输入 0～20mA。

“4”——双极性电压输入－10～＋10V。

2. 项目描述

1 台三相交流电动机由外部模拟量端子实现变速，由外部数字量端子实现正反转运行。电动机参数：额定功率 1.5kW，额定电流 3.7A，额定电压 380V，额定频率 50Hz，额定转速 1400r/min。

3. 变频器控制电路接线

变频器模拟信号变速控制电路如图 3-6 所示，将 380V 三相交流电源连接至变频器的输入端“L1、L2、L3”，将变频器的输出端“U、V、W”连接至三相电动机，同时还要进行相应的接地保护连接。

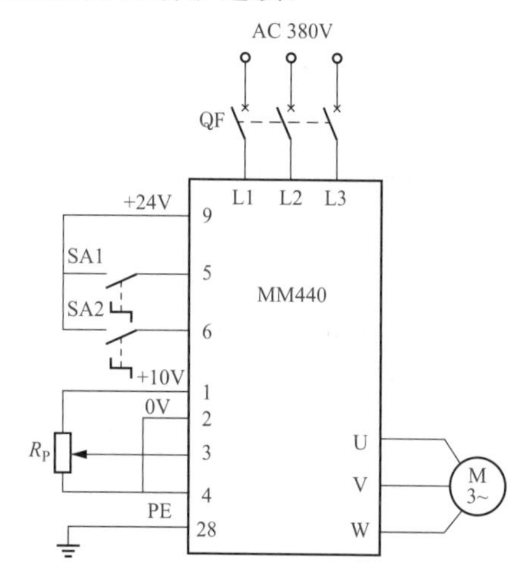

图 3-6 变频器模拟信号变速控制电路

外部模拟量输入端子选用 AIN1（端子 3-4），用变频器自带的高精度＋10V 直流稳压电源（输出端子 1-2）作为电压给定信号源，将转速调节电位器 R_P 串接在电路中，调节电位器 R_P 即可向模拟量输入端子 AIN1 提供大小可调的模拟电压信号，使变频器的频率输出量紧紧跟踪给定量的变化，从而平滑无级地调节电动机转速的大小。外部数字量端子选用 DIN1（端子 5）、DIN2（端子 6），其中端子 5 设为正转控制，端子 6 设为反转控制，所对应的功能通过 P0701、P0702 的参数值设定。检查线路正确后，合上断路器 QF，向变频器送电。

4. 变频器参数复位

变频器参数复位参见第二节中的相关叙述内容。

5. 设定电动机参数

电动机参数的设定参见第二节中的相关叙述内容及表 3-1。

6. 设定变频器模拟信号变速控制参数

变频器模拟信号变速控制参数的设定见表 3-6。

表 3-6　变频器模拟信号变速控制参数的设定

参数号	出厂值	设定值	说　明
P0003	1	1	设用户访问级为标准级
P0004	0	7	命令和数字 I/O
P0700	2	2	命令源选择“由端子排输入”
P0701	1	1	ON 接通正转，OFF 停止
P0702	1	2	ON 接通反转，OFF 停止
P0003	1	1	设用户访问级为标准级
P1120	10	15	斜坡上升时间（s）

续表

参数号	出厂值	设定值	说　明
P1121	10	15	斜坡下降时间（s）
P0003	1	1	设用户访问级为标准级
P0004	0	10	设定值通道和斜坡函数发生器
P1000	2	2	频率设定值选择为“模拟输入”
P1080	0	0	电动机运行最低频率（Hz）
P1082	50	50	电动机运行最高频率（Hz）

7. 变频器运行操作

（1）变频器正向运行控制。当闭合带锁旋钮开关SA1时，变频器的数字端子5为ON，电动机按P1120所设定的15s斜坡上升时间正向启动运行，经过15s后，稳定运行在1400 r/min转速上。

（2）变频器正向变速控制。转速由外接电位器R_P来控制，模拟电压信号从0～10V变化，对应变频器的频率从0～50Hz变化，对应电动机转速从0～1400r/min变化。

（3）当断开带锁旋钮开关SA1时，变频器的数字端子5为OFF，电动机按P1121所设置的15s斜坡下降时间开始减速，经过15s后电动机停止运行。

（4）变频器反向运行控制。当闭合带锁旋钮开关SA2时，变频器的数字端子6为ON。电动机按P1120所设定的15s斜坡上升时间反向启动运行，经过15s后，稳定运行在1400r/min转速上。

（5）变频器反向变速控制。转速由外接电位器R_P来控制，模拟电压信号从0～10V变化，对应变频器的频率从0～50Hz变化，对应电动机转速从0～1400r/min变化。

（6）当断开带锁旋钮开关SA2时，变频器的数字端口6为OFF，电动机按P1121所设置的15s斜坡下降时间开始减速，经过15s后电动机停止运行。

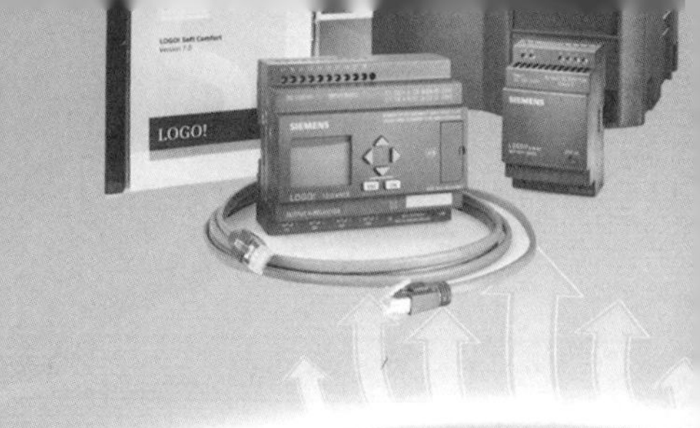

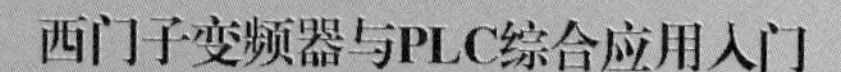

西门子MM440变频器的典型应用

第一节 变频器在多段速控制中的应用

由于工艺上的要求，很多生产机械设备在不同的阶段需要电动机在不同的转速下运行。为了便于这种负载的控制，工业生产中多采用变频器以实现多段速控制。变频器的多段速控制也称为固定频率控制，西门子 MM440 变频器内部置有若干个自由功能块、固定频率设定功能及 BICO 功能（二进制、量值互联连接技术），具有强大的可编辑性，从而使整个控制系统接线简单、设备简化及投资减少。

一、变频器固定频率的设定方法

西门子 MM440 变频器有 6 个数字输入端子 DIN1～DIN6（5-6-7-8-16-17），用户可通过数字输入端子通、断的多种组合，在完成相关参数的设定后，即可选择不同的运行频率实现变频器的多段速控制，其电路原理接线如图 4-1 所示。在 6 个数字输入端子中，哪些作为电动机运行或停止控制，哪些作为多段速频率控制，是可以由用户确定的，一旦确定某一数字输入端子的控制功能，则内部的参数设定值必须与端子的控制功能相对应。

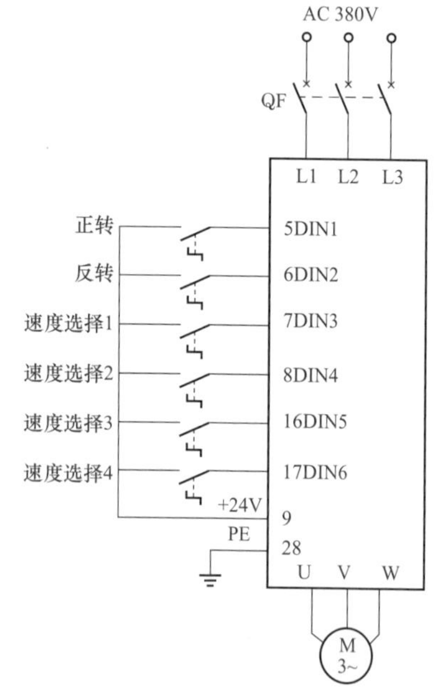

图 4-1 多段速控制电路原理接线

在西门子 MM440 变频器的参数中，可用参数 P1001～P1015 设定固定频率的大小，最多可设定 15 个频率段，电动机的运行方向是由这 15 个频率段的正（+）、负（-）号决定的。对于参数 P1001～P1015 中的每一个都有 3 种选择固定频率的设定方法，即直接选择、直接选择+ON 命令、二进制编码选择+ON 命令，无论采用哪种方法，都必须先设定参数 P1000（频率给定源）=3（固定频率）。

1. 直接选择设定方法（P1000=3）

在直接选择设定方法下，一个数字输入端子选择一个固定频率，如果有几个数字输入端子同时被激活，则选定的频率是这几个数字输入端子设定值的总和。直接

选择设定方法的数字输入端子与参数的设定对应见表4-1，其中P0701～P0706=15。

表 4-1　直接选择设定方法的数字输入端子与参数的设定对应表

端子编号	对应参数	对应频率设定参数
5（DIN1）	P0701	P1001
6（DIN2）	P0702	P1002
7（DIN3）	P0703	P1003
8（DIN4）	P0704	P1004
16（DIN5）	P0705	P1005
17（DIN6）	P0706	P1006

2. 直接选择+ON命令设定方法（P1000=3）

在直接选择+ON命令设定方法下，一个数字输入端子除了选择一个固定频率外，还同时具有ON命令，这是一种将两种功能组合在一起的设定方法。如果有几个数字输入端子同时被激活，则选定的频率是这几个数字输入端子设定值的总和。直接选择+ON命令设定方法的数字输入端子与参数的设定对应与表4-1一样，但其中P0701～P0706=16。

3. 二进制编码选择+ON命令设定方法（P1000=3）

在二进制编码选择+ON命令设定方法下，利用4个数字输入端子5～8可组成15个二进制编码，其中编码“1”代表ON，编码“0”代表OFF。将固定频率值设定在参数P1001～P1015中，每一个二进制编码与参数P1001～P1015按顺序一一对应，通过激活不同的二进制编码来选定不同的固定频率。二进制编码选择+ON命令设定方法的数字输入端子与参数的设定对应见表4-2，其中P0701～P0704=17。

表 4-2　二进制编码选择+ON命令设定方法的数字输入端子与参数的设定对应表

频率设定	端子8（P0704）	端子7（P0703）	端子6（P0702）	端子5（P0701）
P1001	0	0	0	1
P1002	0	0	1	0
P1003	0	0	1	1
P1004	0	1	0	0
P1005	0	1	0	1
P1006	0	1	1	0
P1007	0	1	1	1
P1008	1	0	0	0
P1009	1	0	0	1
P1010	1	0	1	0
P1011	1	0	1	1
P1012	1	1	0	0
P1013	1	1	0	1
P1014	1	1	1	0
P1015	1	1	1	1

二、变频器的3段速控制

1. 项目描述

变频器固定频率设定采用二进制编码选择+ON命令设定方法，实现1台三相交流电动机的3段速固定频率正向运行。电动机参数：额定功率1.5kW，额定电流3.7A，额定电压380V，额定频率50Hz，额定转速2800r/min。

第1频段：输出频率为10Hz，电动机转速为560r/min，正向运行。

第2频段：输出频率为30Hz，电动机转速为1680r/min，正向运行。

第3频段：输出频率为50Hz，电动机转速为2800r/min，正向运行。

2. 变频器控制电路接线

变频器3段速控制电路接线如图4-2所示，将380V三相交流电源连接至变频器的输入端“L1、L2、L3”，将变频器的输出端“U、V、W”连接至三相电动机，同时还要进行相应的接地保护连接。

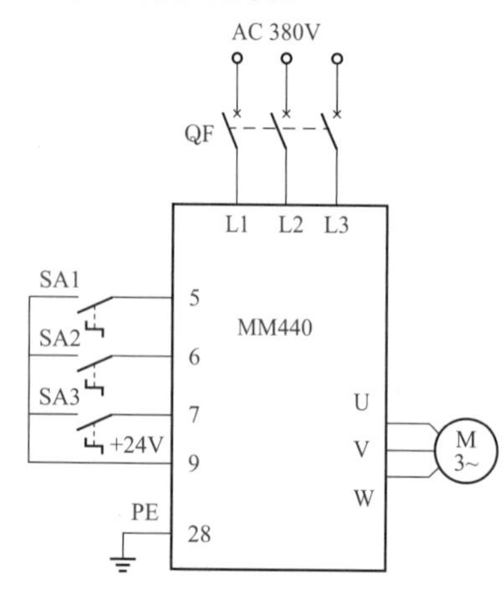

图4-2 变频器3段速控制电路接线

变频器的3段速控制至少需要3个数字输入端口，现选用DIN1（端子5）、DIN2（端子6）和DIN3（端子7）。端子5、端子6设为3段速控制端，由带锁按钮开关SA1和SA2组合成不同的状态控制，其二进制编码为“01、10、11”，所对应的固定频率通过P1001、P1002、P1003的参数值设定。端子7设为电动机启动、停止控制端，所对应的功能通过P0703的参数值设定。检查线路正确后，合上断路器QF，向变频器送电。

3. 变频器参数复位

先在BOP上设定P0010＝30，P0970＝1，然后按“P”键，将变频器的所有参数复位为出厂时的默认设置值，复位过程大约需3min才能完成。

4. 设定电动机参数

为了使电动机与变频器相匹配以获得最优性能，必须输入电动机铭牌上的参数，令变频器识别控制对象，具体参数设定见表4-3。电动机参数设定完成后，设定P0010=0，变频器当前处于准备状态，可正常运行。

表4-3 电动机参数的设定

参数号	出厂值	设定值	说　明
P0003	1	1	设用户访问级为标准级
P0010	0	1	快速调试
P0100	0	0	工作地区：功率以kW表示，频率为Hz
P0304	230	380	电动机额定电压（V）
P0305	3.25	3.70	电动机额定电流（A）
P0307	0.75	1.50	电动机额定功率（kW）
P0310	50	50	电动机额定频率（Hz）
P0311	0	2800	电动机额定转速（r/min）

5. 设定变频器 3 段速控制参数

变频器 3 段速控制参数的设定见表 4-4，其中 3 个频段的频率值可根据用户要求通过参数 P1001、P1002、P1003 来设定。当电动机需要反向运行时，只要将相对应频段的频率值设定为负值（如－10Hz）即可。

表 4-4　　变频器 3 段速控制参数的设定

参数号	出厂值	设定值	说　明
P0003	1	1	设用户访问级为标准级
P0004	0	7	命令和数字 I/O
P0700	2	2	命令源选择"由端子排输入"
P0003	1	2	设用户访问级为扩展级
P0004	0	7	命令和数字 I/O
P0701	1	17	二进制编码选择＋ON 命令
P0702	1	17	二进制编码选择＋ON 命令
P0703	9	1	ON 接通正转，OFF 停止
P0003	1	1	设用户访问级为标准级
P0004	2	10	设定值通道和斜坡函数发生器
P1000	2	3	选择固定频率设定值
P0003	1	2	设用户访问级为扩展级
P0004	0	10	设定值通道和斜坡函数发生器
P1001	0	10	选择固定频率 1（10Hz）
P1002	5	30	选择固定频率 2（30Hz）
P1003	10	50	选择固定频率 3（50Hz）

6. 变频器运行操作

（1）电动机启动运行。当闭合带锁按钮开关 SA3 时，数字输入端子 7 为 ON，允许电动机启动运行。

（2）第 1 频段控制。当闭合带锁按钮开关 SA1、断开带锁按钮开关 SA2 时，二进制编码为"01"，其数字输入端子 5 为 ON、数字输入端子 6 为 OFF，此时变频器稳定运行在由参数 P1001 所设定的第 1 频段 10Hz 频率值对应的 560r/min 转速上（正向运行）。

（3）第 2 频段控制。当闭合带锁按钮开关 SA2、断开带锁按钮开关 SA1 时，二进制编码为"10"，其数字输入端子 6 为 ON、数字输入端子 5 为 OFF，此时变频器稳定运行在由参数 P1002 所设定的第 2 频段 30Hz 频率值对应的 1680r/min 转速上（正向运行）。

（4）第 3 频段控制。当同时闭合带锁按钮开关 SA1 和 SA2 时，二进制编码为"11"，其数字输入端子 5、6 均为 ON，此时变频器稳定运行在由参数 P1003 所设定的第 3 频段 50Hz 频率值对应的 2800r/min 转速上（正向运行）。

（5）电动机停止运行（0 频段）。操作方法 1：当断开带锁按钮开关 SA1 和 SA2 时，二进制编码为"00"，其数字输入端子 5、6 均为 OFF，电动机停止运行（0 频段）。操作方法 2：在电动机正常运行的任何频段，将 SA3 断开，使数字输入端子 7 为 OFF，电动机停止运行。

三、变频器的 7 段速控制

1. 项目描述

变频器固定频率设定采用二进制编码选择＋ON 命令设定方法，实现 1 台三相交流电动机的7段速固定频率正反向运行。电动机参数：额定功率1.5kW，额定电流3.7A，额定电压380V，额定频率50Hz，额定转速2800r/min。

第1频段：输出频率为10Hz，电动机转速为560r/min，正向运行。

第2频段：输出频率为20Hz，电动机转速为1120r/min，正向运行。

第3频段：输出频率为50Hz，电动机转速为2800r/min，正向运行。

第4频段：输出频率为20Hz，电动机转速为1120r/min，正向运行。

第5频段：输出频率为－10Hz，电动机转速为560r/min，反向运行。

第6频段：输出频率为－20Hz，电动机转速为1120r/min，反向运行。

第7频段：输出频率为－50Hz，电动机转速为2800r/min，反向运行。

2. 变频器控制电路接线

变频器7段速控制电路接线如图4-3所示，将380V三相交流电源连接至变频器的输入端“L1、L2、L3”，将变频器的输出端“U、V、W”连接至三相电动机，同时还要进行相应的接地保护连接。

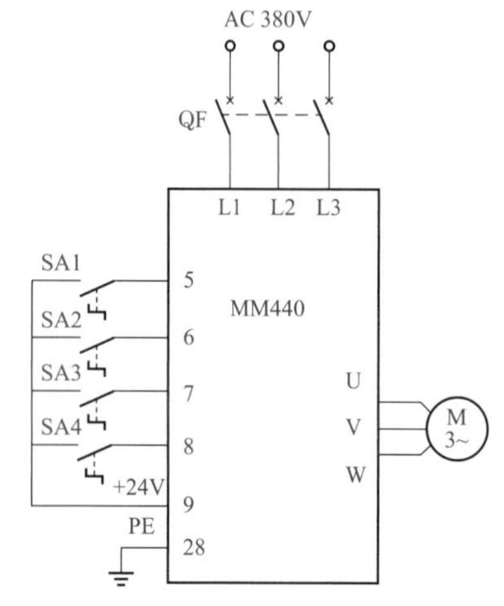

图4-3 变频器7段速控制电路接线

变频器的7段速控制至少需要4个数字输入端口，现选用DIN1（端子5）、DIN2（端子6）、DIN3（端子7）和DIN4（端子8）。端子5、端子6、端子7设为7段速控制端，由带锁按钮开关SA1、SA2和SA3组合成不同的状态控制，其二进制编码为“001、010、011、100、101、110、111”，所对应的固定频率通过P1001～P1007的参数值设定。端子8设为电动机启动、停止控制端，所对应的功能通过P0704的参数值设定。检查线路正确后，合上断路器QF，向变频器送电。

3. 变频器参数复位

变频器参数复位参见变频器的3段速控制中的相关叙述内容。

4. 设定电动机参数

电动机参数的设定参见变频器的3段速控制中的相关叙述内容及表4-3。

5. 设定变频器7段速控制参数

变频器7段速控制参数的设定见表4-5，其中7个频段的频率值可根据用户要求通过参数P1001～P1007来设定。当电动机需要反向运行时，只要将对应频段的频率值设定为负值（如－10Hz）即可。

表4-5 变频器7段速控制参数的设定

参数号	出厂值	设定值	说　明
P0010	0	1	快速调试
P1120	10	5	斜坡上升时间（s）
P1121	10	5	斜坡下降时间（s）
P1000	2	3	选择固定频率设定值
P1080	0	0	最低频率
P1082	50	50	最高频率

续表

参数号	出厂值	设定值	说　明
P0010	2	0	准备运行
P0003	1	1	设用户访问级为标准级
P0004	0	7	命令和数字 I/O
P0700	2	2	命令源选择“由端子排输入”
P0003	1	2	设用户访问级为扩展级
P0004	0	7	命令和数字 I/O
P0701	1	17	二进制编码选择+ON 命令
P0702	1	17	二进制编码选择+ON 命令
P0703	9	17	二进制编码选择+ON 命令
P0704	15	1	ON 接通正转，OFF 停止
P0003	1	1	设用户访问级为标准级
P0004	0	10	设定值通道和斜坡函数发生器
P1000	2	3	选择固定频率设定值
P0003	1	2	设用户访问级为扩展级
P0004	0	10	设定值通道和斜坡函数发生器
P1001	0	10	选择固定频率 1（10Hz）
P1002	5	20	选择固定频率 2（20Hz）
P1003	10	50	选择固定频率 3（50Hz）
P1004	15	20	选择固定频率 4（20Hz）
P1005	20	—10	选择固定频率 5（—10Hz）
P1006	25	—20	选择固定频率 6（—20Hz）
P1007	30	—50	选择固定频率 7（—50Hz）

6. 变频器运行操作

（1）电动机启动运行。当闭合带锁按钮开关 SA4 时，数字输入端子 8 为 ON，允许电动机启动运行。

（2）第 1 频段控制。当闭合带锁按钮开关 SA1，断开带锁按钮开关 SA2、SA3 时，二进制编码为“001”，其数字输入端子 5 为 ON、数字输入端子 6、7 均为 OFF，此时变频器稳定运行在由参数 P1001 所设定的第 1 频段 10Hz 频率值对应的 560r/min 转速上（正向运行）。

（3）第 2 频段控制。当闭合带锁按钮开关 SA2，断开带锁按钮开关 SA1、SA3 时，二进制编码为“010”，其数字输入端子 6 为 ON、数字输入端子 5、7 均为 OFF，此时变频器稳定运行在由参数 P1002 所设定的第 2 频段 20Hz 频率值对应的 1120r/min 转速上（正向运行）。

（4）第 3 频段控制。当闭合带锁按钮开关 SA1 和 SA2，断开带锁按钮开关 SA3 时，二进制编码为“011”，其数字输入端子 5、6 均为 ON，数字输入端子 7 为 OFF，此时变频器稳定运行在由参数 P1003 所设定的第 3 频段 50Hz 频率值对应的 2800r/min 转速上（正向运行）。

（5）第 4 频段控制。当闭合带锁按钮开关 SA3，断开带锁按钮开关 SA1、SA2 时，二进制编码为“100”，其数字输入端子 7 为 ON，数字输入端子 5、6 均为 OFF，此时变频器稳定运行在由参数 P1004 所设定的第 4 频段 20Hz 频率值对应的 1120r/min 转速上（正向运行）。

（6）第 5 频段控制。当闭合带锁按钮开关 SA1 和 SA3，断开带锁按钮开关 SA2 时，二进制编码为“101”，其数字输入端子 5、7 均为 ON，数字输入端子 6 为 OFF，此时变频器稳定运行在由参数 P1005 所设定的第 5 频段—10Hz 频率值对应的 560r/min 转速上（反向运行）。

（7）第6频段控制。当闭合带锁按钮开关SA2和SA3，断开带锁按钮开关SA1时，二进制编码为“110”，其数字输入端子6、7均为ON，数字输入端子5为OFF，此时变频器稳定运行在由参数P1006所设定的第6频段—20Hz频率值对应的1120r/min转速上（反向运行）。

（8）第7频段控制。当闭合带锁按钮开关SA1、SA2和SA3时，二进制编码为“111”，其数字输入端子5、6、7均为ON，此时变频器稳定运行在由参数P1007所设定的第7频段—50Hz频率值对应的2800r/min转速上（反向运行）。

（9）电动机停止运行（0频段）。操作方法1：当断开带锁按钮开关SA1、SA2、SA3时，二进制编码为“000”，其数字输入端子5、6、7均为OFF，电动机停止运行（0频段）。操作方法2：在电动机正常运行的任何频段，将SA4断开，使数字输入端子8为OFF，电动机停止运行。

第二节　变频器在自动正反转控制中的应用

1. 项目描述

由变频器和继电器控制电路实现1台三相交流电动机的自动正反转控制。电动机参数：额定功率1.1kW，额定电流2.7A，额定电压380V，额定频率50Hz，额定转速1400r/min。运行的具体要求如下。

（1）正向启动2s后能够达到10Hz运行频率，在此频率上运行8s后自动停车，停车时间为1s。

（2）自动反向启动，运行频率为30Hz。

（3）自动停车，经过35s后电动机停止运行。

2. 项目分析

（1）斜坡上升时间的确定。变频器斜坡上升时间参数由P1120设定，它指电动机从静止加速到最大频率（50Hz）所需的时间，由正向启动2s后能够达到10Hz运行频率可计算出P1120＝10s。

（2）斜坡下降时间的确定。变频器斜坡下降时间参数由P1121设定，它指电动机从最大频率（50Hz）减速到静止所需的时间，由10Hz运行频率至停车所需时间为1s可计算出P1121＝5s。

（3）反向启动时间的确定。由斜坡上升时间参数P1120＝10s可计算出反向启动达到30Hz运行频率时所需时间为6s。

（4）反向停车时间的确定。由斜坡下降时间参数P1121＝5s可计算出由30Hz反向运行频率至停车所需时间为3s。

（5）综上所述，变频器自动正反转控制流程如图4-4所示。

3. 变频器控制电路接线

变频器自动正反转控制电路如图4-5所示。

（1）变频器接线。将380V三相交流电源连接至变频器的输入端“L1、L2、L3”，将变频器的输出端“U、V、W”连接至三相电动机，同时还要进行相应的接地保护连接。外部数字量端子选用DIN1（端子5）、DIN2（端子6），其中端子5设为正转控制，端子6设为反转控制，所对应的功能通过P0701、P0702的参数值设定。

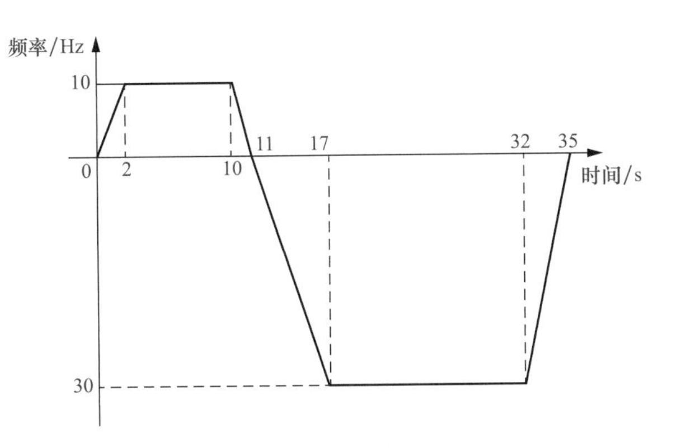

图 4-4 变频器自动正反转控制流程

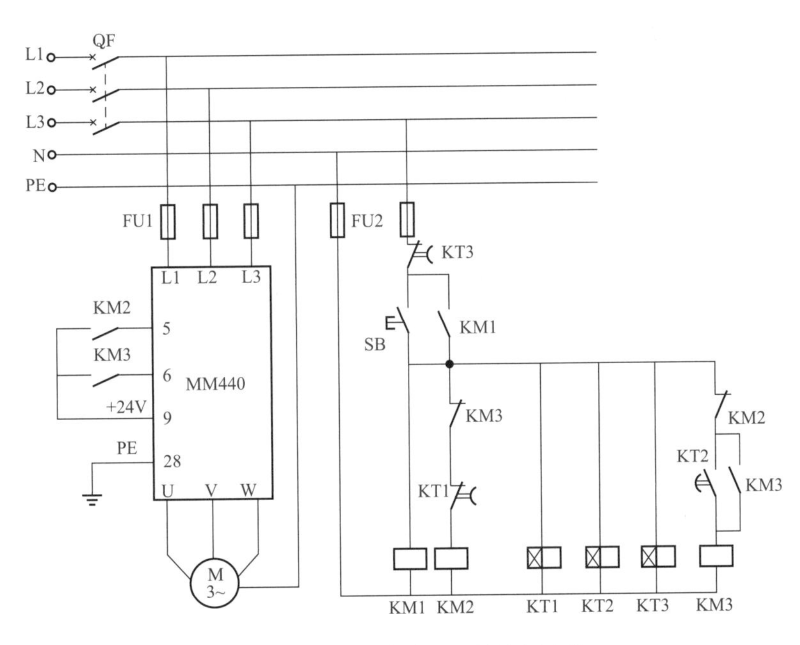

图 4-5 变频器自动正反转控制电路

（2）继电器控制电路接线。交流接触器 KM2 的动合触头接在数字输入端子 5 上，用于控制电动机的正向启动与停车，交流接触器 KM3 的动合触头接在数字输入端子 6 上，用于控制电动机的反向启动与停车。时间继电器 KT1、KT2、KT3 均为通电延时型，其中 KT1 用于控制电动机正向运行时间（整定为 10s），KT2 用于控制电动机正向停车（整定为 11s）、KT3 用于控制电动机反向运行时间（整定为 32s）。

4. 变频器参数复位

先在 BOP 上设定 P0010＝30，P0970＝1，然后按“P”键，将变频器的所有参数复位为出厂时的默认设置值，复位过程大约需 3min 才能完成。

5. 设定电动机参数

为了使电动机与变频器相匹配以获得最优性能，必须输入电动机铭牌上的参数，令变频器识别控制对象，具体参数设定见表 4-6。电动机参数设定完成后，设 P0010＝0，变频器当前处于准备状态，可正常运行。

表 4-6　电动机参数的设定

参数号	出厂值	设定值	说　明
P0003	1	1	设用户访问级为标准级
P0010	0	1	快速调试
P0100	0	0	工作地区：功率以 kW 表示，频率为 50Hz
P0304	230	380	电动机额定电压（V）
P0305	3.25	2.70	电动机额定电流（A）
P0307	0.75	1.10	电动机额定功率（kW）
P0310	50	50	电动机额定频率（Hz）
P0311	0	1400	电动机额定转速（r/min）

6. 设定变频器自动正反转控制参数

变频器自动正反转控制参数的设定见表 4-7。

表 4-7　变频器自动正反转控制参数的设定

参数号	出厂值	设定值	说　明
P0003	1	1	设用户访问级为标准级
P0004	0	7	命令和数字 I/O
P0700	2	2	命令源选择"由端子排输入"
P0003	1	2	设用户访问级为扩展级
P0004	0	7	命令和数字 I/O
P0701	1	10	正向点动
P0702	1	11	反向点动
P0003	1	1	设用户访问级为标准级
P0004	0	10	设定值通道和斜坡函数发生器
P1000	2	1	由键盘（电动电位计）输入设定值
P1080	0	0	电动机运行的最低频率（Hz）
P1082	50	50	电动机运行的最高频率（Hz）
P1058	5	10	正向点动频率（Hz）
P1059	5	30	反向点动频率（Hz）
P1060	10	10	点动斜坡上升时间（s）
P1061	10	5	点动斜坡下降时间（s）

根据项目分析，采用电动机点动运行参数能够完成整个控制要求，这是由于继电控制电路中已利用交流接触器的动合触头（KM1）完成了正反转的自锁功能，因此对于数字输入端子 5、6 只要识别信号是 NO 还是 OFF 即可，同时将正反转运行的频率进行如下设定 P1058＝10（正向点动频率）、P1059＝30（反向点动频率）。

7. 变频器运行操作

（1）按下继电器控制电路中的启动按钮 SB，交流接触器 KM1 线圈得电，其动合触头 KM1 闭合，完成自锁。时间继电器 KT1、KT2、KT3 同时得电，开始计时。

（2）交流接触器 KM2 线圈得电，其动合触头 KM2 闭合，变频器数字输入端子 5 得到信号 NO，电动机开始正向启动，经过 2s 后在 10Hz 频率下运行 8s。

（3）时间继电器 KT1 整定时间为 10s，当延时时间一到，其延时动断触头 KT1 断开，

交流接触器 KM2 线圈失电，其动合触头 KM2 复位断开，变频器数字输入端子 5 得到信号 OFF，电动机开始正向减速，在 1s 内停车。

（4）时间继电器 KT2 整定时间为 11s，当延时时间一到，其延时动合触头 KT2 闭合，交流接触器 KM2 的动断触头 KM2 复位闭合，为电动机反向运行做好准备。

（5）交流接触器 KM3 线圈得电，其动合触头 KM3 闭合，变频器数字输入端子 6 得到信号 NO，电动机开始反向启动，经过 6s 后在 30Hz 频率下运行 15s。

（6）时间继电器 KT3 整定时间为 32s，当延时时间一到，其延时动断触头 KT3 断开，整个继电控制电路失电。同时，交流接触器 KM3 线圈失电，其动合触头 KM3 复位断开，变频器数字输入端子 6 得到信号 OFF，电动机开始反向减速，在 3s 内停车。

（7）控制过程结束，电动机整个运行过程为 35s，满足项目要求。

第三节 变频器在 PID 控制中的应用

一、变频器 PID 控制的概念

PID 控制（比例-积分-微分控制），由比例单元 P、积分单元 I 和微分单元 D 组成，是闭环控制中的一种常见形式。所谓 PID 控制，就是在一个闭环控制系统中，使被控物理量能够迅速而准确地无限接近控制目标的一种手段。企业在生产中，往往需要有稳定的压力、温度、流量、液位或转速，以此作为保证产品质量、提高生产效率、满足工艺要求的前提，这就要用到变频器的 PID 控制功能。PID 控制功能是变频器应用技术的重要领域之一，也是变频器发挥其卓越效能的重要技术手段。

变频器 PID 控制至少需要两种控制信号，即目标信号和反馈信号。目标信号是某物理量预期稳定值所对应的电信号（又称目标值或给定值），而该物理量通过传感器测量到的实际值对应的电信号称为反馈信号（又称反馈量或当前值）。在实际应用中，为了使变频系统中的某一个物理量稳定在预期的目标值上，必须将被控量的反馈信号反馈到变频器，与被控量的目标信号不断地进行比较，以判断是否已经达到预定的控制目标。如果尚未达到，则根据两者的差值进行实时地调整，直至达到预定的控制目标为止。

二、变频器 PID 控制

西门子 MM440 变频器内部有 PID 调节器，利用 MM440 变频器可方便地构成 PID 闭环控制，其控制原理如图 4-6 所示。

1. 项目描述

由变频器 PID 控制实现 1 台三相交流电动机的正向稳速运行。电动机参数：额定功率 0.37kW，额定电流 1.05A，额定电压 380V，额定频率 50Hz，额定转速 1400r/min。

2. 设定变频器 PID 控制的给定源及反馈源

变频器 PID 控制的给定源及反馈源设定见表 4-8 和表 4-9。设定给定源 P2253＝2250（目标信号由 BOP 给定），反馈源 P2264＝755.1（反馈信号由模拟通道 2 给定）。

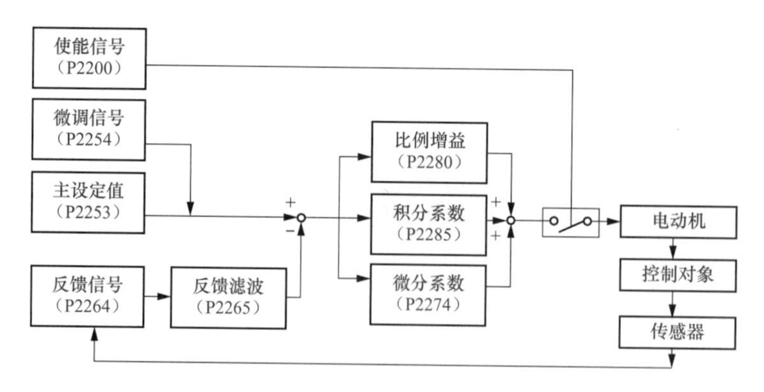

图 4-6　变频器 PID 控制原理

表 4-8　　变频器 PID 控制的给定源设定

PID 给定源	设定值	功能解释	说　明
P2253	2250	BOP	通过改变 P2240 改变目标值
	755.0	模拟通道 1	通过模拟量大小改变目标值
	755.1	模拟通道 2	

表 4-9　　变频器 PID 控制的反馈源设定

PID 反馈源	设定值	功能解释	说　明
P2264	755.0	模拟通道 1	当模拟量波动较大时，可适当加大滤波时间，确保系统稳定
	755.1	模拟通道 2	

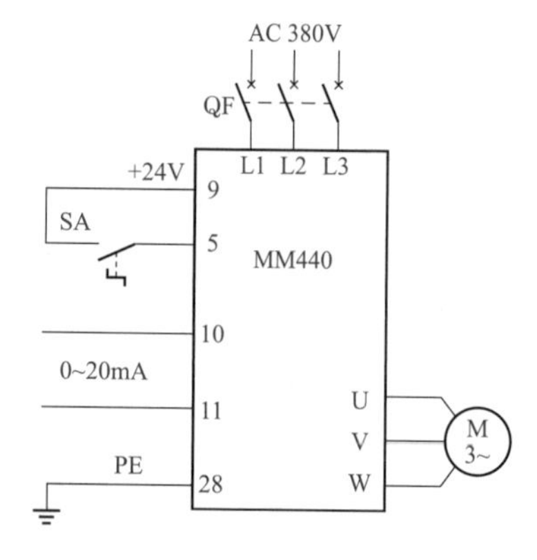

图 4-7　变频器 PID 控制电路接线

3. 变频器 PID 控制电路接线

变频器 PID 控制电路接线如图 4-7 所示。将 DIP 拨码开关（在 I/O 板上）的 S2 设定为 ON（AIN2 模拟量输入的类型为 0～20mA 电流信号），模拟输入端 AIN2（端子 10-11）接入由传感器传送来的反馈信号 0～20mA，数字输入端 DIN1（端子 5-9）接带锁按钮开关 SA 控制电动机启停。

4. 变频器参数复位

先在 BOP 上设定 P0010＝30，P0970＝1，然后按“P”键，将变频器的所有参数复位为出厂时的默认设置值，复位过程大约需 3min 才能完成。

5. 设定电动机参数

为了使电动机与变频器相匹配以获得最优性能，必须输入电动机铭牌上的参数，令变频器识别控制对象，具体参数设定见表 4-10。电动机参数设定完成后，设 P0010＝0，变频器当前处于准备状态，可正常运行。

表 4-10　　电动机参数的设定

参数号	出厂值	设定值	说　明
P0003	1	1	设用户访问级为标准级
P0010	0	1	快速调试

续表

参数号	出厂值	设定值	说　明
P0100	0	0	功率以 kW 表示，频率为 50Hz
P0304	230	380	电动机额定电压（V）
P0305	3.25	1.05	电动机额定电流（A）
P0307	0.75	0.37	电动机额定功率（kW）
P0310	50	50	电动机额定频率（Hz）
P0311	0	1400	电动机额定转速（r/min）

6. 设定变频器 PID 控制参数。

变频器 PID 控制参数的设定见表 4-11。

表 4-11　　变频器 PID 控制参数的设定

参数号	出厂值	设定值	说　明
P0003	1	2	用户访问级为扩展级
P0004	0	0	参数过滤显示全部参数
P0700	2	2	由端子排输入（选择命令源）
P0701	1	1	端子 DIN1 功能为 ON 接通正转，OFF 停止
P0702	12	0	端子 DIN2 禁用
P0703	9	0	端子 DIN3 禁用
P0704	0	0	端子 DIN4 禁用
P0725	1	1	端子 DIN 输入为高电平有效
P1000	2	1	频率设定由 BOP 键盘设置
P1080	0	20	电动机运行的最低频率（下限频率）（Hz）
P1082	50	50	电动机运行的最高频率（上限频率）（Hz）
P2200	0	1	PID 控制功能有效
P0003	1	3	用户访问级为专家级
P0004	0	0	参数过滤显示全部参数
P2280	3	25	PID 比例增益系数
P2285	0	5	PID 积分时间
P2291	100	100	PID 输出上限（%）
P2292	0	0	PID 输出下限（%）
P2293	1	1	PID 限幅的斜坡上升/下降时间（s）

7. 设定变频器目标信号参数

当给定源 P2253=2250（目标信号由 BOP 给定）时，目标信号参数的设定见表 4-12。由于某物理量预期稳定值与反馈信号通常不是同一种物理量，难以进行直接比较，因此变频器目标信号的设定值一般都用某物理量预期稳定值与传感器量程之比的百分数来表示，即

$$\text{目标信号设定值} = \frac{\text{某物理量预期稳定值}}{\text{传感器量程}} \times 100\%$$

例如，电动机转速（物理量）预期稳定值 1500r/min，用量程为 2500r/min 的转速表（传感器）进行测量并成比例地转换成相应的电信号，则目标信号的设定值为

$$\text{目标信号设定值} = \frac{1500}{2500} \times 100\% = 60\%$$

当反馈信号输入的范围为0～20mA时，0mA对应的转速为0r/min，20mA对应的转速为2500r/min，转速预期稳定值1500r/min所对应的反馈信号输入电流为12mA（20mA×60%）。

表4-12　　变频器目标信号参数的设定

参数号	出厂值	设定值	说　明
P0003	1	3	用户访问级为专家级
P0004	0	0	参数过滤显示全部参数
P2253	0	2250	已激活的PID设定值（PID设定值信号源）
P2240	10	60	由面板BOP设定的目标值（%）
P2254	0	0	无PID微调信号源
P2255	100	100	PID设定值的增益系数
P2256	100	0	PID微调信号增益系数
P2257	1	1	PID设定值的斜坡上升时间（s）
P2258	1	1	PID设定值的斜坡下降时间（s）
P2261	0	0	PID设定值无滤波

8. 设定变频器反馈信号参数

当反馈源P2264=755.1（反馈信号由模拟通道2给定）时，反馈信号参数的设定见表4-13。

表4-13　　变频器反馈信号参数的设定

参数号	出厂值	设定值	说　明
P0003	1	3	用户访问级为专家级
P0004	0	0	参数过滤显示全部参数
P2264	755.0	755.1	PID反馈信号由AIN2+（即模拟输入2）设定
P2265	0	0	PID反馈信号无滤波
P2267	100	100	PID反馈信号的上限值（%）
P2268	0	0	PID反馈信号的下限值（%）
P2269	100	100	PID反馈信号的增益（%）
P2270	0	0	不用PID反馈器的数学模型
P2271	0	0	PID传感器的反馈形式为正常

9. 变频器运行操作

（1）按下带锁按钮开关SA时，变频器数字输入端DIN1（端子5）为ON，变频器启动电动机进入转速预期稳定值运行。当反馈的电流信号发生改变时，将会引起电动机的转速变化。

当反馈的电流信号小于目标信号设定值12mA（P2240值）时，变频器将驱动电动机升速。电动机转速上升又会引起反馈的电流信号变大，当反馈的电流信号大于目标信号设定值12mA时，变频器又将驱动电动机降速。电动机转速下降又使反馈的电流信号变小，当反馈的电流信号小于目标信号设定值12mA时，变频器又将驱动电动机升速。如此反复，能使变频器达到一种动态平衡状态，变频器将驱动电动机以一个动态稳定的速度运行。

（2）如果需要改变目标信号设定值（P2240值），可直接按操作面板上的“▲”键或“▼”键来改变。当设定P2231=1时，通过“▲”键或“▼”键改变了的目标信号设定值将被保存在内存中。

（3）断开带锁按钮开关 SA 时，数字输入端 DIN1（端子 5）为 OFF，电动机停止运行。

第四节　变频器在本地及远程控制中的应用

1. 变频器 BICO 功能的概念

变频器本地及远程控制是指在两个地方可以相互独立、互不干扰地对同一台电动机进行启停控制和频率给定。其中，两地启停控制比较容易实现，并且实现的方法较多，而频率给定往往由于设计不当而没有完全独立，因此最好是利用变频器的 BICO 功能来切换控制参数组（CDS）以实现本地及远程的独立控制。变频器 BICO 功能是西门子变频器特有的功能，它是一种把输入参数和输出参数灵活地联系在一起的设定方法，可以方便用户根据实际工艺需要来灵活定义端子。

西门子 MM440 变频器为用户提供了 3 套 CDS，在每套 CDS 里设定了不同的给定源和命令源。CDS 在变频器运行过程中是可以切换的，当选择不同的 CDS 运行时，可实现本地及远程控制。注意，第 2 套 CDS 是专为 BOP 准备的，不能设定为其他控制方式，如果需要端子操作切换，必须用第 1 套或第 3 套 CDS。

起选择切换作用的参数有 2 个，分别为 CDS 位 0（P0810）参数和 CDS 位 1（P0811）参数。参数 P0810 和 P0811 共同作用，可以实现多组控制参数组的选择切换，其对应关系如图 4-8 所示。同时也可用 BICO 功能来设定输入和输出端子的功能，以实现多组控制参数组的选择切换，参数 P0810 和 P0811 可能的设定值如下。

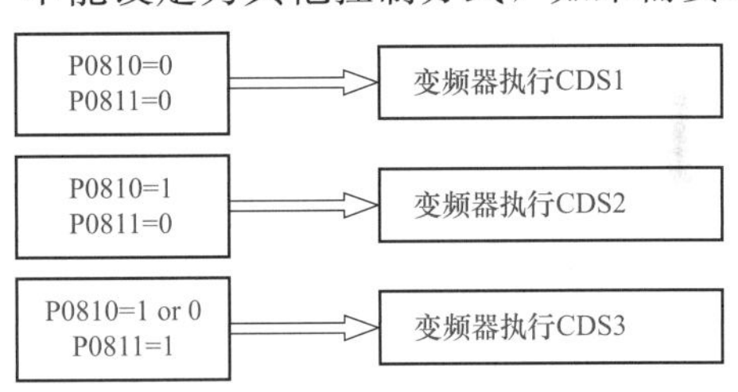

图 4-8　参数 P0810 和 P0811 与参数组的对应关系

“722.0”——数字输入 1 通道要求 P0701 设定为“99”BICO。

“722.1”——数字输入 2 通道要求 P0702 设定为“99”BICO。

“722.2”——数字输入 3 通道要求 P0703 设定为“99”BICO。

“722.3”——数字输入 4 通道要求 P0704 设定为“99”BICO。

“722.4”——数字输入 5 通道要求 P0705 设定为“99”BICO。

“722.5”——数字输入 6 通道要求 P0706 设定为“99”BICO。

“722.6”——数字输入 7 通道经由模拟输入 1，要求 P0707 设定为“99”。

“722.7”——数字输入 8 通道经由模拟输入 2，要求 P0708 设定为“99”。

2. 项目描述

通过变频器 CDS 的切换实现本地（第 1 参数组运行）及远程（第 3 参数组运行）的独立控制，其中本地控制由 AIN1 输入模拟电压信号调节频率，远程控制由 AIN2 输入模拟电流信号调节频率。

3. 变频器控制电路接线

变频器本地及远程控制电路如图 4-9 所示。

外部模拟量输入端子选用 AIN1（端子 3-4）作为本地控制，通过变频器自带的高精度＋10V 模拟电压信号调节频率。外部模拟量输入端子选用 AIN2（端子 10-11）作为远程控制，通过 0～20mA 的模拟电流信号调节频率。外部数字量端子选用 DIN1（端子 5）、DIN2

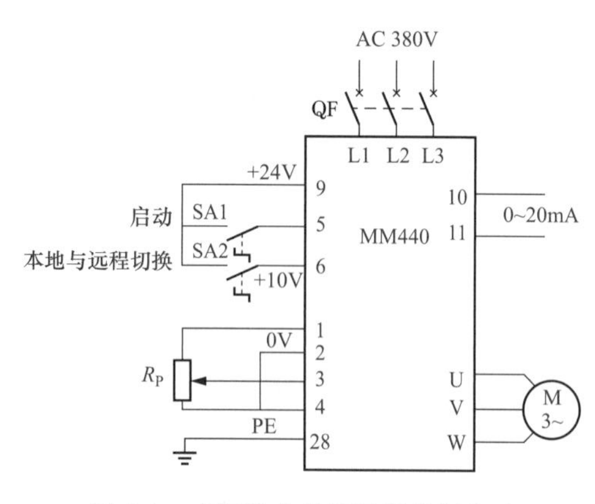

图 4-9　变频器本地及远程控制电路

（端子 6），其中端子 5 设为启停控制，端子 6 设为本地及远程切换控制。DIP 拨码开关（在 I/O 板上）S1 设定为 OFF（AIN1 为 0～10V 电压信号），S2 设定为 ON（AIN2 为 0～20mA 电流信号）。检查线路正确后，合上断路器 QF，向变频器送电。

4. 变频器参数复位

先在 BOP 上设定 P0010＝30，P0970＝1，然后按“P”键，将变频器的所有参数复位为出厂时的默认设置值，复位过程大约需 3min 才能完成。

5. 设定电动机参数

电动机参数的设定参见变频器 PID 控制中的相关内容及表 4-10。

6. 设定变频器本地及远程控制参数

变频器本地及远程控制参数的设定见表 4-14。

表 4-14　　变频器本地及远程控制参数的设定

参数号	出厂值	设定值	说　明
P0003	1	3	设用户访问级为专家级（应用 BICO 功能时，必须进入专家级）
P0004	0	0	全部参数
P0700 [0]	2	2	命令源选择由端子排输入（第 1 参数组）
P0700 [2]	2	2	命令源选择由端子排出入（第 3 参数组）
P0701 [0]	1	1	命令端子（5）“ON”启动，“OFF”停止（第 1 参数组）
P0701 [2]	1	1	命令端子（5）“ON”启动，“OFF”停止（第 3 参数组）
P0702 [0]	2	99	命令端子（6）使能 BICO 参数化，“ON”远程，“OFF”本地（第 1 参数组）
P0702 [2]	2	99	命令端子（6）使能 BICO 参数化，“ON”远程，“OFF”本地（第 3 参数组）
P0811	0.0	722.1	命令端子（6）“ON”选择第 3 参数组，“OFF”选择第 1 参数组
P0810	0.0	722.1	要求将 P0702 设定为“99”，并将端子（6）的状态复制给 P0810
P1000 [0]	2	2	命令运行第 1 参数组时，频率设定值选择 AIN1 通道（第 1 参数组）
P1000 [2]	2	7	命令运行第 3 参数组时，频率设定值选择 AIN2 通道（第 3 参数组）
P0756 [0]	0	0	命令 AIN1 选择输入电压信号（第 1 参数组）
P0756 [1]	0	2	命令 AIN2 选择输入电流信号（第 3 参数组）
P0759 [0]	10	10	命令电压 10V 对应的 100%标度为 50Hz（第 1 参数组）
P0759 [1]	10	20	命令电流 20mA 对应的 100%标度为 50Hz（第 3 参数组）

7. 变频器运行操作

（1）电动机启动运行。当闭合带锁按钮开关 SA1 时，数字输入端子 5 为 ON，允许电动机启动运行。

（2）本地运行控制。当本地及远程切换带锁按钮开关 SA2 断开时，数字输入端子 6 为 OFF，变频器选择第 1 参数组本地运行，通过模拟量输入端子 AIN1（端子 3-4）的模拟电压信号进行频率调节。

（3）远程运行控制。当本地及远程切换带锁按钮开关 SA2 闭合时，数字输入端子 6 为 ON，变频器选择第 3 参数组远程运行，通过模拟量输入端子 AIN2（端子 10-11）的模拟电流信号进行频率调节。

（4）电动机停止运行。当断开带锁按钮开关 SA1 时，数字输入端子 5 为 OFF，电动机停止运行。

第五章

PLC的基本知识

第一节 PLC的作用与分类

一、PLC的作用

可编程序逻辑控制器（Programmable Logic Control，PLC），是一种数字运算操作的电子系统。早期的PLC主要用来代替继电器实现逻辑控制，随着电子科学技术的发展，这种采用微型计算机技术的控制装置已大大超出了逻辑控制的范畴。现在的PLC根据国际电工委员会（IEC）于1987年作出的定义可表述为PLC是以中央处理器为核心，综合了计算机和自动控制等先进技术发展起来的专为工业环境应用而设计的专用计算机，其作用是控制各种类型的生产机械或生产过程，它所有的相关设备都应按易于与工业控制系统形成一个整体、易于扩充其功能的原则设计。

利用PLC模拟或数字的输入与输出，不仅可以实现逻辑、顺序、定时、计数等控制功能，而且能进行数字运算、数据处理、模拟量调节、系统监控、联网与通信等，广泛应用于冶金、水泥、石油、化工、电力、机械制造、汽车、造纸、纺织、环保等各行各业，已成为工业电气控制的重要手段。PLC具有以下特点。

1. 可靠性高、抗干扰能力强

在PLC系统中，大量的开关动作是由无触点的半导体电路来完成的，所有的I/O接口电路均采用光电隔离措施，加上充分考虑了工业生产环境中电磁、粉尘、温度等各种干扰，在硬件和软件上采取了一系列屏蔽和滤波等抗干扰措施，有极高的可靠性。它的平均故障间隔为3万～5万h，大型PLC还采用由2CPU构成的冗余系统，或由3CPU构成的表决系统。

2. 通用性强、使用灵活

PLC多数采用标准积木块式硬件结构，组合和扩展方便，外部接线简单，且产品均成系列化生产，品种齐全，能适用于各种电压等级，用户可根据自己的需要灵活选用，以满足系统大小不同及功能繁简各异的控制要求。控制功能由软件完成，改变控制方案和工艺流程时，只需修改用户程序，非常方便。

3. 编程简单、易于掌握

PLC的编程采用简单易学的梯形图和指令语句表进行编程，梯形图使用了和继电器控制

线路中极为相似的图形符号和定义，非常直观清晰，对于熟悉继电器控制的电气操作人员来说很容易掌握，不存在现代计算机技术和传统电气控制技术之间的专业鸿沟，深受现场电气技术人员的欢迎。近年来各生产厂家都加强了通用计算机运行的编程软件的制作，使用户的编程及下载工作更加方便。

4. 功能齐全、接口方便

PLC可轻松地实现大规模的开关量逻辑控制，具有逻辑运算、定时、计数、比例、积分、微分（简称PID）控制及显示、故障诊断等功能，高档PLC还具有通信联网、打印输出等功能，它可以方便地与各种类型的I/O接口实现D/A转换、A/D转换及控制。PLC不仅可以控制一台单机、一条生产线，还可以控制一个机群、多条生产线；它不但可以进行现场控制，还可以用于远程监控。

5. 控制系统设计、安装、调试方便

PLC中含有数量巨大的用于开关量处理的类似继电器的“软元件”，如中间继电器、时间继电器、计数器等，且用程序（软接线）代替硬接线，因此安装接线工作量少，设计人员只要在实验室就可进行控制系统的设计及模拟调试，缩短了现场调试的时间。

6. 故障率低、维修方便

PLC有完善的自诊断、履历情报存储及监视功能，便于故障的迅速处理。对于其内部工作状态、通信状态、异常状态和I/O点的状态均有显示，工作人员可以通过这些显示功能查找故障原因，通过更换某个模块或单元迅速排除故障。

7. 体积小、质量轻

PLC常采用箱体式结构、体积及质量只有通常的接触器大小，易于安装在控制箱中或安装在运动物体中。

二、PLC主要技术性能指标

PLC的主要技术性能指标通常有以下几种，另外，生产厂家还提供PLC的外形尺寸、质量、保护等级、适用温度、相对湿度、大气压等性能指标参数，供用户参考。

1. I/O点数

I/O点数指PLC的外部输入和输出端子数，这是一项重要技术指标，通常小型机有几十个点，中型机有几百个点，大型机超过千点。

2. 用户程序存储容量

用户程序存储容量指衡量PLC所能存储用户程序的多少。在PLC中，程序指令是按步存储的，1步占用1个地址单元，1条指令有的往往不止1步。1个地址单元一般占2字节（约定16位二进制数为1个字，即2个8位的字节），如一个内存容量为1000步的PLC，其内存为2KB。

3. 扫描速度

扫描速度指扫描1000步用户程序所需的时间，以ms/千步为单位，有时也可用扫描1步指令的时间计，如μs/步。

4. 指令系统条数

PLC具有基本指令和高级指令，指令的种类和数量越多，其软件功能越强。

5. 编程元件种类和数量

编程元件是指输入继电器、输出继电器、辅助继电器、定时器、计数器、通用字寄存器、数据寄存器及特殊功能继电器等，其种类和数量的多少关系到编程是否方便灵活，也是衡量 PLC 硬件功能强弱的一个指标。

6. 可扩展性

小型 PLC 的基本单元（主机）多为开关量 I/O 接口，各厂家在 PLC 基本单元的基础上大力发展模拟量处理、高速处理、温度控制、通信等智能扩展模块。智能扩展模块的多少及性能也已成为衡量 PLC 产品水平的标志。

7. 通信功能

通信有 PLC 之间的通信和 PLC 与计算机或其他设备之间的通信，主要涉及通信模块、通信接口、通信协议、通信指令等内容。

三、PLC 分类

为了适应各行各业的需要，在众多的 PLC 机型中，按照 I/O 点数、扫描速度、存储器容量、指令功能等，一般可分为小型（包括超小型）、中型、大型（包括超大型）3 类 PLC。小型 PLC 其 I/O 点数一般为 6～128 点，用户程序存储器容量在 2KB 以下，适用于单机或较小规模的生产过程控制，在日常应用中数量最多、最普及；中型 PLC 其 I/O 点数一般为 128～512 点，用户程序存储器容量为 2～8KB，适用于较复杂和较大规模生产过程控制；大型 PLC 其 I/O 点数一般大于 512 点，用户存储器容量在 8KB 以上，适用于大规模生产过程控制。

第二节　PLC 的基本结构

PLC 是为工业环境应用而设计的专用计算机，有着与通用计算机相类似的结构，其基本结构也是由硬件系统和软件系统两大部分组成的。

一、PLC 的硬件系统

PLC 的硬件系统如图 5-1 所示，由中央处理器（CPU）、存储器、I/O 接口、I/O 扩展接口、电源模块以及外接编程器等部分构成。

1. 中央处理器

CPU 是 PLC 的核心部件，它通过数据总线、地址总线和控制总线与存储器、I/O 接口电路相连接，其主要作用是在系统程序和用户程序指挥下，利用循环扫描工作方式，采集输入信号，进行逻辑运算、数据处理，并将结果送到输出接口电路，去控制执行元件，同时还要进行故障诊断、系统管理等工作。PLC 常用的 CPU 有通用微处理器（如 280 等）、单片计算机（如 MCS-48 系列、MCS-51 系列等）和位片式微处理器（如 AMD2900 系列等）。

2. 存储器

存储器是用来存放系统程序、用户程序和工作数据的。存放系统程序的存储器称为系统程序存储器，存放用户程序和工作数据的存储器称为用户程序存储器。

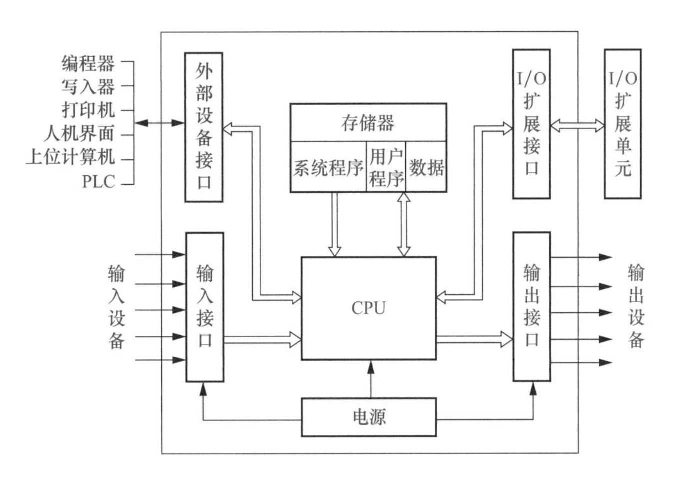

图 5-1 PLC 的硬件系统

系统程序由 PLC 生产厂家编制并已固化到只读存储器（ROM）或紫外线可擦写只读存储器（EPROM 或 EEPROM）中，用户不能直接存取其中的信息。系统程序一般包括系统管理程序、指令解释程序、I/O 操作程序、逻辑运算程序、通信联网程序、故障检测程序、内部继电器功能程序等，这些程序编制水平的高低，决定了 PLC 功能的强弱。

用户程序是为了实现某一控制系统的控制任务而由用户编制的程序，它通过编程器的键盘输入到 PLC 内部的用户程序存储器，其内容可以由用户任意修改或增删。用户程序存储器一般采用附加备用锂电池的随机存储器（RAM）、紫外线可擦写存储器（EPROM）或电可擦写存储器（EEPROM），它包括程序区和数据区 2 部分。程序区用来存放（记忆）用户编制的程序，数据区是用来存放（记忆）用户程序中使用器件的状态（ON/OFF）、数值、数据等。

3. I/O 接口

I/O 接口的主要功能是与外部设备联系。I/O 接口技术对 PLC 能否在恶劣的工业环境中可靠工作起着关键的作用。I/O 接口通常做成模块，每种模块由一定数量的 I/O 通道组成，用户可以根据实际需要合理地选择和配置。PLC 的 I/O 接口有多种类型，如开关量（数字量）输入接口、开关量（数字量）输出接口，模拟量输入接口、模拟量输出接口等，其中，较常用的为开关量接口。PLC 以开关量顺序控制见长，任何一个生产设备或过程的控制与管理，几乎是按步骤顺序进行的，工业控制中 80%以上的工作都可由开关量控制完成。

4. I/O 扩展接口

I/O 扩展接口用于将扩展单元以及功能模块与基本单元相连，使 PLC 的配置更加灵活，以满足不同控制系统的需要。

5. 电源模块

电源模块将交流电转换为直流电，为主机和输入、输出模块提供工作电源，它的性能好坏直接影响 PLC 工作的可靠性。目前 PLC 均采用高性能开关稳压电源供电，一般都允许有很宽的输入电压范围（交流 100～240V）和很强的抗干扰能力，它一方面为 CPU、I/O 接口及扩展单元提供 DC 5V 电源，另一方面可为外部输入元件提供 DC 24V 电源。PLC 电源模块还配有锂电池作为交流电停电时的备用电源，其作用是保持用户程序和数据不丢失。

6. 编程器

编程器是用来将用户所编的用户程序输入 PLC 中，并可对 PLC 中的用户程序进行编辑、检查、修改和对运行中的 PLC 进行监控。编程器可分为 2 大类，即手持式编程器（简易编程器）和智能型编程器（高级编程器）。

二、PLC 的软件系统

PLC 的软件系统分为系统软件和应用软件。

1. 系统软件

系统软件是 PLC 有节奏地完成循环扫描过程中各环节内容的程序，由系统管理程序、用户指令解释程序、标准程序模块及系统调用程序组成。它由 PLC 生产厂商采用汇编语言编写完成，并驻留在规定的存储器内，是不允许用户介入的（用户不可直接读/写与更改）。由于 PLC 是实时处理系统，因此系统软件的基础是操作系统，由它统一管理 PLC 的各种资源，协调各部分之间的关系，使整个系统能最大限度地发挥其效率。系统软件与硬件一起作为完整的 PLC 产品出售，一般用户不必顾及它，也不要求用户掌握。

2. 应用软件

应用软件是为完成一个特定控制任务而编写的应用程序，通常由用户根据任务的内容，按照 PLC 生产厂商所提供的语言和规定的法则编写而成。由于 PLC 是专门为工业控制而开发的装置，因此其主要使用者是广大电气技术人员，为了满足他们的传统习惯和掌握能力，PLC 的编程语言采用比计算机语言相对简单、易懂、形象的专用语言（梯形图和指令语句表），对于 PLC 的用户来说，编写、修改、调试和运行应用程序是主要的工作之一。

第三节　PLC 的扫描周期、工作原理和工作过程

一、PLC 的扫描周期

PLC 在本质上虽然是一台微型计算机，其工作原理与普通计算机类似，但是 PLC 的工作方式却与计算机有很大的不同。计算机一般采用等待输入→响应（运算和处理）→输出的工作方式，如果没有输入，就一直处于等待状态。PLC 采用的是周期性循环扫描工作方式，每一个周期要按部就班地执行完全相同的工作，与是否有输入或输出及是否变化无关。

PLC 执行一次扫描操作所用的时间即为 1 个扫描周期，典型值为 1～100ms，包含输入采样、程序执行、输出刷新 3 个阶段。扫描周期大小与 CPU 运行速度、PLC 硬件配置、用户程序长短、扫描速度及程序的种类有很大关系，当用户程序较长时，程序执行时间在扫描周期中占相当大的比例。有的编程软件或编程器可以提供扫描周期的当前值，有的还可以提供扫描周期的最大值和最小值。

二、PLC 的工作原理

PLC 的工作原理是 CPU 周期性不断地循环扫描，并采用集中采样和集中输出的方式，实现了对生产过程和设备的连续控制。由于 CPU 不能同时处理多个操作任务，而只能每一时刻执行一个操作，一个操作完成后再接着执行下一个操作，所以 PLC 是采用“顺序扫描、不断循环”的方式进行工作的。PLC 运行时，CPU 根据用户按控制要求编制好并存于用户存储器中的程序，按指令步序号（或地址号）做周期性循环扫描。如果无跳转指令，则从第一条指令开始逐条顺序执行用户程序，直到程序结束，然后重新返回第一条指令，开始下一轮新的扫描。在每次扫描过程中，还要完成对输入信号的采样和对输出状态的刷新等工作，周而复始。

三、PLC 的工作过程

可编程序控制器是一种实时控制计算机，其工作过程实质上是循环的扫描过程，如图 5-2 所示。PLC 通电后，立即进入自诊断查错阶段，以确定自身的完好性；随后进入输入采样阶段，以扫描方式将输入端的状态采样后存入输入信号数据寄存器；然后进入程序执行阶段，从第一条程序开始先上后下、先左后右逐条扫描并执行；接着进入输出刷新阶段，将输出寄存器中与输出有关的状态进行输出处理，并通过一定方式输出，驱动外部负载。

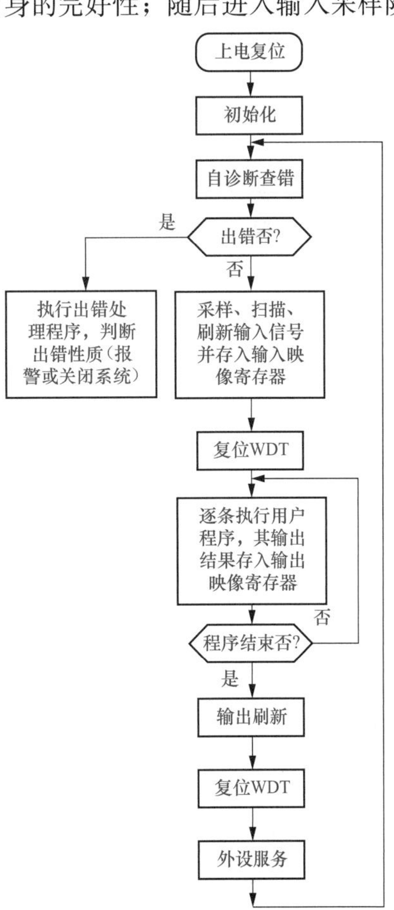

图 5-2　典型的 PLC 工作过程

1. 自诊断查错

接通电源经过复位和初始化程序后，PLC 开始进入正常的循环扫描工作。随后 PLC 进行自诊断查错，检查系统硬件和用户程序存储器。若发现错误，PLC 进入出错处理，判断错误的性质。如果是严重错误，PLC 将切断一切输出，停止运行用户程序，并通过指示灯发出警报；如果属于一般性错误，则只发出警报，等待处理，但不停机。

2. 输入采样

当检查未发现错误时，PLC 将进入输入采样阶段，首先以扫描方式按顺序将所有暂存在输入锁存器中的输入端子的通断状态或输入数据读入，并将其存入（写入）各对应的输入映像寄存器中，即刷新输入。随即关闭输入端口，进入程序执行阶段。在程序执行阶段，即使输入状态有变化，输入映像寄存器的内容也不会改变，变化了的输入信号状态只能在下一个扫描周期的输入采样阶段被读入。

3. 复位 WDT（一）

监控定时器（WDT）是用来监视程序执行是否正常，因此在程序执行前 PLC 会自动复位监控定时器（WDT），以清除各元件状态的随机性及数据清零，为执行程序做好准备并开始计时。在此阶段，CPU 还会检查其硬件和所有 I/O 模块的状态，若在 RUN 模式下，还要检查用户程序存储器。

4. 程序执行

PLC 在程序执行阶段，按用户程序指令存放的先后顺序扫描执行每条指令，所需的执行条件可从输入映像寄存器和当前输出映像寄存器中读入，经过相应的运算和处理后，其结果写入输出映像寄存器中。所以，输出映像寄存器中所有的内容随着程序的执行而改变。当执行输出指令时，CPU 只是将输出值存放在输出映像寄存器中，并不会真正输出。

5. 输出刷新

PLC 在输出刷新阶段，CPU 将存放在输出映像寄存器中所有输出继电器的通断状态集中输出到输出锁存器中，并通过一定方式（继电器、晶体管或晶闸管）输出，驱动相应输出设备工作，这才是 PLC 真正的实际输出。

6. 复位 WDT（二）

监控定时器（WDT）可对每次扫描的时间进行计时，PLC 执行用户程序所用的时间一般不会超过监控定时器（WDT）的设定值。当程序执行完毕后，监控定时器（WDT）会立即自动复位，表示系统正常工作。如果在设定的时间内，监控定时器（WDT）不能被复位，则表示在程序执行过程中因某种干扰使扫描失控进入死循环，此时故障指示灯点亮并发出超时报警信号，同时停止 PLC 的运行，从而避免了死循环的故障。

7. 外部设备服务

最后，PLC 进入外部设备（简称外设）服务命令的操作。CPU 将处理从通信端口接收到的任何信息，完成数据通信任务，即检查是否有计算机、编程器的通信请求。若有，则进行相应的处理。设置外设服务是为了方便操作人员的介入，有利于系统的控制和管理，但并不影响系统的正常工作。若没有外设命令或外设命令处理完毕后，PLC 自动再次进入自诊断操作，自动循环扫描运行。

经过这几个阶段，完成了一个扫描周期。对于小型 PLC，由于采用这种集中采样、集中输出的方式，使得在每一个扫描周期中，只对输入状态采样一次，对输出状态刷新一次，在一定程度上降低了系统的响应速度，即存在 I/O 滞后的现象。但从另外一个角度看，却大大提高了系统的抗干扰能力，使可靠性增强。另外，PLC 几毫秒至几十毫秒的响应延迟对一般工业系统的控制来讲是无关紧要的。

第四节 PLC 的核心单元

一、CPU 单元

PLC 同一般的微型计算机一样，CPU 单元是核心。CPU 单元主要由运算器、控制器、寄存器及实现它们之间联系的数据、控制及状态总线构成。此外，CPU 单元还包括外围芯

片、总线接口及有关电路，内存主要用于存储程序及数据，是 PLC 不可缺少的组成单元。PLC 中所配置的 CPU 随机型的不同而不同，常用的有 3 类：通用微处理器（280、8086、80286 等）、单片微处理器（8031、8096 等）及位片式微处理器（AMD29W 等）。小型 PLC 大多采用 8 位通用微处理器和单片微处理器，中型 PLC 大多采用 16 位通用微处理器或单片微处理器，大型 PLC 大多采用 32 位高速位片式微处理器。

目前，小型 PLC 为单 CPU 系统，而中、大型 PLC 则大多为双 CPU 系统，甚至有些 PLC 中的 CPU 多达 8 个。对于双 CPU 系统来说，其中一个为主处理器，称为字处理器，通常采用 8 位或 16 位通用微处理器，用于执行编程器接口功能、监视内部定时器、监视扫描时间、处理字节指令及对系统总线和位处理器进行控制等。另外一个为从处理器，称为位处理器，通常采用由各厂家设计制造的专用芯片，主要用于处理位操作指令和实现 PLC 编程语言向机器语言的转换。位处理器的采用，提高了 PLC 的速度，可以更好地满足实时控制要求。

在 PLC 中 CPU 按系统程序赋予的功能指挥 PLC 有条不紊地进行工作，归纳起来主要有以下几个方面。

（1）接收从编程器或微型计算机输入的用户程序和数据。

（2）诊断电源、内部电路的工作故障和编程中的语法错误等。

（3）通过输入接口接收现场的状态或数据，并存入输入映像寄存器或数据寄存器中。

（4）从存储器逐条读取用户程序，经过解释后执行。

（5）根据执行的结果，更新有关标志位的状态和输出映像寄存器的内容，通过输出单元实现输出控制。

二、存储器单元

PLC 的存储器单元主要有两种：一种是可读/写操作的 RAM，另一种是 ROM，如可编程只读存储器 PROM、EPROM 和 EEPROM。在 PLC 中，存储器主要用于存放系统程序、用户程序及工作数据。

（1）系统程序是由 PLC 的制造厂家编写的，和 PLC 的硬件组成有关。系统程序完成系统诊断、命令解释、功能子程序调用管理、逻辑运算、通信及各种参数设定等功能，提供 PLC 运行的平台。系统程序关系到 PLC 的性能，而且在 PLC 使用过程中不会变动，所以是由制造厂家直接固化在 ROM、PROM 或 EPROM 中，用户不能访问和修改的。

（2）用户程序是随 PLC 的控制对象而定的，是由用户根据对象生产工艺的控制要求而编制的应用程序。为了便于读出、检查和修改，用户程序一般存于 CMOS 静态 RAM 中，用锂电池作为后备电源，以保证断电时不会丢失信息。为了防止干扰对 RAM 中程序的破坏，当用户程序运行正常，不需要改变时，可将其固化在 EPROM 中，现在有许多 PLC 直接采用 EEPROM 作为用户存储器。

（3）工作数据是 PLC 运行过程中经常变化、经常存取的一些数据，存放在 RAM 中，以适应随机存取的要求。在 PLC 的工作数据存储器中，设有存放输入继电器、输出继电器、辅助继电器、定时器、计数器等逻辑器件的存储区，这些器件的状态都是由用户程序的初始设置和运行情况而确定的。根据需要，部分数据在掉电时用后备电池维持其现有的状态，这部分在掉电时可保存数据的存储区域称为保持数据区。

三、编程器单元

编程器单元是 PLC 的外设，是人机对话的窗口。它将用户所编的用户程序输入 PLC 中，并可对 PLC 中的用户程序进行编辑、检查、修改和对运行中的 PLC 进行监控，但不直接参与现场控制运行。编程器可分为智能型编程器（高级编程器）、专用编程器及手持式编程器。

智能型编程器配有编程软件包，通过微型计算机设备，用助记符、梯形图和高级语言进行编程。它对 PLC 的监视信息量大，具有很好的人机界面，其最大的优点是高效，能较好地满足各种控制系统的需要，目前应用最为广泛。用户只要购买 PLC 厂家提供的编程软件和相应的硬件接口装置，就可以得到高性能的 PLC 程序开发系统。专用编程器专供 PLC 厂商生产的某些产品使用，使用范围有限，价格较高。手持式编程器具有简单、易学、便于携带的特点，但是编译与校验等工作均由 CPU 完成，编程时必须要有 PLC 参与，同时所用的语言也受到限制，不能使用编程比较方便形象、直观的图形，只能使用指令语句表方式输入，因此手持式编程器只适宜在小规模的 PLC 系统中应用。

四、光耦合器单元

PLC 的外部输入设备、输出设备所需的电平信号与 PLC 内部 CPU 的标准电平是不同的，所以 I/O 接口还需要实现另外一个重要的功能，即电平信号转换，产生能被 CPU 处理的标准电平信号。为了保证 I/O 接口所传递的信息平稳、准确，提高 PLC 的抗干扰能力，I/O 单元一般都具有光电隔离和滤波功能。

PLC 中光耦合器单元可以提高抗干扰能力和安全性能，其基本结构如图 5-3 所示，主要由电源电路、发光二极管和光电晶体管组成。当输入端开关接通输入高电平信号时，光耦合器导通，输出低电平信号经过反相器进入 PLC 的内部电路，供 CPU 进行处理。若 PLC 的输入形式是 NPN 型（漏型输入），则各个输入开关的公共点接电源负极，有效输入电平形式是低电平（如三菱 FX2N 型 PLC）；若 PLC 的输入形式是 PNP 型（源型输入），则各个输入开关的公共点接电源正极，有效输入电平形式是高电平（如西门子 S7 型 PLC）。

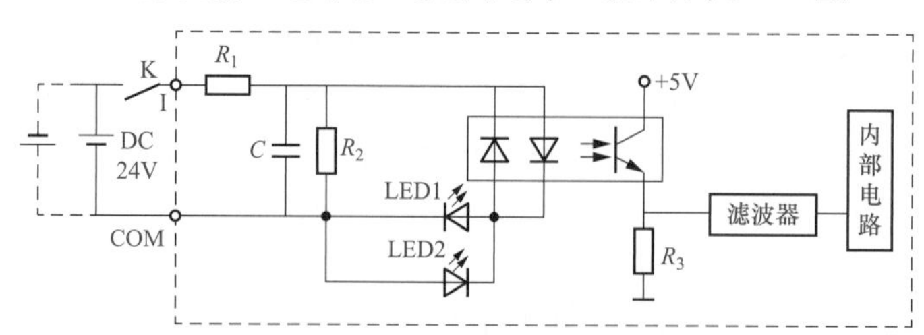

图 5-3 光耦合器单元的基本结构

五、输入接口单元

输入接口单元的作用是将用户输入设备产生的信号（开关量输入或模拟量输入），经过光电隔离、滤波和电平转换等处理，变成 CPU 能够接收和处理的信号，并送给输入映像寄

存器，以实现外部现场的各种信号与系统内部信号的匹配及信号的正确传递。为了满足生产现场抗干扰的要求，输入接口电路一般都要采取光电隔离技术，由 *RC* 滤波器消除输入触头的抖动和外部噪声干扰。

输入接口电路接受的外信号电源可以由外部提供，也可以由 PLC 内部提供，其中外部提供的直流电源极性可以为任意极性。外信号电源电压等级为直流 5、12、24、48、60V，交流 48、115、220V 等，直流 24V 以下输入接口的点密度较高。输入接口电路按其使用的电源不同可分为直流输入型、交流输入型、交/直流混合输入型，其基本电路如图 5-4 所示。

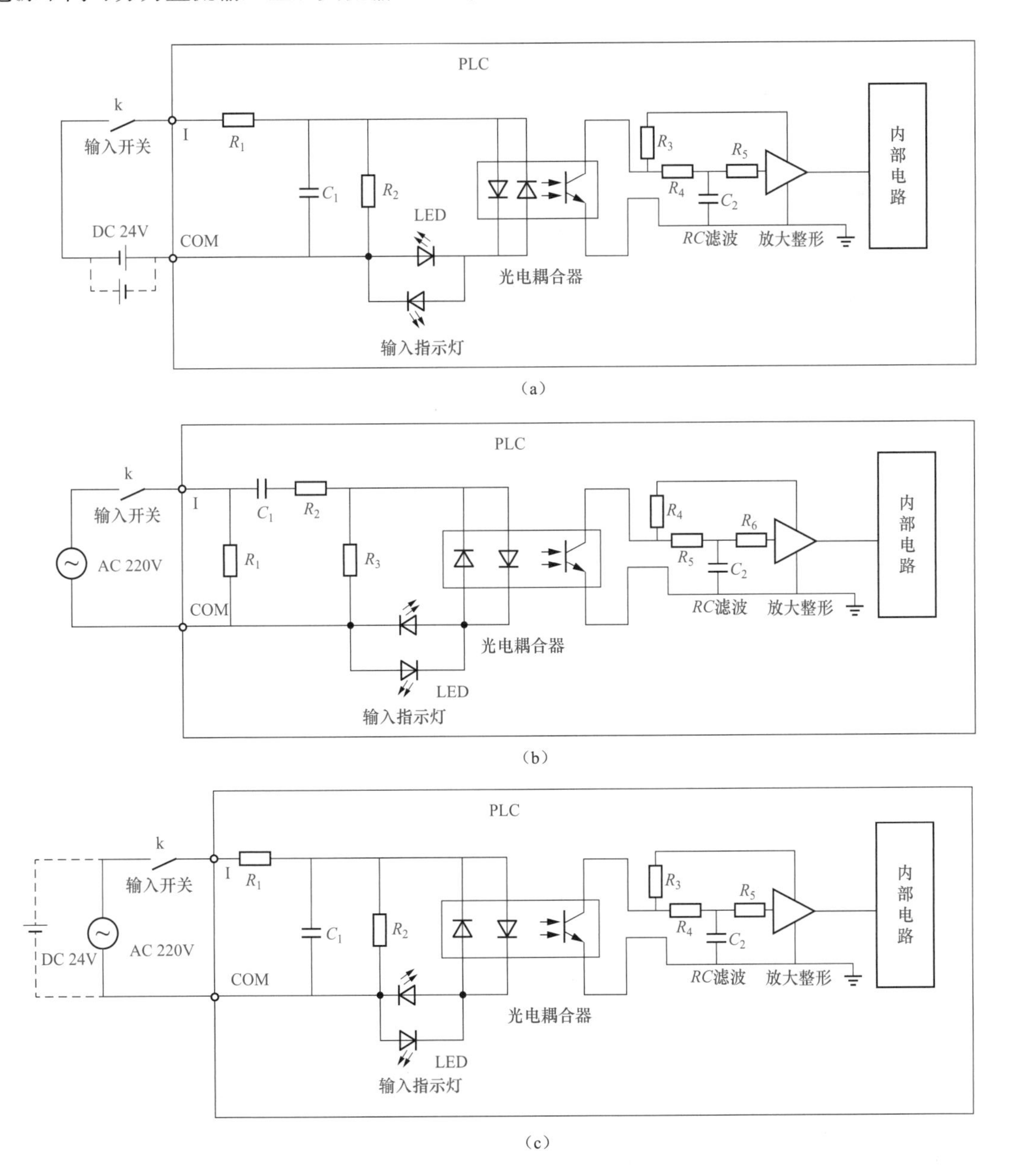

图 5-4 PLC 输入接口的基本电路

(a) 直流输入型；(b) 交流输入型；(c) 交/直流混合输入型

在基本电路中，K为输入通断控制按钮，当K闭合时，双向光耦合器中的发光二极管导通发光，使得光电晶体管接收到光线，由截止变为导通，输出的高电平经RC滤波、放大整形后送入PLC内部电路中，同时该输入端的输入指示发光二极管LED导通发光，表示该输入端有信号输入。当CPU在循环的输入阶段输入该信号时，将该输入点对应的映像寄存器状态置“1”。当K断开时，将该输入点对应的映像寄存器状态置“0”，同时该输入端的输入指示发光二极管LED熄灭，表示该输入端无信号输入。由于双向光电耦合器中的发光二极管是电流驱动器件，要有足够的能量才能驱动。因此，干扰信号（能量较小）难以进入PLC内部，从而实现了抗干扰。

六、输出接口单元

输出接口单元的作用是将经过CPU处理的信号通过光电隔离和功率放大等处理，转换成外设所需要的驱动信号（数字量输出或模拟量输出），驱动接触器、指示灯、报警器、电磁阀、电磁铁、调节阀、调速装置等各种执行机构。输出接口电路就是PLC的负载驱动回路，为适应不同的控制要求，输出接口电路按输出开关器件不同分为继电器输出型、晶体管输出型及双向晶闸管输出型，其基本电路如图5-5所示。为提高PLC抗干扰能力，每种输出接口电路都采用了光电或电气隔离技术。

1. 继电器输出型

继电器输出型为有触头的输出方式，采用电气隔离技术，其优点是适用的电压范围比较宽、导通压降小、承受瞬时过电压和过电流的能力强，但动作速度较慢、响应时间长、动作频率低、不能用于高速脉冲的输出。它既可驱动直流负载，又可驱动交流负载，驱动负载的能力是每一个输出点为2A左右，建议在输出量变化不频繁时优先选用。

在基本电路中，当内部电路的状态为“1”时，继电器线圈KA得电，所产生的电磁吸力将触头KA吸合，负载回路闭合，同时该输出端的输出指示发光二极管LED导通发光，表示该输出端有信号输出。当内部电路的状态为“0”时，继电器线圈KA失电，电磁吸力消失使触头KA释放，负载回路断开，同时该输出端的输出指示发光二极管LED熄灭，表示该输出端无信号输出。

2. 晶体管输出型

晶体管输出型为无触头的输出方式，采用光电隔离技术，其优点是可靠性强、执行速度快、寿命长，但过载能力差。它只可驱动直流负载，驱动负载的能力是每一个输出点为750mA左右，适用于高速（可达20kHz）小功率直流负载。

在基本电路中，当内部电路的状态为“1”时，光耦合器中的发光二极管导通发光，使得光电晶体管接收到光线，由截止变为导通，从而晶体管VT导通，负载回路闭合，同时该输出端的输出指示发光二极管LED导通发光，表示该输出端有信号输出。当内部电路的状态为“0”时，光电晶体管由导通变为截止，从而晶体管VT截止，负载回路断开，同时该输出端的输出指示发光二极管LED熄灭，表示该输出端无信号输出。稳压管VZ用来抑制关断过电压和外部的浪涌电压，以保护晶体管VT。

3. 双向晶闸管输出型

双向晶闸管输出型为无触头的输出方式，采用光电隔离技术，其优缺点与晶体管输出型

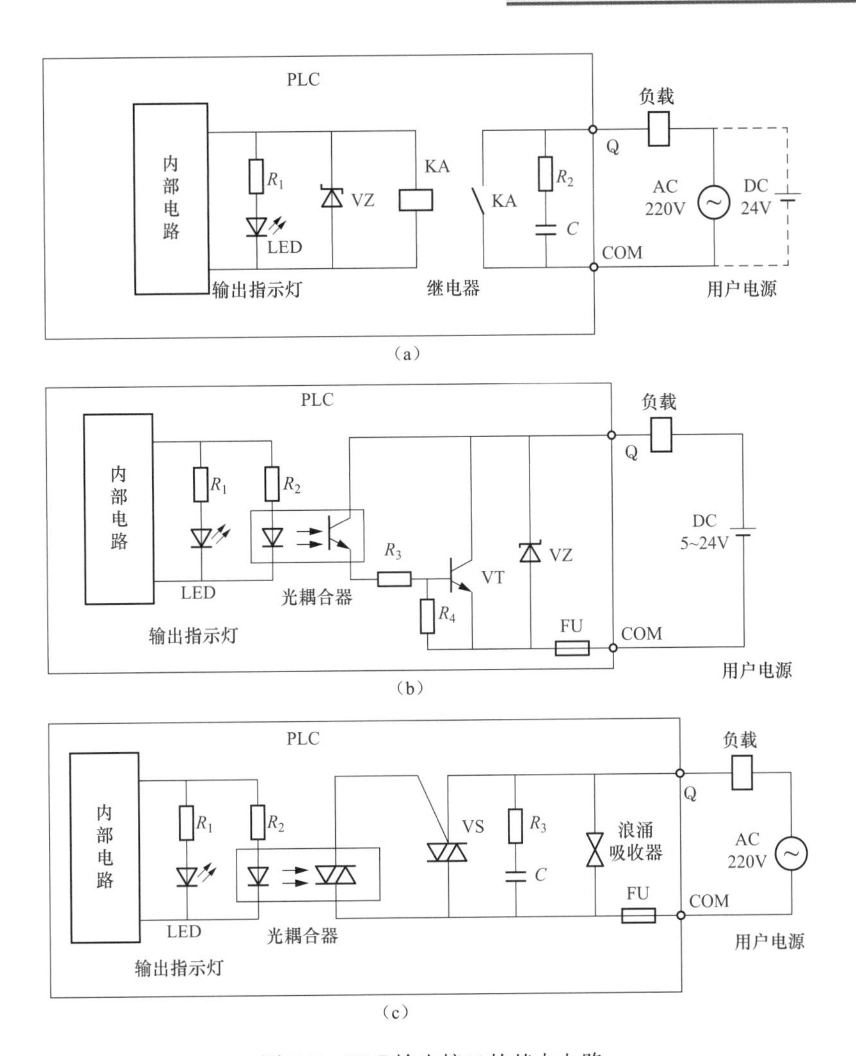

图 5-5　PLC 输出接口的基本电路

(a) 继电器输出型；(b) 晶体管输出型；(c) 双向晶闸管输出型

相似，它只可驱动交流负载，驱动负载的能力是每一个输出点为 1A 左右，适用于高速（可达 20kHz）大功率交流负载。

在基本电路中，当内部电路的状态为“1”时，光耦合器中的发光二极管导通发光，使得光电双向二极管接收到光线而导通，从而双向晶闸管 VS 获得了触发信号，无论外接电源的极性如何，双向晶闸管 VS 均导通，负载回路闭合，同时该输出端的输出指示发光二极管 LED 导通发光，表示该输出端有信号输出。当内部电路的状态为“0”时，光电双向二极管由导通变为截止，从而双向晶闸管 VS 失去触发信号，双向晶闸管 VS 截止，负载回路断开，同时该输出端的输出指示发光二极管 LED 熄灭，表示该输出端无信号输出。

第六章

西门子S7-200PLC

第一节　西门子 PLC 产品简介

德国西门子公司是世界上生产 PLC 的主要厂商之一，其生产的 PLC 以性能精良而久负盛名，产品包括小型（如 S7-200）、中型（如 S7-300）、大型（如 S7-400）、低档（如 S7-200）、中档（如 S7-300）、高档（如 S7-400）等各种类型。

西门子 PLC 由最初发展至今，S3、S5 系列已逐步退出市场，而 S7 系列已发展成为了西门子自动化系统的控制核心。西门子 S7 系列 PLC 有通用逻辑模块（LOGO）、S7-200 PLC、S7-1200 PLC、S7-300 PLC、S7-400 PLC 5 个产品系列，目前主流产品是 S7-200/200 CNPLC、S7-300/300CPLC、S7-400PLC3 大系列，其应用领域覆盖了所有与自动检测、自动化控制有关的工业及民用领域，包括各种汽车工业、环境技术、采矿、纺织机械、包装机械、通用机械、楼宇自动化、食品加工、冲压机床、磨床、印刷机械、橡胶化工机械、中央空调、电梯控制、运动系统、环境保护设备等。

一、西门子 S7-200 系列 PLC

西门子 S7-200 系列 PLC 是小型、低档 PLC，产品的定位是低端的离散自动化系统和独立自动化系统中使用的紧凑型逻辑控制器模块。S7-200 系列 PLC 具有基本的控制功能和一般的运算能力，工作速度比较低，能带的输入和输出模块的数量及种类较少，它具有统一的模块化设计，自成一体，并配有功能丰富的扩展模块，具有操作简便的硬件和软件，这一切都使得它在一个紧凑的性能范围内为自动化控制提供了一个非常有效且经济的解决方案。

西门子 S7-200 系列 PLC 提供 5 种型号的 CPU 模块和 7 种扩展模块，新型西门子 S7-200CN 系列 PLC 是中国的本土化产品，它可提供 8 种型号的 CPU 模块和 15 种扩展模块。背板总线在模块中集成，它的网络连接有 RS-485 通信接口和现场总线 Profi bus 两种，可通过编程器 PG 访问所有模块，其主要特点如下。

（1）紧凑设计，CPU 集成 I/O。

（2）极高的可靠性，操作便捷，易于掌握。

（3）实时处理能力，高速计数器、报警输入、中断。

（4）极丰富的指令集，除了具有与其他产品相同的指令外，还有与智能模块配合的指令。

（5）丰富的内置集成功能，如内置集成高速计数器和 PID 运算功能。

（6）具有多种通信选项，其通信能力远远超过小型 PLC 的整体通信水平。S7-200 系列 PLC 提供近 10 种通信方式以满足不同的应用需求，从简单的 S7-200 之间的通信到 S7-200 通过 Profibus DP 网络通信，甚至通过以太网通信。

（7）功能丰富的扩展模块。

（8）编程软件易学易用。STEP7-Micro/WIN V4.0 编程软件为用户提供了开发、编辑和监控的良好环境。Windows 风格的全中文界面、中文在线帮助信息及丰富的编程向导，可使用户快速掌握编程技巧。

二、西门子 S7-300 系列 PLC

西门子 S7-300 系列 PLC 是中型、中档 PLC，产品的定位是中端的离散自动化系统中使用的控制器模块。S7-300 系列 PLC 具有较强的控制功能和较强的运算能力，不仅能完成一般的逻辑运算，也能完成比较复杂的三角函数、指数和 PID 运算，工作速度比较快，能带的输入和输出模块的数量及种类较多，它采用模块化无排风扇设计，各种单独模块之间可进行广泛的灵活组合及扩展。

西门子 S7-300 系列 PLC 提供 20 种型号的 CPU 模块和 32 种扩展模块，多种性能等级的 CPU 除了标准型 CPU（7 个）外，还提供紧凑型 CPU（6 个）、技术功能型 CPU（2 个）、故障安全型 CPU（5 个）。背板总线在模块内集成，它的网络连接已比较成熟和流行，有多点通信接口（MPI）、Profi bus 和工业以太网，使通信和编程变得简单和多选性，其主要特点如下。

（1）通用型应用和丰富的 CPU 模块种类。

（2）高性能，模块化设计，紧凑设计。

（3）集成 I/O 点数数字量为 24/16，模拟量 4 路/模拟量 2 路。

（4）每条二进制指令的处理时间为 0.1～0.2μs，浮点数运算时间最小为 3μs。

（5）内置 96KB 高速 RAM（相当于大约 32KB 的指令），用于执行程序和数据保存，可扩展最大 8MB 的微存储卡作为程序的装载存储器。

（6）灵活的扩展能力。4 排结构可扩展到 32 个模块（每个机架的模块数量为 7～8 个）。

（7）集成高速计数、4 通道频率测量、脉宽调制、定位控制、中断输入等功能。

（8）集成 MPI 和 Profibus DP 网络通信接口，MPI 可以用来建立最多 16 个 CPU 模块组成的简单网络。

（9）具有密码保护、诊断缓冲等功能。最后 100 个故障和中断事件保存在诊断缓冲区中，供诊断使用。

（10）由于使用 MMC 存储程序和数据，系统免维护。

三、西门子 S7-400 系列 PLC

西门子 S7-400 系列 PLC 是大型、高档 PLC，产品的定位是高端的离散和过程自动化系统中使用的控制器模块，可以完成规模很大的控制任务，在联网中一般做主站使用。S7-400 系列 PLC 具有强大的控制功能和强大的运算能力，它不仅能完成逻辑运算、三角函数运算、指数运算和 PID 运算，还能进行复杂的矩阵运算，工作速度很快，能带的输入和输出模块的数量及种类很多，它采用模块化无排风扇设计，各种单独模块之间可进行广泛的灵活组合及扩展。

西门子 S7-400 系列 PLC 分为 S7-400、S7-400H、S7-400F/FH 等种类，能提供的 CPU 模块和扩展模块与 S7-300 系列 PLC 一样，但规模和性能都更强大，其主要特点如下。

(1) 特别强大的通信和处理能力。

(2) 快速响应，实时性强，垂直集成。

(3) 采用冗余技术，可靠性极高。

(4) 模块化无风扇的设计，坚固耐用。

(5) 易于扩展，容易实现分布式结构系统和用户友好的操作。

(6) 定点加法或乘法的指令执行速度最快为 0.03μs。

(7) 大型 I/O 框架和最高 20MB 的主内存。

(8) 支持热插拔和在线 I/O 配置，避免重启。

(9) 具备等时模式，可以通过 Profibus 控制高速机械。

第二节　西门子 S7-200PLC 的整机配置

西门子 S7-200PLC 是一种深受市场欢迎的小型模块化 PLC，由 CPU 模块、扩展模块、编程器、编程软件、通信电缆等构成，其中 CPU 模块和扩展模块可以根据实际需要灵活配置，再加上强大的指令系统可以近乎完美地满足小规模系统的控制要求。

一、CPU 模块

CPU 模块又称为 PLC 的主机或基本单元，它在紧凑的外壳内集成了微处理器、集成电源、数字量 I/O 端子等，其本身就可以构成了一个功能强大的独立控制系统，其 CPU224 模块的外形如图 6-1 所示。CPU 模块主要有 CPU221、CPU222、CPU224、CPU226、CPU226XM5 种基

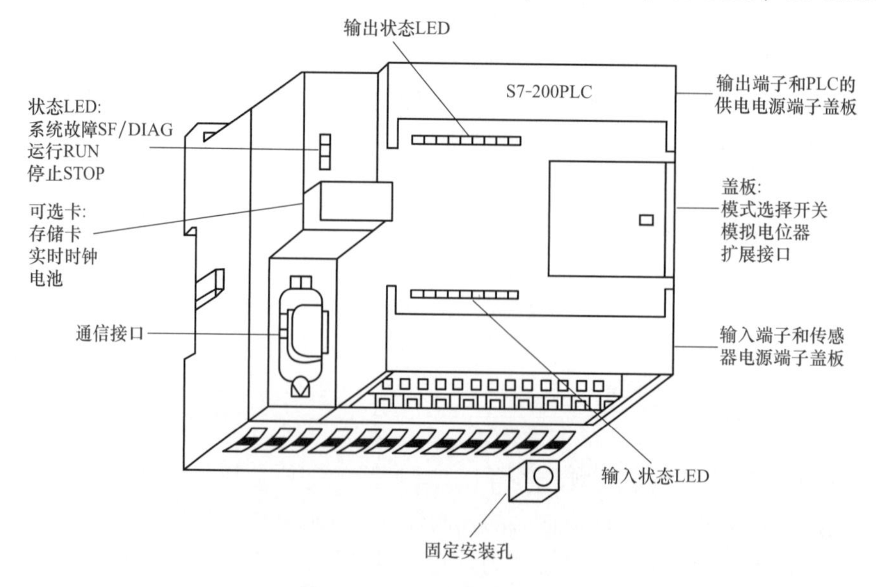

图 6-1　CPU224 模块的外形

本型号，它们的技术指标见表 6-1，其中 CPU226XM 是西门子公司推出的一款增强型主机，主要在用户程序和数据存储容量上进行了扩展，其他指标和 CPU 226 相同。

表 6-1　　西门子 S7-200PLC CPU 模块的技术指标

特　性	技术指标				
	CPU221	CPU222	CPU224	CPU226	CPU226XM
用户程序区	4KB 字	4KB 字	8KB 字	8KB 字	16KB 字
数据存储区	2KB 字	2KB 字	5KB 字	5KB 字	10KB 字
主机数字量 I/O 点数	6/4	8/6	14/10	24/16	24/16
模拟量 I/O 点数	无	16/16	32/32	32/32	32/32
扫描时间/1 条指令	0.37μs	0.37μs	0.37μs	0.37μs	0.37μs
最大 I/O 点数	128/128	128/128	128/128	128/128	128/128
位存储区	256 个	256 个	256 个	256 个	256 个
定时器	256 个	256 个	256 个	256 个	256 个
计数器	256 个	256 个	256 个	256 个	256 个
允许最大的扩展模块	无	2 模块	7 模块	7 模块	7 模块
允许最大的智能模块	无	2 模块	7 模块	7 模块	7 模块
时钟功能	可选	可选	内置	内置	内置
数字量输入滤波	标准	标准	标准	标准	标准
模拟量输入滤波	无	标准	标准	标准	标准
高速计数器	4 个 30kHz	4 个 30kHz	6 个 30kHz	6 个 30kHz	6 个 30kHz
脉冲输出	2 个 20kHz	2 个 20kHz	2 个 20kHz	2 个 20kHz	2 个 20kHz
通信口	1×RS-485	1×RS-485	1×RS-485	2×RS-485	2×RS-485

1. 电源端子

打开顶部端子盖，可以看到电源端子，每一种型号的 CPU 模块都有两种电源供电形式，可分别接受交流 AC 120～240V 或直流 DC 24V 作为工作电源，其电源类型在 CPU 模块上会进行标注，如图 6-2 所示。若 CPU 模块上标注的是“DC/DC/DC”，则表示直流 24V 供电/直流数字量输入/晶体管直流数字量输出，其中端子“M”为电源负极、“L+”为电源正极。

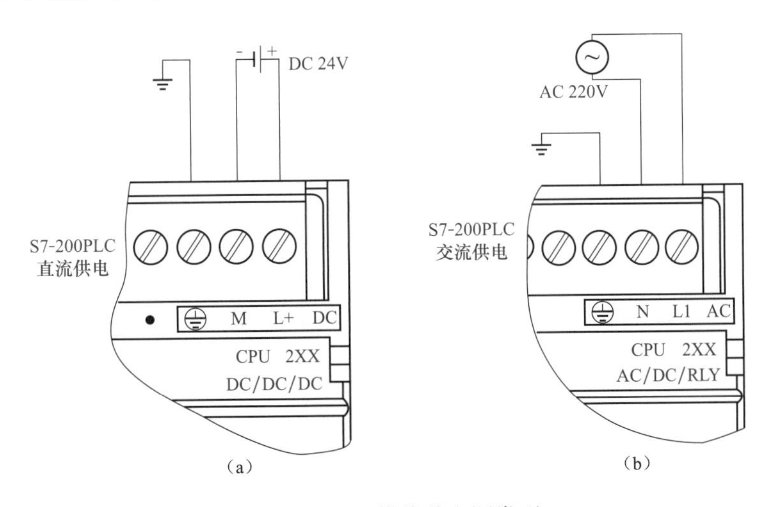

图 6-2　CPU 模块的电源类型

(a) 直流电源；(b) 交流电源

若标注的是“AC/DC/RLY”，则表示交流220V供电/直流数字量输入/继电器输出，其中端子“N”为电源中性线、“L1”为电源相线，交流电压范围为120～240V。

2. 输入端子（I端子）

打开底部端子盖，可以看到输入端子，它是系统的控制信号输入点，输入形式一般为直流，用DC表示。输入端子采用分组式结构，分为2组（1M、2M）共14个（CPU224型），端子编号采用八进制编码，遵循“逢8进1”的排序规则，如图6-3所示。

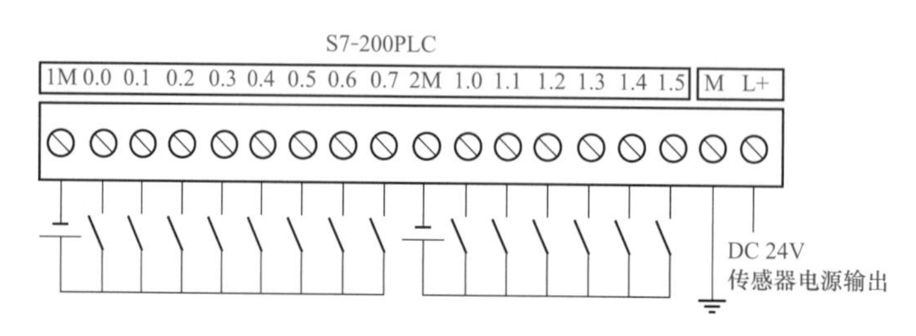

图6-3　CPU224型输入端子示意图

3. 输出端子（O端子）

打开顶部端子盖，可以看到输出端子，它是系统的控制信号输出点，输出形式有两种，即晶体管输出和继电器输出，分别用DC和RLY表示。通常，晶体管输出时，CPU模块供电电源为直流，输出只能带直流负载；继电器输出时，CPU模块供电电源为交流，输出既可以带直流负载，也可以带交流负载。

输出端子采用分组式结构，DC型分为2组（1M、1L＋，2M、2L＋）共10个（CPU224型），RLY型分为3组（1L、2L、3L）共10个（CPU224型），各组之间相互独立，这样负载可以使用多种电压系列（如AC 220V、DC 24V等），带黑点的端子“•”悬空不接导线（以免损坏PLC），端子编号采用八进制编码，遵循“逢8进1”的排序规则，如图6-4所示。

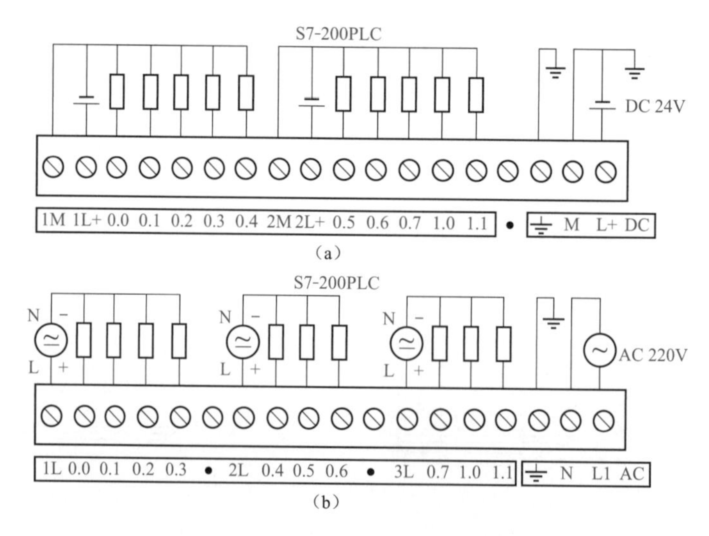

图6-4　CPU224型输出端子示意图
(a) DC型；(b) RLY型

4. 工作模式选择开关

打开右边端子盖，可以看到工作模式选择开关，它有3个转换位置：RUN、STOP、TERM（终端）。当开关拨到RUN时，CPU模块才会执行用户编写的程序。当开关拨到STOP时，CPU模块停止执行用户程序，此时可以利用编程设备向PLC写入程序，也可以利用编程设备检查用户存储器的内容、改变存储器的内容、改变PLC的各种设置。当开关拨到TERM时，不改变当前操作模式，此模式多数用于联网的PLC网络或现场调试。

5. I/O状态指示灯

在CPU模块的面板上有2排I/O状态指示灯（LED），分别指示输入和输出的逻辑状态。当输入或输出为高电平时LED点亮，低电平时熄灭。

6. 运行状态指示灯

在CPU模块的左侧有3个运行状态指示灯（LED），分别指示CPU模块的RUN、STOP工作模式、系统错误状态。

7. 模拟电位器

打开CPU模块右侧的前盖，可以看到1个或2个模拟电位器，调节这些电位器，可以使用户根据需要进行一些控制参数的输入。

8. 串行通信端口

在CPU模块左侧有RS-485的串行通信端口，它是连接编程器、打印机、显示器或其他外设的端口。

9. 扩展I/O端口

打开右边端子盖，可以看到扩展I/O端口，它是CPU模块与I/O各种扩展模块连接的端口。随着控制系统规模和功能的增加，一个CPU模块往往满足不了需要，这时可以通过扩展I/O端口进行扩展，以提升PLC的控制能力和通信能力。扩展模块由导轨固定在CPU模块上，并用扩展电缆连接。

10. 可选卡插槽

在CPU模块的左侧有一个可选卡插槽，根据需要可插入下列3种卡中的一种：存储卡、电池卡、日期/时钟电池卡。

存储卡提供EEPROM存储单元，在CPU模块上插入存储卡后，就可以将卡内的内容复制到CPU模块中，也可将PLC内的程序及重要参数复制到外接EEPROM卡内作为备份。用存储卡传递程序时，被写入的CPU模块必须与提供程序来源的CPU模块相同或更高型号。存储卡有6ES7291-8GC00-0A0和6ES7291-8GD00-0A0两种，程序容量分别为8K和16K程序步。

电池卡BC293为插入式电池盒，可延长CPU模块中RAM的数据存储时间，它在内置的超级电容放电完毕后才起作用。日期/时钟电池卡CC292用于CPU221和CPU222两种不具备内置时钟功能的CPU模块使用，以提供日期/时钟功能，同时提供后备电池。

二、扩展模块

为了完成比较复杂的控制功能，更好地满足应用要求，S7-200PLC还配置了各种功能的扩展模块，由于它本身没有自带CPU，故只能与本机上的CPU模块通过导轨固定连接使用，用于扩展I/O点数。S7-200PLC内部电源输出2种电压，一种为DC 5V，是CPU及扩展模块的工作电源；另一种为DC 24V，是直流信号输入端子的检测电源，也可以为需要此电压的传感器提供电源，但2种电源带负载的能力都是有限的，在配置时都不能超载工作。扩展模块的类型主要有数字量I/O模块、模拟量I/O模块、智能模块等，它们的技术指标见表6-2。

表6-2　西门子S7-200PLC扩展模块的技术指标

扩展模块	技术指标			
数字量输入模块EM221	8点DC输入	8点AC输入	16点DC输入	
数字量输出模块EM222	4点DC输出	4点继电器输出	8点继电器输出	
	8点DC输出	8点AC输出		
数字量混合模块EM223	4点DC输入 4点DC输出	8点DC输入 8点DC输出	16点DC输入 16点DC输出	32点DC输入 32点DC输出
	4点DC输入 4点继电器输出	8点DC输入 8点继电器输出	16点DC输入 16点继电器输出	32点DC输入 32点继电器输出
模拟量输入模块EM231	4路模拟输入	8路模拟输入	4路热电偶输入	8路热电偶输入
	2路热电阻输入	4路热电阻输入		
模拟量输出模块EM232	2路模拟输出	4路模拟输出		
模拟量混合模块EM235	4路模拟输入 4路模拟输出			
定位控制模块EM253	4路200HzPWM脉冲			
智能模块（通信模块）	从站模块EM277 Profibus－DP. 同时支持MPI从站通信			
	调制解调器（Modem）模块EM241：实现远程通信			
	工业以太网模块CP243－1：构件工业以太网			
	工业以太网模块CP243－1IT：同时提供Web/E－mail等IT应用功能			
	AS－i主站模块CP243－2：可连接62个AS－i接口从站			
	CPRS通信模块MD720：GPRS数据通信			
其他模块	称重模块SIWAREI MS：简单称重与测力应用			

三、编程器

西门子S7-200PLC可采用多种编程器，一般可分为手持式编程器（简易编程器）和智能型编程器（高级编程器），其中西门子PG702型手持式编程器如图6-5所示。

手持式编程器是袖珍型的，具有简单实用、价格低廉、易学、便于携带等特点，是一种很好的现场编程及监测工具。但是其编译与校验等工作均由CPU模块完成，所以编程时必须要有PLC参与，同时所用的语言也受到限制，不能使用编程比较方便形象、直观的图形，只能使用指令语句表方式输入，使用不够方便，所以它只适宜在小规模的PLC

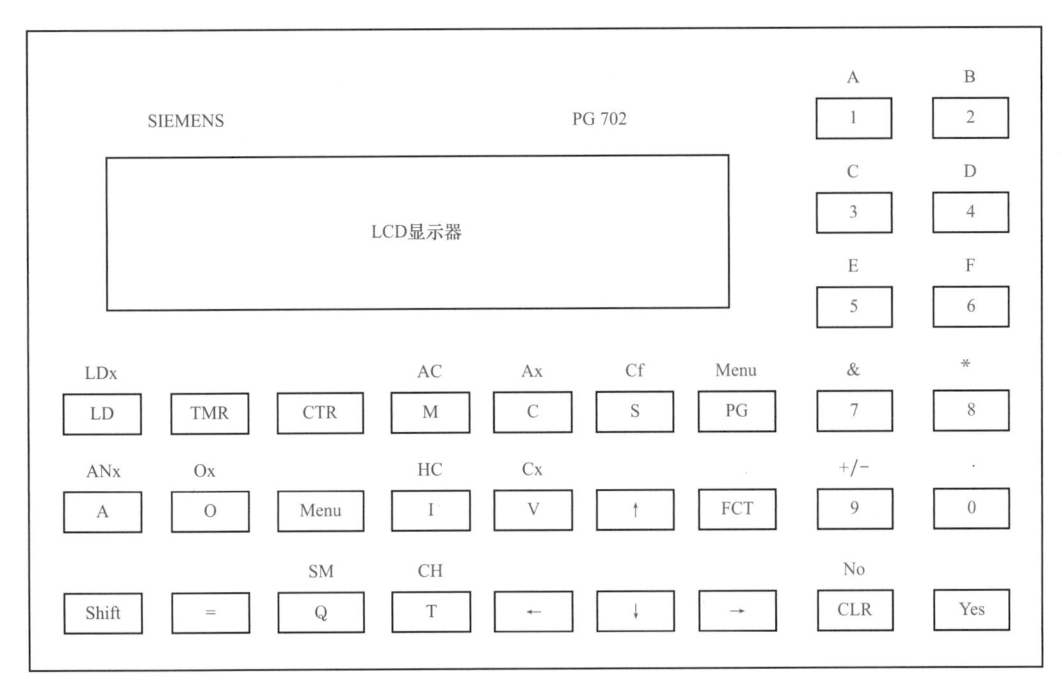

图 6-5 西门子 PG702 型手持式编程器

系统中应用。

智能型编程器是高效型的，它将专用的编程软件包装入计算机，采用计算机进行编程操作，可直接采用助记符、梯形图和高级语言进行编程，具有友好的人机界面、直观、功能强大、监视信息量大等特点，能较好地满足各种控制系统的需要。

四、编程软件

PLC 生产商家较多，不同品牌的机型对应的编程软件存在一定的差别，它们的编程软件不能通用。西门子公司专为 SIMATIC S7-200 系列 PLC 研制开发了在 Windows 95 以上操作系统运行的 STEP7-Micro/WIN V4.0 编程软件，该软件功能强大，为用户提供了开发、编辑和监控的良好环境。Windows 风格的全中文界面、中文在线帮助信息及丰富的编程向导，可使用户快速掌握编程技巧。

五、通信电缆

通信电缆是 PLC 与个人计算机（PC）实现数据交换的电缆，有以下 3 种连接方式。

（1）用 PC/PPI 多主站通信电缆（RS-232、RS-485）连接，RS-232 端连接 PC，RS-485 端连接 PLC。

（2）使用通信处理器（CP）时，可用 MPI 通信电缆连接。

（3）使用 MPI 卡时，可用随 MPI 卡提供的一根专用通信电缆连接。

第三节　西门子 S7-200PLC 的编程元件

一、编程元件的概念

PLC 的编程元件从物理性质上来说是电子电路及存储器，按工程技术人员的通俗叫法分别为输入继电器、输出继电器、辅助继电器、特殊标志继电器、顺序控制继电器、定时器、计数器等。鉴于编程元件的物理属性是 PLC 内部电路的寄存器，并非实际的物理元件，故将它们称为“软继电器”或“软元件”。它们与真实物理元件之间有很大的差别，表现在“软继电器”的工作线圈没有工作电压等级、功耗大小、电磁惯性、机械磨损和电蚀等，触头也没有数量限制，在不同的指令操作下，其工作状态可以无记忆，也可以有记忆，还可以用作脉冲数字元件使用。

编程元件具有与物理继电器相似的功能，当它的“线圈”通电时，其所属的动合触头闭合，动断触头断开；当它的“线圈”断电时，其所属的触头均恢复常态。PLC 中的每一个编程元件都对应着其内部的一个寄存器位，由于可以无限次地读取寄存器的内容，因此可以认为每一个编程元件均有无数个动合触头和动断触头。为了区分它们的功能，通常给编程元件编上号码，这些号码就是 CPU 存储器单元的地址。

二、编程元件的分类及编号

西门子 S7-200PLC 将编程元件统一归为存储器单元，存储器单元按字节进行编址，无论寻址的是何种数据类型，通常应指出它所在的存储区域和在区域内的字节地址。每个存储器单元都有唯一的地址，地址由名称和编号 2 部分组成。名称部分用英文字母表示，如输入继电器用“I”表示，输出继电器用“Q”表示；编号部分用数字表示，其中输入继电器和输出继电器的编号为八进制排序，遵循“逢 8 进 1”的排序规则，其余编程元件的编号为十进制排序，西门子 S7-200PLC 编程元件的分类及编号见表 6-3。

表 6-3　　西门子 S7-200PLC 编程元件的分类及编号

编程元件	CPU221	CPU222	CPU224	CPU226	CPU226XM
输入继电器（I）	I0.0～I15.7	I0.0～I15.7	I0.0～I15.7	I0.0～I15.7	I0.0～I15.7
输出继电器（Q）	Q0.0～Q15.7	Q0.0～Q15.7	Q0.0～Q15.7	Q0.0～Q15.7	Q0.0～Q15.7
模拟量输入映像寄存器（AI）	—	AIW0～AIW30	AIW0～AIW62	AIW0～AIW62	AIW0～AIW62
模拟量输出映像寄存器（AQ）	—	AQW0～AQW30	AQW0～AQW62	AQW0～AQW62	AQW0～AQW62
变量存储器（V）	VB0～VB2047	VB0～VB2047	VB0～VB5119	VB0～VB5119	VB0～VB10239
局部变量存储器（L）	LB0～LB63	LB0～LB63	LB0～LB63	LB0～LB63	LB0～LB63
辅助继电器（M）	M0.0～M31.7	M0.0～M31.7	M0.0～M31.7	M0.0～M31.7	M0.0～M31.7
特殊标志继电器（SM）	SM0.0～SM179.7 SM0.0～SM29.7	SM0.0～SM299.7 SM0.0～SM29.7	SM0.0～SM549.7 SM0.0～SM29.7	SM0.0～SM549.7 SM0.0～SM29.7	SM0.0～SM549.7 SM0.0～SM29.7

续表

定时器（T）	256（T0～T255）	256（T0～T255）	256（T0～T255）	256（T0～T255）	256（T0～T255）
有记忆接通延时 1ms	T0、T64	T0、T64	T0、T64	T0、T64	T0、T64
有记忆接通延时 10ms	T1～T4， T65～T68	T1～T4， T65～T68	T1～T4， T65～T68	T1～T4， T65～T68	T1～T4， T65～T68
有记忆接通延时 100ms	T5～T31 T69～T95	T5～T31 T69～T95	T5～T31 T69～T95	T5～T31 T69～T95	T5～T31 T69～T95
接通/关断延时 1ms	T32、T96	T32、T96	T32、T96	T32、T96	T32、T96
接通/关断延时 10ms	T33～T36 T97～T100	T33～T36 T97～T100	T33～T36 T97～T100	T33～T36 T97～T100	T33～T36 T97～T100
接通/关断延时 100ms	T37～T63 T101～T225	T37～T63 T101～T225	T37～T63 T101～T225	T37～T63 T101～T225	T37～T63 T101～T225
计数器（C）	C0～C255	C0～C255	C0～C255	C0～C255	C0～C255
高速计数器（HC）	HC0、HC3 HC4、HC5	HC0、HC3 HC4、HC5	HC0～HC5	HC0～HC5	HC0～HC5
顺序控制继电器（S）	S0.0～S31.7	S0.0～S31.7	S0.0～S31.7	S0.0～S31.7	S0.0～S31.7
累加器（AC）	AC0～AC3	AC0～AC3	AC0～AC3	AC0～AC3	AC0～AC3
跳转/标号	0～255	0～255	0～255	0～255	0～255
调用子程序	0～63	0～63	0～63	0～63	0～63
中断程序	0～127	0～127	0～127	0～127	0～127
正/负跳转	256	256	256	256	256
PID 回路	0～7	0～7	0～7	0～7	0～7
端口	端口 0	端口 0	端口 0	端口 0	端口 0

三、编程元件的功能

1. 输入继电器

输入继电器（I）就是 PLC 存储系统中的输入映像寄存器，通过输入继电器，将 PLC 的存储系统与外部输入端子建立明确的对应关系。PLC 的输入端子是从外部接受输入信号的窗口，每一个输入端子与输入继电器的相应位相对应。输入点的状态，在每次扫描周期开始（或结束）时进行采样，并将采样值存于输入继电器，作为程序处理时输入点状态的依据。输入继电器的状态只能由外部输入信号驱动，而不能在内部由程序指令来改变，所以在程序中不可能出现其线圈，线圈的吸合或释放只取决于外部输入信号的状态（“1”或“0”）。输入继电器内部有动断、动合 2 种触头供编程时随时使用，且使用次数不限。

S7-200PLC 提供了 128 个输入映像寄存器，它一般按“I 字节地址 . 位地址”的编址方式来读取每一个输入继电器的状态，如地址格式为“I0.1”，编址范围为 I0.0～I15.7。

2. 输出继电器

输出继电器（Q）就是 PLC 存储系统中的输出映像寄存器，通过输出继电器，将 PLC 的存储系统与外部输出端子建立明确的对应关系。PLC 的输出端子是向外部输出信号的窗口，每一个输出端子与输出继电器的相应位相对应。在扫描周期的末尾，CPU 将存放在输出继电器中的输出判断结果以批处理方式复制到相应的输出端子上，通过输出端将输出信号传送给外部负载（用户设备）。输出继电器线圈的吸合或释放由程序指令控制，内部的动断、动合2种触头供编程时随时使用，且使用次数不限。

S7-200PLC提供了128个输出映像寄存器，它一般按“Q字节地址.位地址”的编址方式来读取每一个输出继电器的状态，如地址格式为“Q1.1”，编址范围为Q0.0～Q15.7。

3. 模拟量输入映像寄存器

模拟量输入映像寄存器（AI）又称模拟量输入寄存器，其存取方式只能作只读操作。模拟量输入端子将外部输入的电压或温度等模拟信号，提供给模拟量/数字量（A/D）转换器转换成1个字长（16位）的数字量，存放在模拟量输入映像寄存器中，供CPU运算处理。

S7-200PLC提供了16路模拟量输入，它一般按“AI［数据长度］［起始字节地址］”的编址方式来读取每一个模拟量输入映像寄存器的状态，如地址格式为“AIW4”，其中“W”表示数据长度为1个字长（B为1字节长，D为1个双字长），“4”表示起始字节地址，起始字节地址必须用偶数字节地址，如“0、2、4……”，编址范围为AIW 0～AIW30（CPU222型）。

4. 模拟量输出映像寄存器

模拟量输出映像寄存器（AQ）又称模拟量输出寄存器，其存取方式只能作只写操作。模拟量输出映像寄存器中存放了CPU运算的相关结果，将其提供给数字量/模拟量（D/A）转换器将1个字长（16位）的数字量转换为模拟量，以驱动外部模拟量控制的设备。

S7-200PLC提供了16路模拟量输出，它一般按“AQ［数据长度］［起始字节地址］”的编址方式来读取每一个模拟量输出映像寄存器的状态，如地址格式为“AQW6”，其中“W”表示数据长度为1个字长（B为1字节长，D为1个双字长），“6”表示起始字节地址，起始字节地址必须用偶数字节地址，如“0、2、4……”，编址范围为AQW 0～AQW30（CPU222型）。

5. 辅助继电器

辅助继电器（M）又称内部线圈，通常以位为单位使用，故又称位存储器。它是模拟传统继电器控制系统中的中间继电器的功能，用于存放中间控制状态或存储其他相关的数据，只供内部编程使用，并只能由程序驱动。辅助继电器与外部没有任何联系，不能直接驱动外部负载，且其内部的动断、动合2种触头使用次数不受限制。

S7-200PLC提供了256个辅助继电器，一般按“M字节地址.位地址”的编址方式来读取每一个辅助继电器的状态，如地址格式为“M26.7”，编址范围为M0.0～M31.7。

6. 特殊标志继电器

特殊标志继电器（SM）又称特殊内部线圈，是具有特殊功能的辅助继电器。它作为用户程序与系统程序之间的界面，为用户提供一些特殊的控制功能及系统信息，如存储系统的状态变量、有关的控制参数和信息等，用户对操作的一些特殊要求也通过它通知系统。

S7-200PLC提供了2400个特殊标志继电器，它一般按“SM字节地址.位地址”的编址方式来读取每一个特殊标志继电器的状态，如地址格式为“SM0.7”，编址范围为SM0.0～SM299.7。特殊标志继电器按存取方式可分为只读型和读写型，只读型共30个，用户只能利用其触头，其余为读写型，常用的只读型特殊标志继电器功能如下。

（1）SM0.0：运行监控，PLC在运行状态时，SM0.0总为ON。

（2）SM0.1：初始脉冲，PLC由STOP转为RUN时，一个扫描周期ON。

（3）SM0.3：PLC上电进入运行状态时，一个扫描周期ON。

（4）SM0.4：分时钟脉冲，占空比为50%，周期为1min的脉冲串。

（5）SM0.5：秒时钟脉冲，占空比为50%，周期为1s的脉冲串。

（6）SM0.6：扫描时钟，一个周期ON，下一个周期为OFF，交替循环。

（7）SM0.7：指示CPU工作方式开关的位置，“0”为TERM位置，“1”为RUN位置，通常用来在RUN状态下启动自由通信方式。

（8）SM1.0：当执行某些指令，其结果为“0”时，将改为置“1”。

（9）SM1.1：当执行某些指令，其结果溢出或为非法数值时，将改为置“1”。

（10）SM1.2：当执行数学运算指令，其结果为负数时，将改为置“1”。

（11）SM1.3：试图除以0时，将改为置“1”。

7. 变量存储器

变量存储器（V）用来存储全局变量，可以存放程序执行过程中控制逻辑操作的中间结果或保存与工序任务相关的其他数据，是全局有效（同一个存储器可以在任一程序分区如主程序、子程序、中断程序中被访问）。

S7-200PLC提供了大量的变量存储器，一般按“V字节地址．位地址”的编址方式来读取每一个变量存储器的状态，如地址格式为“V10.2”，编址范围为V0.0～V10239.7（CPU226XM型）。

8. 局部变量存储器

局部变量存储器（L）用来存储局部变量，PLC在运行时会自动根据需要动态地分配局部变量存储器。局部变量与全局变量十分相似，主要区别是局部有效，即某一局部变量存储器只能在某一特定的程序分区如主程序或子程序或中断程序中被访问。局部变量存储器不仅可以用作暂时存储器给子程序传递参数，还可以作为间接寻址的指针，但是不能作为间接寻址的存储器。

S7-200PLC提供了64个局部变量存储器，一般按“L字节地址．位地址”的编址方式来读取每一个局部变量存储器的状态，如地址格式为“L0.7”，编址范围为L0.0～L7.7。

9. 顺序控制继电器

顺序控制继电器（S）用于编制顺序控制程序或步进控制程序，对顺序控制状态进行描述和初始化，常与SCR指令（提供控制程序的逻辑分段）配合使用，可以在小型PLC上编制复杂的顺序控制程序。当不对顺序控制继电器使用SCR指令时，可以把它当作辅助继电器使用。

S7-200PLC提供了256个顺序控制继电器，它一般按“S字节地址．位地址”的编址方式来读取每一个顺序控制继电器的状态，如地址格式为“S3.1”，编址范围为S0.0～S31.7。

10. 定时器

定时器（T）是累计时间增量的编程元件，其作用相当于一个继电器控制系统中的通电延时型时间继电器，在自动控制的大部分领域都需要用定时器进行延时控制，灵活地使用定时器可以编制出工艺要求复杂的控制程序。定时器的设定值可由用户程序存储器内的常数设定，必要时也可以由外部设定。当定时器的工作条件满足时，计时开始，从当前值0开始按一定的时间单位（定时精度）增加。当定时器的当前值达到设定值时，定时器发生动作，发出中断请求信号，以便PLC响应做出相应的处理。定时器内部有动断、动合2种延时触头供编程时随时使用，且使用次数不限。

S7-200PLC 提供了 256 个定时器，一般按“T 定时器号”的编址方式来读取每一个定时器的状态，如地址格式为“T24”，编址范围为 T0～T255。定时器的定时方式有 3 种类型，即接通延时型 TON、断开延时型 TOF、接通延时保持型 TONR，其定时精度（时间增量或时间单位）都有 3 个等级，即 1、10、100ms。定时精度 1ms 的定时器，设定值为 1～32767s，其定时范围为 0.001～32.767s；定时精度 10ms 的定时器，设定值为 1～32767s，其定时范围为 0.01～327.67s；定时精度 100ms 的定时器，设定值为 1～32767s，其定时范围为 0.1～3276.7s。

定时器的编址包含了两方面的变量信息，即定时器的状态位和定时器的当前值。定时器的状态位表示是否发生动作的状态，当定时器的当前值达到设定值时，该状态位被置为“1”。定时器的当前值是存储器中存储当前累计的时间，用 16 位符号整数来表示。指令中所存取的是定时器的当前值还是定时器的状态位，取决于所用的指令，若带位操作的指令，则存取的是定时器位；若带字操作的指令，则存取的是定时器的当前值。

11. 计数器

计数器（C）用于累计某一输入端输入脉冲电平由低到高的次数，可实现对产品的计数操作。计数器的设定值可由用户程序存储器内的常数设定，必要时也可以由外部设定。当计数器的工作条件满足时，开始累计某一输入端的输入脉冲电平上升沿（正跳变）的次数。当计数的当前值达到设定值时，计数器发生动作，发出中断请求信号，以便 PLC 响应做出相应的处理。计数器内部有动断、动合 2 种触头供编程时随时使用，且使用次数不限。

S7-200PLC 提供了 256 个计数器，一般按“C 计数器号”的编址方式来读取每一个计数器的状态，如地址格式为“C3”，编址范围为 C0～C255。计数器的计数方式有 3 种类型，即递增计数 CTU（从 0 开始累加到设定值）、递减计数 CTD（从设定值开始累减到 0）、增/减计数 CTUD（对多个输入端进行增/减计数并累计到设定值），它们的计数变化单位都为 1。

计数器的编址包含了两方面的变量信息，即计数器的状态位和计数器的当前值。计数器的状态位表示是否发生动作的状态，当计数器的当前值达到设定值时，该状态位被置为“1”。计数器的当前值是存储器中存储当前累计的脉冲个数，用 16 位符号整数来表示。指令中所存取的是计数器的当前值还是计数器的状态位，取决于所用的指令，若带位操作的指令，则存取的是计数器位；若带字操作的指令，则存取的是计数器的当前值。

12. 高速计数器

高速计数器（HC）用于累计比 CPU 扫描速度更快的高速脉冲信号，其计数过程与 CPU 扫描周期无关。高速计数器的当前值应以双字长（32 位）来寻址，且为只读值。

S7-200PLC 提供了 6 个高速计数器，一般按“HC 高速计数器号”的编址方式来读取每一个高速计数器的状态，如地址格式为“HC2”，编址范围为 HC0～HC5。

13. 累加器

累加器（AC）是用来暂时存储计算中间值的存储器，可以存放数据如运算数据、中间数据和结果数据，也可以向子程序传递参数或从子程序返回参数。累加器可进行读、写 2 种操作，数据长度分为节、字、双字，最高可用数据长度为 32 位。累加器由指令标识符决定存取数据的长度，如 MOVB 指令存取累加器的节，DECW 指令存取累加器的字，INCD 指令存取累加器的双字。

S7-200PLC 提供了 4 个累加器，一般按“AC 累加器号”的编址方式来读取每一个累加

器的状态，如地址格式为“AC2”，编址范围为 AC0～AC3。

14. 常数

常数（PT、PV）表示法有 3 种，即十进制整数（如 20047）、十六进制整数（如 16＃4E4F）、二进制整数（如 2＃100111001001111），主要用来指定定时器或计数器的设定值及应用功能指令操作数中的数值，如“T33，＋300（PT）”“C5，＋3（PV）”等。

第四节　西门子 S7-200PLC 的用户程序

一、用户程序的种类

西门子 S7-200PLC 的用户程序有主程序、子程序和中断程序 3 个类型，其中主程序（OB1）必须进行编写，且位于程序的最前面，随后是子程序（SBRn）与中断程序（INTn），子程序和中断程序可以根据需要进行选用与编写，它们的相互关系如图 6-6 所示。

1. 主程序

主程序是程序的主体，只有一个，名称为“OB1”。主程序通过指令控制整个应用程序的执行，每次 CPU 扫描都要执行一次主程序，它可以调用子程序和中断程序。

2. 子程序

子程序是一个可选指令的集合，可以达到 64 个，名称分别为“SBR0～SBR63”。子程序仅在被另一子程序或中断程序调用时执行，同一个子程序可以在不同的地方被多次调用。子程序可以编写也可以不编写，并非每次 CPU 扫描都需要执行全部子程序。

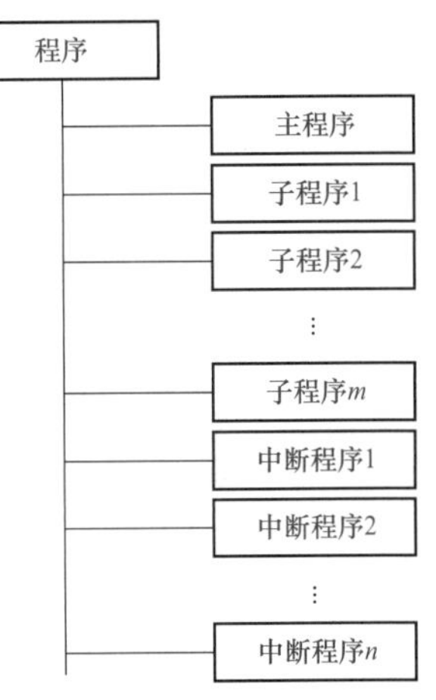

图 6-6　用户程序种类的相互关系

3. 中断程序

中断程序是一个可选指令的集合，可以达到 128 个，名称分别为“INT0～INT127”。中断程序是在中断事件发生时由主程序调用时执行，中断事件有输入中断、定时中断、高速计数中断、通信中断等，当 CPU 响应中断时，可以执行中断程序。因为不能预知何时会出现中断事件，所以不允许中断程序改写可能在其他程序中使用的存储器。中断程序可以编写也可以不编写，并非每次 CPU 扫描都需要执行全部中断程序。

二、用户程序的结构

由主程序、子程序和中断程序可以组成线性程序结构和分块程序结构。

1. 线性程序结构

线性程序结构是指一个工程的全部控制任务被分成若干个小的程序段，按照控制的顺序依次排放在主程序中。编程时，用程序控制指令将各个小的程序段依次连接起来。程序执行过程中，CPU 不断扫描主程序，按编写好的指令代码顺序地执行控制工作。

线性程序结构简单明了，但是仅适合控制量比较小的场合，控制任务越大，线性程序的结构就越复杂，执行效率就越低，系统越不稳定。

2. 分块程序结构

分块程序结构是指一个工程的全部控制任务被分成多个任务模块，每个模块的控制任务由子程序或中断程序完成。编程时，主程序与子程序（或中断程序）分开独立编写。在程序执行过程中，CPU 不断扫描主程序，碰到子程序调用指令就转移到相应的子程序中去执行，遇到中断请求就调用相应的中断程序。

分块程序结构虽然复杂一点，但是可以把一个复杂的控制任务分解成多个简单的控制任务，这样有利于程序编写，而且程序调试也比较简单。所以，对于一些相对复杂的工程控制，分块程序的优势是十分明显的。

三、用户程序的编程语言

西门子 S7-200PLC 的编程语言主要有梯形图、指令语句表（或称指令助记符语言）、逻辑功能图和高级编程语言 4 种，其中梯形图和指令语句表是较常用的编程语言，而且两者常常联合使用。

1. 梯形图

梯形图是一种从继电器控制电路图演变而来的图形语言。它借助类似于继电器的动合触头、动断触头、线圈以及串联与并联等术语和符号，根据控制要求连接而成的表示 PLC 输入和输出之间逻辑关系的图形，具有形象、直观、实用和逻辑关系明显等特点，是电气工作者易于掌握的一种编程语言。

用梯形图替代继电器控制系统，其实就是替代控制电路部分，而主电路部分基本保持不变。尽管 PLC 与继电器控制系统的逻辑部分组成元件不同，但在控制系统中所起的逻辑控制条件作用是一致的。梯形图与继电器控制电路图虽然相呼应，但绝不是一一对应的。

梯形图的基本结构如图 6-7 所示，通常用图形符号┤├表示编程元件的动合触头、用图形符号┤/├表示编程元件的动断触头，用图形符号┤[ ]├或┤( )├表示它们的线圈，梯形图中编程元件的种类用图形符号及标注的字母或数字加以区别。

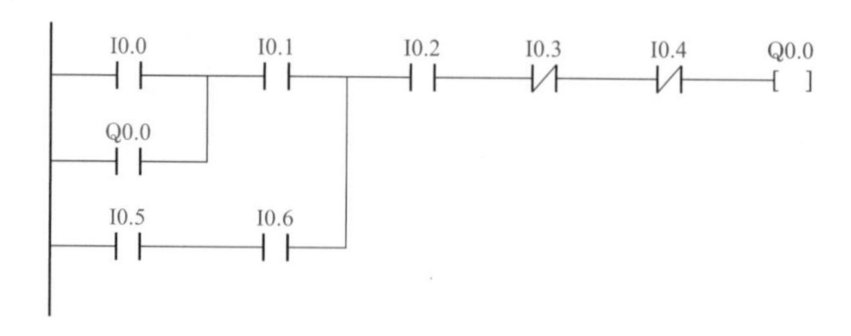

图 6-7 梯形图的基本结构

2. 指令语句表

指令语句表简称语句表，是 PLC 的命令语句表达式。用梯形图编程虽然直观、简便，但要求 PLC 配置较大的显示器方可输入图形符号，这在有些小型机上常难以满足，特别是在生产现场编写调试程序时，常要借助于编程器，它显示屏小，采用的就是指令语句表语

言。编程时，一般先根据要求编制梯形图语言，然后将梯形图转换成指令语句表语言。

指令语句表的基本结构如图 6-8 所示。它是由若干条语句组成的程序，语句是程序的最小独立单元，每个操作功能由一条或几条语句来执行。指令语句表语言类似于计算机的汇编语言，也是由操作码和操作数 2 个部分组成的。操作码用助记符（如 LD、A 等）表示，用来告诉 CPU 要执行什么功能，如逻辑运算的与、或、非；算术运算的加、减、乘、除；时间或条件控制中的计时、计数、移位等功能。操作数一般由编程元件代号（如 I、Q 等）和参数组成，参数可以是地址（如 0.2、0.7 等）也可以是一个常数（预先设定值）。

指令	元件号
LD	I0.0
O	I0.5
A	I0.1
LD	I0.6
A	I0.7
OLD	
A	I0.2
A	I0.3
A	I0.4
=	Q10.0

图 6-8　指令语句表的基本结构

3. 逻辑功能图

逻辑功能图是一种由逻辑功能符号组成的功能块来表达命令的图形语言。这种编程语言基本上沿用了数字逻辑电路的逻辑方块图，极易表达条件与结果之间的逻辑关系，其基本结构如图 6-9 所示。

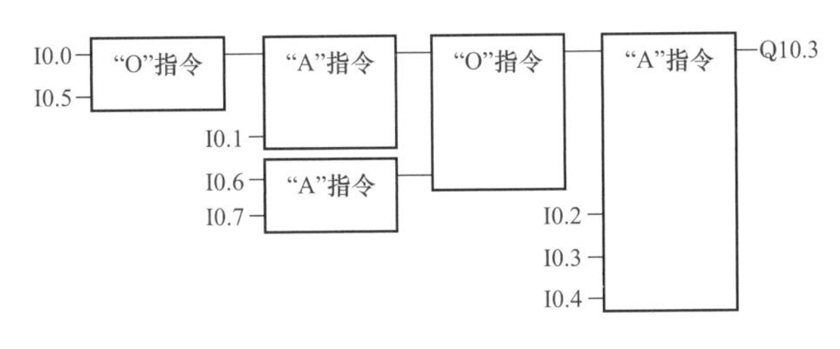

图 6-9　逻辑功能图的基本结构

逻辑功能图对每一种功能都使用一个运算方块，其运算功能由方块内的符号确定，常用“与”“或”“非”等逻辑功能表达控制逻辑。“与”功能方块有关的输入画在方块的左边，输出画在方块的右边。采用这种编程语言，不仅能简单明确地表现逻辑功能，还能通过对各种功能块的组合，实现加法、乘法、比较等高级功能，所以，逻辑功能图是一种功能较强的图形编程语言。

4. 高级编程语言

高级编程语言主要用于其他编程语言较难实现的用户程序编制，大多数 PLC 制造商采用的高级编程语言与 BASIC 语言、PASCAL 语言或 C 语言等高级语言相类似，但为了应用方便，在语句的表达方法及语句的种类等方面都进行了简化。采用高级编程语言进行编程，可以完成较复杂的控制运算，但要求编程人员有一定的计算机高级语言的知识和编程技巧，且直观性和操作性较差。西门子 S7-200PLC 为用户提供了多种高级编程语言工具，如①S7-SLC；②M7-ProC/C++；③S7-GRAPH；④S7-HiGraph；⑤CFC 等。

第五节　西门子 S7-200PLC 的基本逻辑指令

虽然不同品牌 PLC 的基本逻辑指令有差异，但是梯形图的格式相同，编程时各种指令也大同小异，具体的指令应参照生产厂家的使用说明书。基本逻辑指令主要是对 PLC 存储中的某一位进行位逻辑运算和控制，又称位逻辑指令。它处理的对象为二进制位信号、位逻辑指令扫描信号状态“0”和“1”位，并根据布尔逻辑对它们进行组合，所产生的结果（“0”或“1”）称为逻辑运算结果。

编程元件的触头代表CPU对存储器某个位的读操作，动合触头和存储器的位状态相同，动断触头和存储器的位状态相反。编程元件的线圈代表CPU对存储器某个位的写操作，若程序中逻辑运算结果“1”，表示CPU将该线圈对应的存储器位置“1”；若程序中逻辑运算结果为“0”，表示CPU将该线圈对应的存储器位置“0”。

一、“取”“取反”“输出”指令

1. 指令操作码及功能

（1）“取”指令（LD）为起始指令，用于梯级的开始是动合触头。

（2）“取反”指令（LDN）为起始指令，用于梯级的开始是动断触头。

（3）“输出”指令（=）为“赋值”指令，用于线圈驱动的输出。

2. 指令说明

（1）“LD”“LDN”“=”指令的使用方法如图6-10所示。

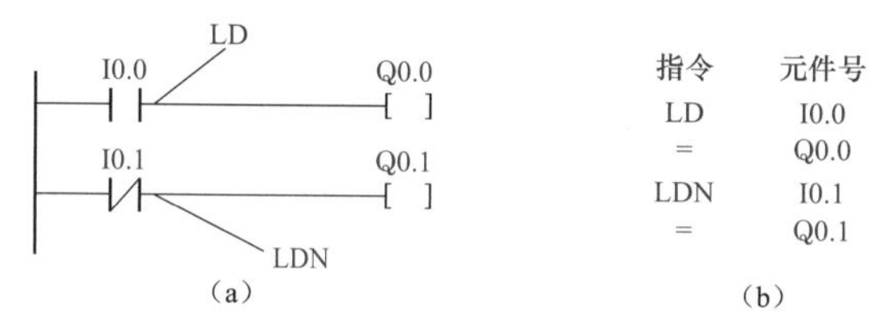

图6-10 “LD”“LDN”“=”指令的使用方法
（a）梯形图；（b）指令语句表

（2）“取”“取反”指令对应的触头一般与梯形图左侧母线相连，也可用于分支电路的开始。

（3）“输出”指令对应的输出线圈应放在梯形图的最右边，输出线圈不带负载时，输出端应使用辅助继电器（M）或其他，而不能使用输出继电器（Q）。

（4）“输出”指令只可以并联使用且无限次，但不能串联使用，在一个程序中应避免重复使用同一编号的继电器线圈。

（5）“取”“取反”“输出”指令均可以用于输入继电器（I）（仅“输出”指令不可用）、输出继电器（Q）、辅助继电器（M）、特殊标志继电器（SM）、顺序控制继电器（S）、局部变量存储器（L）、变量存储器（V）、定时器（T）、计数器（C）。

二、“与”“与非”指令

1. 指令操作码及功能

（1）“与”指令（A）为用于串联单个动合触头。

（2）“与非”指令（AN）为用于串联单个动断触头。

2. 指令说明

（1）“A”“AN”指令的使用方法如图6-11所示。

（2）串联触头的个数没有限制，可连续使用。

（3）“与”“与非”指令均可以用于输入继电器（I）、输出继电器（Q）、辅助继电器（M）、特殊标志继电器（SM）、顺序控制继电器（S）、局部变量存储器（L）、变量存储器（V）、定时器（T）、计数器（C）。

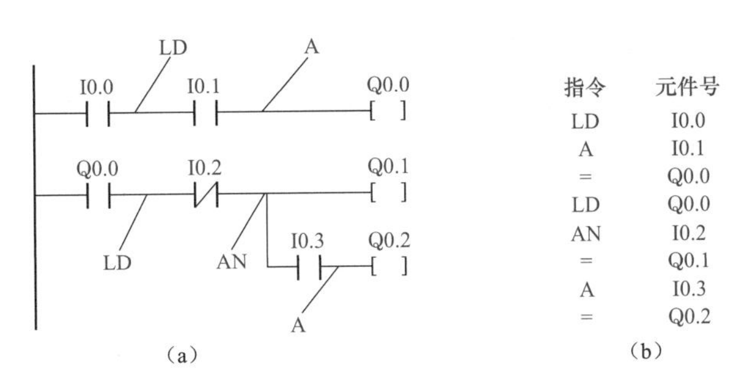

图 6-11 “A”“AN”指令的使用方法

（a）梯形图；（b）指令语句表

三、“或”“或非”指令

1. 指令操作码及功能

（1）“或”指令（O）为用于并联单个动合触头。

（2）“或非”指令（ON）为用于并联单个动断触头。

2. 指令说明

（1）“O”“ON”指令的使用方法如图 6-12 所示。

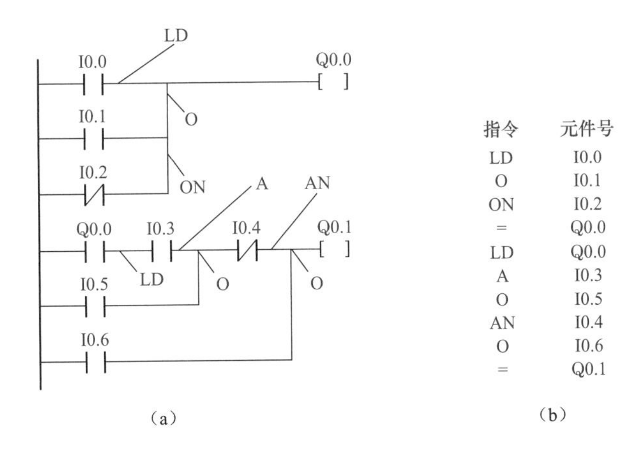

图 6-12 “O”“ON”指令的使用方法

（a）梯形图；（b）指令语句表

（2）并联触头的个数没有限制，可连续使用。

（3）“或”“或非”指令均可以用于输入继电器（I）、输出继电器（Q）、辅助继电器（M）、特殊标志继电器（SM）、顺序控制继电器（S）、局部变量存储器（L）、定时器（T）、计数器（C）。

四、“复位”“置位”指令

1. 指令操作码及功能

（1）“置位”指令（S）为用于从指定的位地址开始的 N 个连续的位地址都被置位（变

为“1”）并保持，$N=1\sim256$。

（2）“复位”指令（R）为用于从指定的位地址开始的 N 个连续的位地址都被复位（变为“0”）并保持，$N=1\sim256$。

2. 指令说明

（1）“R”“S”指令的使用方法如图 6-13 所示。

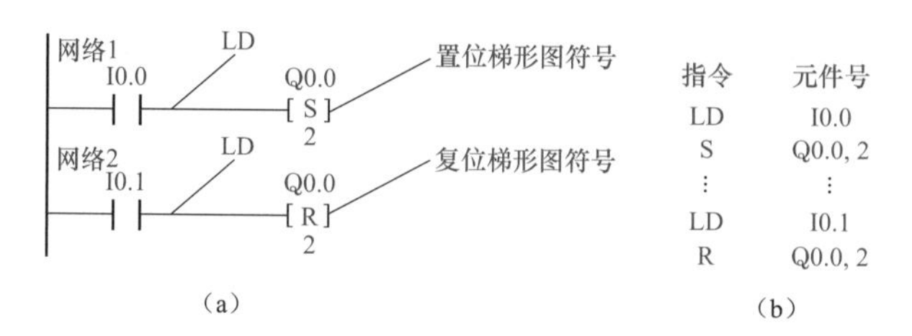

图 6-13 “R”“S”指令的使用方法

（a）梯形图；（b）指令语句表

（2）“复位”“置位”指令也是线圈的输出指令，当置位指令执行时，线圈置“1”（接通），即使“置位”指令的输入逻辑断开后，被置位的线圈仍然保持接通状态，只有当复位指令执行时，线圈才置“0”（断开）。

（3）对同一元件可反复使用“复位”“置位”指令。

（4）“复位”“置位”指令通常是成对使用。

（5）“复位”“置位”指令均可用于输出继电器（Q）、辅助继电器（M）、特殊标志继电器（SM）、顺序控制继电器（S）、变量存储器（V）、定时器（T）、计数器（C）。

五、“上升沿微分”“下降沿微分”指令

1. 指令操作码及功能

（1）“上升沿微分”指令（EU）为当检测到输入脉冲信号为上升沿时，驱动继电器产生一个脉冲宽度为一个扫描周期的脉冲信号输出。

（2）“下降沿微分”指令（ED）为当检测到输入脉冲信号为下降沿时，驱动继电器产生一个脉冲宽度为一个扫描周期的脉冲信号输出。

2. 指令说明

（1）“EU”“ED”指令的使用方法如图 6-14 所示。

（2）“上升沿微分”“下降沿微分”指令无操作数。

（3）继电器产生的脉冲宽度为一个扫描周期的脉冲信号输出仅为 1 个。

（4）继电器的脉冲信号输出可用于启动或结束一个控制程序、一个运算过程，也可用于计数器和存储器的复位脉冲等。

（5）使用“上升沿微分”指令，可以将输入的宽脉冲信号变成脉宽等于扫描周期的触发脉冲信号，并保持原信号的周期不变。

（6）“上升沿微分”“下降沿微分”指令均可用于输出继电器（Q）、辅助继电器（M）、特殊标志继电器（SM）、顺序控制继电器（S）。

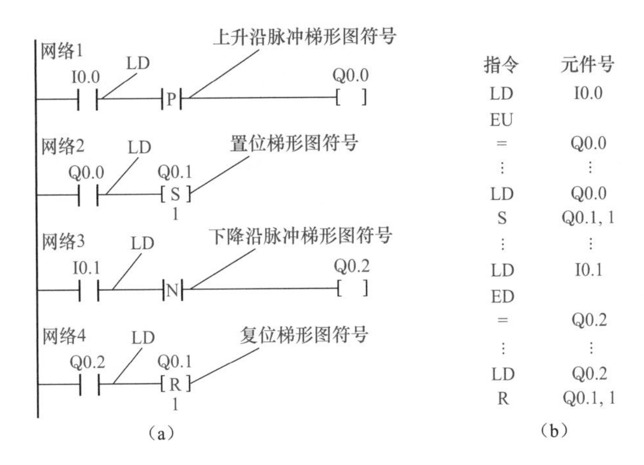

图 6-14　“EU”“ED”指令的使用方法

（a）梯形图；（b）指令语句表

六、“块或”“块与”指令

1. 指令操作码及功能

（1）“块或”指令（OLD）为用于触头串联电路块与其前电路的并联连接。

（2）“块与”指令（ALD）为用于触头并联电路块与其前电路的串联连接。

2. 指令说明

（1）“OLD”“ALD”指令的使用方法如图 6-15 所示。

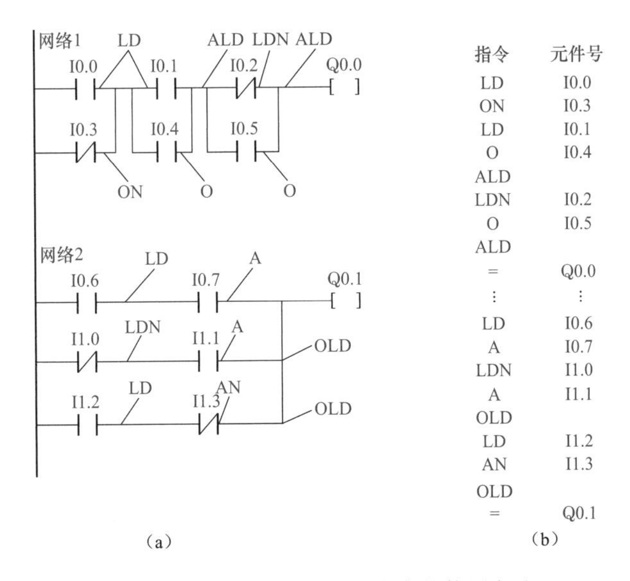

图 6-15　“OLD”“ALD”指令的使用方法

（a）梯形图；（b）指令语句表

（2）“块或”“块与”指令无操作数。

（3）触头串联电路块是指含有 2 个或 2 个以上触头串联形成的电路。

（4）触头并联电路块是指含有 2 个或 2 个以上触头并联形成的电路。

（5）有多个触头串联电路块并联连接时，每个触头串联电路块开始时应该用“LD”或“LDN”指令，使用次数不得超过 8 次。

（6）有多个触头并联电路块串联连接时，每个触头并联电路块开始时应该用“LD”或“LDN”指令，使用次数不得超过 8 次。

（7）有多个触头串联电路块并联连接时，如对每个电路块使用“OLD”指令，则并联的电路块使用次数不得超过 8 次。

（8）有多个触头并联电路块串联连接时，如对每个电路块使用“ALD”指令，则串联的电路块使用次数不得超过 8 次。

七、“空操作”指令

1. 指令操作码及功能

“空操作”指令（NOP）为用于程序的修改，不影响程序的执行。

2. 指令说明

（1）“NOP”指令的使用方法如图 6-16 所示。

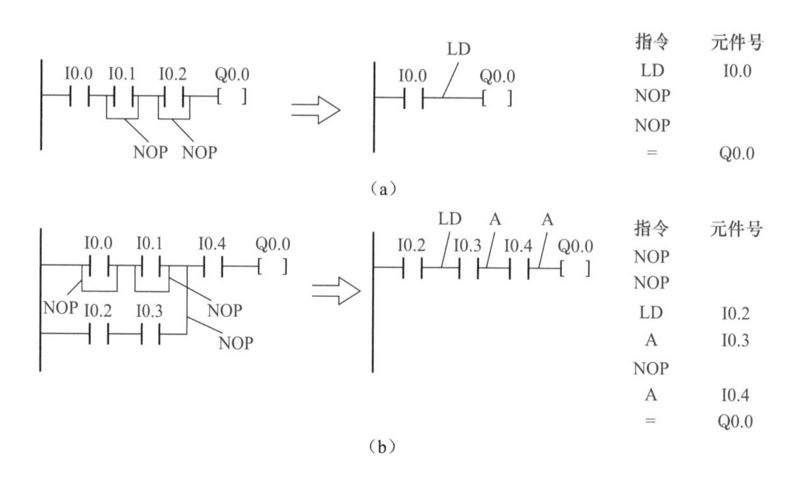

图 6-16 “NOP”指令的使用方法

（a）短接触头；（b）删除触头

（2）“空操作”指令无操作数。

（3）“NOP”指令在程序中占一个步序，可在编程时预先插入，以备修改和增加指令。

（4）若用“NOP”指令取代已写入的指令，则可以修改电路，并将使原梯形图的构成发生较大的变化。

八、“定时器”指令

1. 指令操作码及功能

（1）“定时器”指令（TON）为用于通电延时型定时器。输入电路（IN）接通时定时器

开始计时，当前值从 0 开始递增，当等于或大于设定值（PT）时，定时器位为“1”，其触头动作。达到设定值后，当前值仍继续计数，直到最大值 32767。当输入电路（IN）断开时，定时器自动复位，当前值被清零，定时器位变为“0”，其触头复原。

（2）“定时器”指令（TOF）为用于断电延时型定时器。输入电路（IN）接通时定时器位为“1”，其触头动作，当前值被清零。当输入电路（IN）断开后定时器开始计时，当前值从 0 开始递增，当等于或大于设定值（PT）时，定时器位为“0”，其触头复原。达到设定值后，当前值保持不变，直到输入电路（IN）再次接通。

（3）“定时器”指令（TONR）为用于通电延时保持型定时器，具有记忆功能。输入电路（IN）接通时定时器开始计时，当前值从 0 开始递增，当等于或大于设定值（PT）时，定时器位为“1”，其触头动作。如果出现定时器的当前值小于设定值，输入电路（IN）就断开的情况，则定时器暂停计时，并对当前值进行记忆（即保留前段计时时间）。当输入电路（IN）再次接通时，定时器在当前值的基础上继续计时，直至当前值等于或大于设定值（PT）时，定时器位为“1”，其触头动作，该功能可实现输入电路（IN）分段接通的累积时间。输入电路（IN）断开时定时器不会自动复位，必须用单独的复位指令“R”使其复位。复位后，当前值被清零，定时器位变为“0”，其触头复原。

2. 指令说明

（1）“TON”“TOF”“TONR”指令的使用方法如图 6-17 所示。

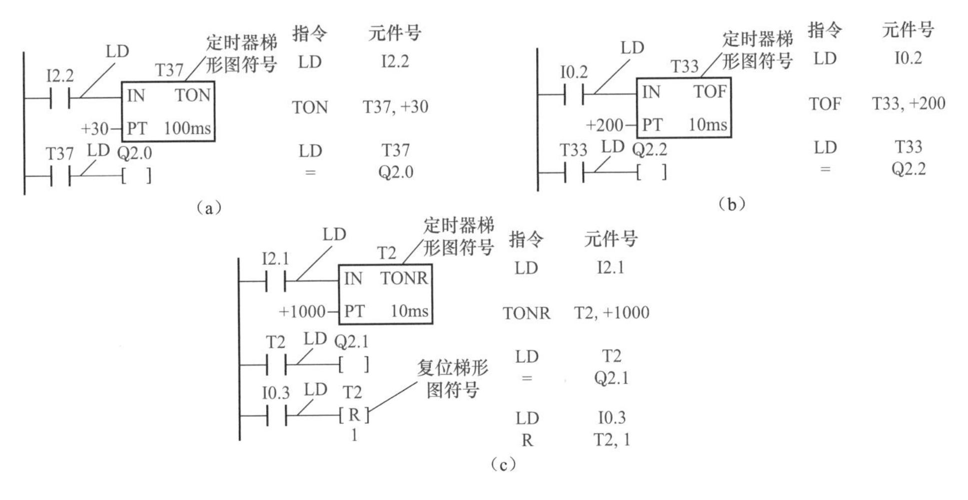

图 6-17 “TON”“TOF”“TONR”指令的使用方法

（a）“TON”指令；（b）“TOF”指令；（c）“TONR”指令

（2）“定时器”指令专用于定时器 T。

（3）定时器的梯形图符号使用功能框形式，其中输入端 IN 表示输入的是一个位逻辑信号，起使能输入端的作用，PT 表示定时器设定值，取值范围为 1～32767。使用 STEP7-Micro/WIN V4.0 编程软件时，输入定时器编号后，在定时器功能框的右下角内会出现定时器的精度值。

（4）定时器总数为 256 个，每个定时器都有唯一的编号（T0～T255），其中 TON 和 TOF 使用相同编号，但它们的指令不能共同用于编号相同的定时器，即在同一程序中，不能对同一个编号的定时器同时使用“TON”与“TOF”指令。

(5) 定时器的定时时间等于设定值与精度的乘积，定时器编号与精度的关系见表6-4。

表6-4　定时器编号与精度

类型	定时器编号	精度(ms)	最大计时值(s)
TONR	T0、T64	1	32.767
	T1～T4、T65～T68	10	327.67
	T5～T31、T69～T95	100	3276.7
TON TOF	T32、T96	1	32.767
	T33～T36、T97～T100	10	327.67
	T37～T63、T101～T255	100	3276.7

(6) 定时器的编号包含了两方面的变量信息，即定时器的状态位和定时器的当前值。指令中读取的是定时器的当前值还是定时器的状态位，取决于所用的指令。若带位操作的指令("LD" T33) 读取的是定时器位，若带字操作的指令("TON" T33，+300) 读取的是定时器的当前值，编译程序能够自动区分。

九、"计数器"指令

1. 指令操作码及功能

(1) "计数器"指令(CTU) 为用于递增计数。当复位输入端(R) 断开时，计数器对CU输入端的每1个脉冲的上升沿进行当前值递增计数，直到最大值32767。当等于或大于设定值(PV) 时，计数器位为"1"，其触头动作。当复位输入端(R) 接通时，当前值被清零，计数器位变为"0"，其触头复原。

(2) "计数器"指令(CTD) 为用于递减计数。当复位输入端(LD) 断开时，计数器对CD输入端的每1个脉冲的上升沿从设定值开始进行当前值递减计数，当计数减至0时，停止计数，计数器位为"1"，其触头动作。当装载输入端(LD) 接通时，计数器位变为"0"，其触头复原，并将设定值PV装入当前值。

(3) "计数器"指令(CTUD) 为用于递增/递减计数。当复位输入端(R) 断开时，计数器同时对CU输入端或CD输入端的每1个脉冲的上升沿进行递增/递减计数，当等于或大于设定值(PV) 时，计数器位为"1"，其触头动作。当复位输入端(R) 接通时，当前值被清零，计数器位变为"0"，其触头复原。

2. 指令说明

(1) "CTU""CTD""CTUD"指令的使用方法如图6-18所示。

(2) "计数器"指令专用于计数器C。

(3) 计数器的梯形图符号使用功能框形式，其中输入端CU、CD表示输入的是一个脉冲的上升沿信号，PV表示计数器设定值，取值范围为1～32767。

(4) 计数器总数为256个，每个计数器都有唯一的编号(C0～C255)。

(5) 递增计数是从0开始，累加到设定值，计数器触头动作。递减计数是从设定值开始，累减到0，计数器触头动作。

(6) 计数器的编号包含了两方面的变量信息，即计数器的状态位和计数器的当前值。指令中读取的是计数器的当前值还是计数器的状态位，取决于所用的指令。若带位操作的指令

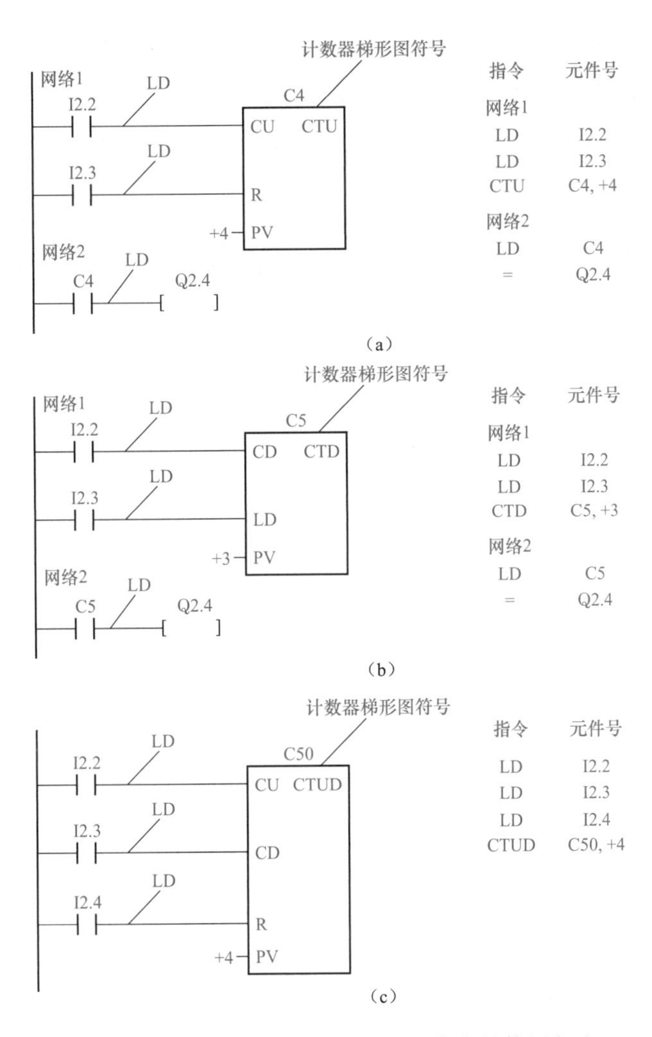

图 6-18 “CTU”“CTD”“CTUD”指令的使用方法

(a)“CTU”指令；(b)“CTD”指令；(c)“CTUD”指令

(“LD”C24）读取的是计数器位，若带字操作的指令（“CTD”C50，+30）读取的是计数器的当前值，编译程序能够自动区分。

十、“堆栈”指令

1. 指令操作码及功能

(1)“堆栈”指令（LPS）称入栈指令，用于存储电路中分支处的逻辑运算结果，以便后面处理有线圈的支路时可以调用该运算结果。

(2)“堆栈”指令（LRD）称读栈指令，用于读取存储在堆栈最上层的电路中分支点处的运算结果，将下一触头强制性地连接在该点，读数后堆栈内的数据不会上移或下移。

(3)“堆栈”指令（LPP）称出栈指令，用于将存储在电路中分支点的运算结果弹出（调用并去掉），将下一触头连接在该点后，从堆栈中去掉该点的运算结果。

2. 指令说明

（1）“LPS”“LRD”“LPP”指令的使用方法如图 6-19 所示，首先“LPS”指令会将分支处的逻辑运算结果（即 I0.0 触头的状态）存储起来，送入堆栈中，第 1 路输出后面的指令正常书写；第 2 路输出首先使用“LRD”指令读取已经存储下来的支路运算结果，再用“AND”指令与后面并联的输入继电器 I0.2 的动合触头连接，控制输出继电器 Q2.2 的输出；第 3 路的输出使用“LPP”指令将已经存储下来的支路运算结果弹出并去掉，所以输入继电器 I0.3 的动合触头要使用“LD”指令。

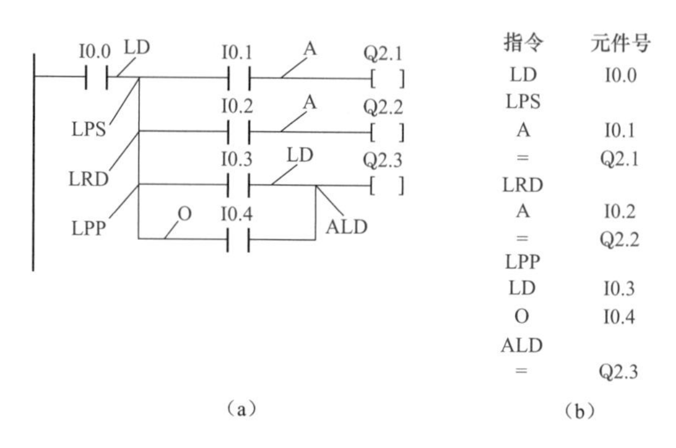

指令	元件号
LD	I0.0
LPS	
A	I0.1
=	Q2.1
LRD	
A	I0.2
=	Q2.2
LPP	
LD	I0.3
O	I0.4
ALD	
=	Q2.3

（b）

图 6-19 “LPS”“LRD”“LPP”指令的使用方法

（a）梯形图；（b）指令语句表

（2）“堆栈”指令无操作数。

（3）S7-200PLC 提供一个 9 层的堆栈，最上面 1 层为栈顶，用来存储逻辑运算的结果，下面 8 个层用来存储中间的运算结果，堆栈中的数据按“先进后出”的原则存取。

（4）使用一次“LPS”指令，将当时的逻辑运算结果压入堆栈的第 1 层，堆栈中原来的数据依次向下 1 层推移，原栈底值被挤出丢失。

（5）使用一次“LRD”指令，将堆栈中第 2 层的值复制到栈顶，第 2～9 层的数据不变，原栈顶值被挤出丢失。

（6）使用一次“LPP”指令，将堆栈中各层的数据向上移动 1 层，第 2 层的数据成为堆栈新的栈顶值，原栈顶值在读出后从栈内消失。

（7）使用 STEP7-Micro/WIN V4.0 编程软件将梯形图转换成指令语句表程序时，编程软件会自动地加入“LPS”“LRD”“LPP”指令。

（8）合理使用“LPS”“LRD”“LPP”指令可使程序简化，但需要注意的是，“LPS”指令与“LPP”指令必须成对使用，且“LPS”指令在前，“LPP”指令在后。

第七章

西门子S7-200PLC的基本应用

第一节 PLC的编程规则及步骤

1. 继电控制电路与梯形图的关系

(1) 用PLC的梯形图替代继电器控制系统，其实就是替代控制电路部分，而主电路部分基本保持不变。在PLC组成的控制电路中大致可分为3个部分：输入部分、逻辑部分、输出部分，这与继电器控制系统很相似。其中输入部分、输出部分与继电器控制系统所用的电器大致相同，所不同的是PLC中输入、输出部分为输入、输出单元，增加了光电耦合、电平转换、功率放大等电路。PLC的逻辑部分是由微处理器、存储器组成的，用计算机软件替代继电器控制电路，实现"软接线"，可以灵活编程。尽管PLC与继电器控制系统的逻辑部分组成元件不同，但在控制系统中所起的逻辑控制条件作用是一致的。

(2) 继电器控制电路中使用的继电器是物理电器，继电器与其他控制电器之间的连接必须通过"硬接线"来完成；PLC的继电器不是物理电器，它是PLC内部电路的寄存器，常称为"软继电器"，具有与物理继电器相似的功能。当它的"线圈"通电时，其所属的动合触头闭合，动断触头断开；当它的"线圈"断电时，其所属触头均恢复常态。物理继电器触头是机械触头，其触头个数是有限的；而PLC中的每一个继电器都对应着其内部的一个寄存器位，由于可以无限次地读取寄存器的内容，因此可以认为PLC的每一个继电器均有无数个动合、动断触头。

(3) 继电器控制电路的2条母线必须与电源相连接，其每一行（也称梯级）在满足一定条件时通过2条母线形成电流通路，使继电器、接触器线圈通电动作。而PLC梯形图的左右2根母线（右母线通常可以省略不画）并不接电源，只表示每一个梯级的起始与终了，每一个梯级中并没有实际的电流通过。通常说PLC的线圈接通与断开，只不过是为了分析问题的方便而假设的逻辑概念上的接通与断开，可以假想为逻辑电流从左母线流向右母线，这是PLC梯形图与继电器控制电路的本质区别。

(4) 继电器控制是依靠"硬接线"的变换来实现各种控制功能的，实际是各个主令电器发出的动作信号直接控制各个继电器、接触器线圈的通断；而PLC是通过程序来实现各种控制的，实际是PLC的CPU不断读取现场各个主令电器发出的动作信号，根据用户程序的编排，CPU经过分析处理得出结果发出动作信号到输出单元，由输出单元驱动各个（包括继电器、接触器线圈在内的）执行元件。

(5) PLC梯形图与继电器控制电路图相呼应，但绝不是一一对应的，继电器电气图与

PLC 梯形图的关系如图 7-1 所示。图中 I0.0 和 I0.1 分别表示 PLC 输入继电器的 2 个触头，它们分别与停止按钮 SB1 和启动按钮 SB2 相对应；Q0.0 表示输出继电器的线圈和动合触头，它与接触器 KM 相对应。输入端的直流电源 E 通常是由 PLC 内部提供的，也可用外接电源，输出端的交流电源是外接的，“1M、1L”是两边各自的公共端子。

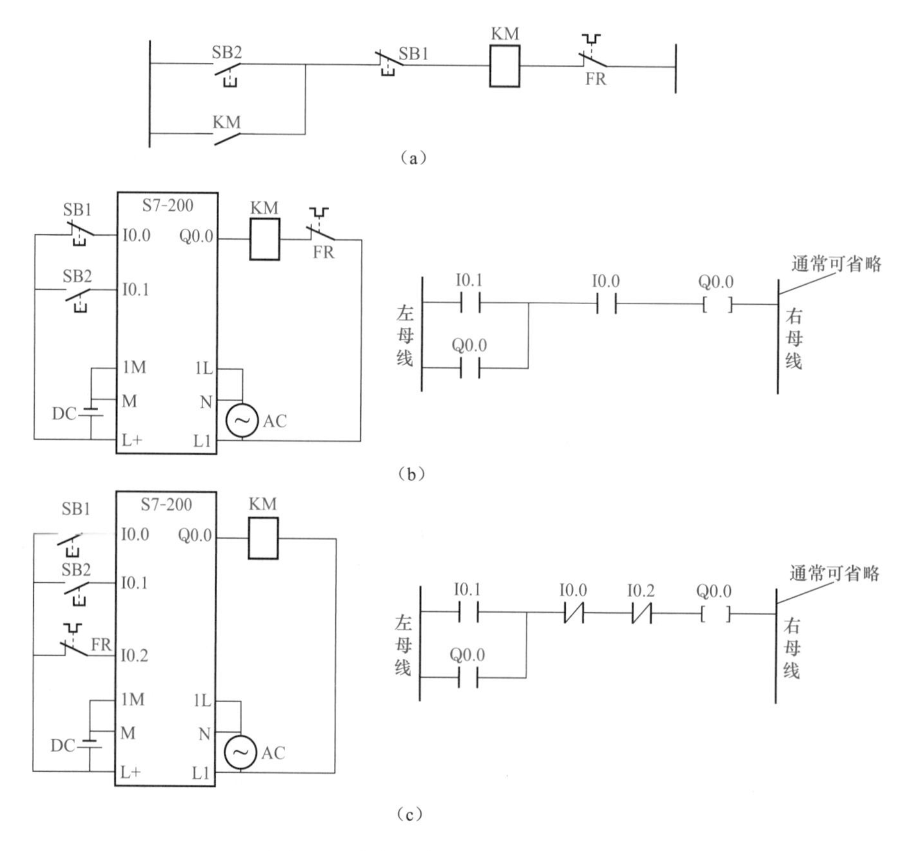

图 7-1　电气图与 PLC 梯形图的关系

(a) 电气图；(b) 梯形图（形式一）；(c) 梯形图（形式二）

(6) 在外部接线时，停止按钮 SB1 有 2 种接法：一种是图 7-1 (b) 所示的接法，SB1 在 PLC 输入继电器的 I0.0 端子上仍接成动断触头形式，在编制梯形图时，用的是动合触头 I0.0。因 SB1 闭合，对应的输入继电器接通，这时它的动合触头 I0.0 是闭合的。按下 SB1，断开输入继电器，I0.0 才断开。

另一种是图 7-1 (c) 所示的接法，将 SB1 在 PLC 输入继电器的 I0.0 端子上接成动合触头形式，在编制梯形图时，用的是动断触头 I0.0。因 SB1 断开，对应的输入继电器断开，其动断触头 I0.0 仍然闭合。当按下 SB1 时，接通输入继电器，10.0 才断开。为了使梯形图和继电器控制电路一一对应，PLC 输入设备的触头应尽可能地接成动合触头形式。

(7) 手动复位式热继电器 FR 的动断触头可以直接接在 PLC 的输出回路中，仍然与接触器的线圈串联，依靠硬件实现过载保护，通常不作为 PLC 的输入信号，这样可以节约 PLC 的一个输入点，如图 7-1 (b) 所示。

自动复位式热继电器 FR 则不可采用上述接法，必须将它的触头接在 PLC 的输入端（可

接动合触头或动断触头)，作为PLC的输入信号，依靠梯形图程序软件来实现过载保护，如图7-1（c）所示。这样可以避免电动机停止转动后一段时间因热继电器的触头自动恢复原状而重新运转，造成设备和人身事故。

2. 梯形图的编程规则

PLC生产商家在为用户提供完整的指令的同时，还附有详细的编程规则，它相当于应用指令编写程序的语法，用户必须遵循这些规则进行编程。由于各个PLC的生产商家不同，指令也有区别，因此编程规则也不尽相同。但是，为了让用户编程方便、易学，各规则也有很多相同之处。

（1）梯形图的每一逻辑行（梯级）皆起始于左母线，终止于右母线（右母线通常可以省略不画)。每个梯形图由多个梯级组成，一般每个输出元件构成一个梯级，每个梯级可由多个支路组成并必须有一个输出元件。

（2）各种编程元件的输出线圈符号应放在梯级的最右边，一端与右边母线相连，不允许直接与左母线相连或放在触头的左边，任何触头不能放在线圈的右边与右母线相连。

（3）编制梯形图时，应尽量做到自左至右顺序进行，按逻辑动作的先后从上往下逐行编写，不得跳跃和遗漏，PLC将按此顺序执行程序。

（4）在梯形图中应避免将触头画在垂直线上，这种桥式梯形图无法用指令语句编程。

（5）PLC编程元件的触头在编制程序时的使用次数是无限制的，这是由于每一触头的状态存入PLC内的存储单元，可以反复读写，但在一个程序中应避免重复使用同一编号的继电器线圈。

（6）每一逻辑行内的触头可以串联、并联，但输出继电器线圈之间只可以并联，不能串联。

（7）计数器和定时器有2个输入端（计数端和计时端、置位端和复位端)，编程时应按具体要求决定这2个输入端信号出现的次序，否则会造成误动作。

（8）程序较为复杂时，可采用子程序，子程序可以为多个，但主程序只有一个。

3. 指令语句表的编程规则

（1）指令语句表编程与梯形图编程，两者相互对应，并可以相互转换。

（2）指令语句表是按语句排列顺序（步序）编程的，也必须符合顺序执行原则。指令语句的顺序与控制逻辑有密切关系，不能随意颠倒、插入或删除，以免引起程序错误或控制逻辑错误。

（3）指令语句表中各语句的操作数（编程元件号）必须是PLC允许范围内的参数，否则将引起程序出错。

（4）指令语句表的步序号应从用户存储器的起始地址开始，连续不断地编制。

4. 程序编程步骤

（1）分析被控对象的工艺过程和系统的控制要求，明确动作的顺序和条件，画出控制系统流程图（或状态转移图)，如果控制系统较简单，可省略这一步。

（2）将所有的现场输入信号和输出控制对象分别列出，并按PLC内部可编程元件号的范围，给每个输入和输出分配一个确定的I/O端编号，编制出PLC的I/O端的分配表，或绘制出PLC的I/O接线图。

（3）设计梯形图程序，编写指令语句表。在有通用编程器的情况下，可以直接在编程器上编好梯形图，下载到PLC即可运行。若用PLC指令根据梯形图按一定的规则编写出程序，则应与梯形图一一对应。值得注意的是，在梯形图和语句表程序中，没有输入继电器的线圈。

（4）用编程器将程序输入到PLC的用户存储器中，详细的输入步骤及方法应按编程器说明书的规定进行，以保证程序语法等的正确。

（5）调试程序，直到达到系统的控制要求为止。调试是一项重要的工作，其基本原则是先简单后复杂，先软件后硬件，先单机后整体，先空载后负载。调试期间注意随时复制程序、随机修改图样、随时完善系统。调试时，应先对组成系统的各个单元进行单独的调试，当各个单元调试通过后，再在实验室的条件下（不与实际设备相连接）进行总体实验室联调。对于简单的系统，实验室联调也可在生产现场进行。联调所需的输入信号可通过模拟方法解决，但一定注意不能与实际设备连接。

5. 梯形图编程技巧

（1）绘制等效电路。如果梯形图构成的电路结构比较复杂，用块指令“ALD”、“OLD”等难以解决，可重复使用一些触头画出它的等效电路，再进行编程，如图7-2所示。这样处理可能会多用一些指令，但不会增加硬件成本，对系统的运行也不会有什么影响。

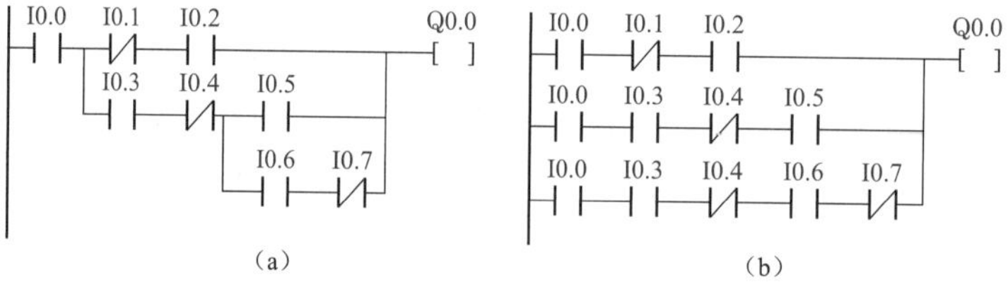

图7-2 绘制等效电路

（a）复杂电路；（b）等效电路

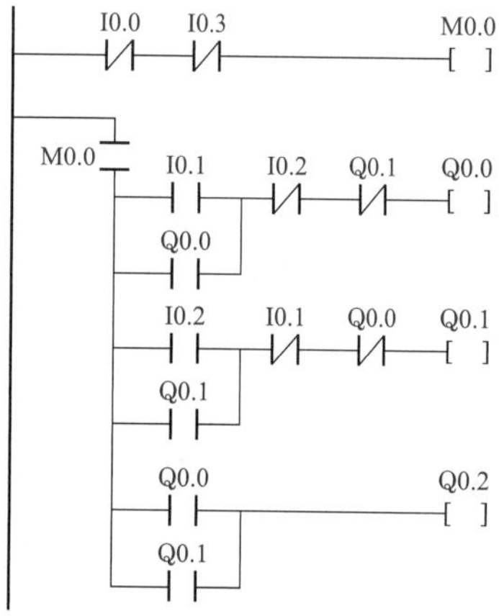

图7-3 设置中间单元

（2）设置中间单元。在梯形图中，如果多个线圈都受同一触头串并联电路控制，那么为了简化程序，可以在编程过程中设置一个用该电路控制的辅助继电器，辅助继电器类似于继电器电路中的中间继电器，如图7-3所示。图7-3中M0.0即为辅助继电器，当动合触头M0.0断开时，使输出继电器Q0.0、Q0.1、Q0.2线圈都断开。

（3）尽量减少输入、输出信号。PLC的价格与I/O点数有关，因此减少I/O点数是降低硬件费用的最主要措施。如果几个输入器件触头的串并联电路总是作为一个整体出现，则可以将它们视为同一个输入信号，只占PLC的一个输入点。

（4）输入端尽量用动合触头表达。在继电器控制电路中，停止按钮和热继电器均用动断触头来表达，而在PLC输入端它们均要转换成动合触头形式，这样一来，在梯形图程序中，它们要用动断触头形式来表达。

（5）用辅助继电器触头代替时间继电器的瞬动触头。时间继电器除了有延时动作的触头外，还有在线圈得电或失电时马上动作的瞬动触点。对于电路中有瞬动触头的时间继电器，可以在梯形图中定时器线圈的两端并联上辅助继电器的线圈，这样辅助继电器的触头就相当

于时间继电器的瞬动触头。

（6）设立外部互锁电路。在用 PLC 控制时，为了防止控制电动机正反转的 2 个接触器同时动作，造成电源瞬间短路，在梯形图中设置了与它们对应的输出继电器的线圈串联软动断触头组成的软互锁电路进行互锁。但由于 PLC 在循环扫描工作时，执行程序的速度非常快，内部软继电器互锁只相差一个扫描周期，而外部接触器触头的断开时间往往大于一个扫描周期，因此会出现接触器触头还来不及动作就执行下一个程序的情况。因此，还应在 PLC 的外部设置由接触器的动断触头组成的硬互锁电路，这样软硬件双重互锁才可有效地避免电源瞬间短路的问题。

第二节　PLC 控制电动机连续运行

一、项目描述

电动机连续运行的控制电路如图 7-4 所示。

1. 电路控制要求

（1）按下启动按钮，三相异步电动机单向连续运行。

（2）按下停止按钮，三相异步电动机停止运行。

（3）具有短路保护和过载保护等必要的保护措施。

2. 电路识读

合上电源开关 QS 接通三相电源，启动时，按下启动按钮 SB2，接触器 KM 线圈得电吸合并自锁，其主电路中的主触头闭合，电动机接通三相电源开始全压启动连续运行。

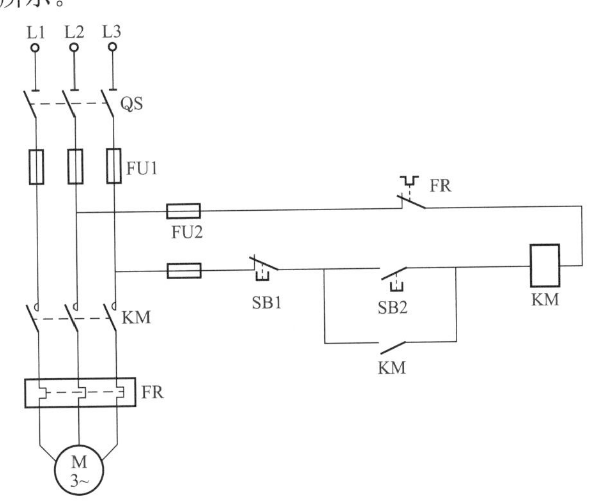

图 7-4　电动机连续运行的控制电路

停机时，按下停止按钮 SB1，接触器 KM 线圈失电释放，其主电路中的主触头断开，电动机断电停止运行。若要电动机重新运行，必须进行第二次启动（按下启动按钮 SB2）才能实现。

二、PLC 控制过程

1. 确定 I/O 点数及分配

启动按钮 SB2、停止按钮 SB1、热继电器触头 FR 这 3 个外部器件需接在 PLC 的 3 个输入端子上，可分配为 I0.0、I0.1、I0.2 输入点；接触器线圈 KM 需接在输出端子上，可分配为 Q0.0 输出点。由此可知为了实现 PLC 控制电动机连续运行，共需要 I/O 点数为 3 个输入点、1 个输出点。至于自锁和互锁触头是内部的“软”触头，不占用 I/O 点。

2. 编制 I/O 接线图及梯形图

PLC 控制电动机连续运行的 I/O 接线图及梯形图如图 7-5 所示。

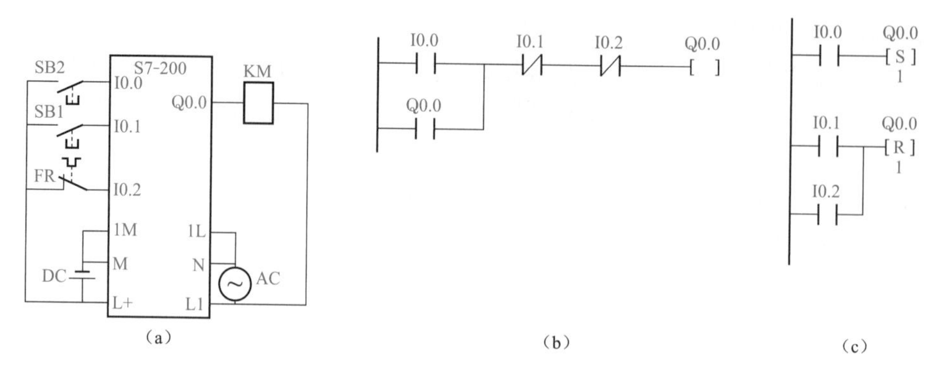

图 7-5 PLC 控制电动机连续运行的 I/O 接线图及梯形图
(a) I/O 接线图；(b) 梯形图（形式一）；(c) 梯形图（形式二）

3. PLC 控制过程

（1）梯形图（形式一）。

1）按下启动按钮 SB2 时，输入继电器 I0.0 得电。

2）动合触头 I0.0 闭合，输出继电器 Q0.0 线圈接通并自锁，接触器 KM 线圈得电吸合，其主触头闭合，电动机启动并连续稳定运行。

3）停机时，按下停止按钮 SB1，输入继电器 I0.1 得电。

4）动断触头 I0.1 断开，使输出继电器 Q0.0 线圈断开，接触器 KM 线圈失电释放，其主触头断开，电动机停止运行。

5）过载时，热继电器触头 FR 动作，输入继电器 I0.2 得电。

6）动断触头 I0.2 断开，使输出继电器 Q0.0 线圈断开，接触器 KM 线圈失电释放，其主触头断开，切断电动机交流供电电源，从而达到过载保护的目的。

（2）梯形图（形式二）。

1）按下启动按钮 SB2 时，输入继电器 I0.0 得电。

2）动合触头 I0.0 闭合，使输出继电器 Q0.0 线圈接通并置位“1”，接触器 KM 线圈得电吸合，其主触头闭合，电动机启动连续稳定运行。

3）停机时，按下停止按钮 SB1，输入继电器 I0.1 得电。

4）动合触头 I0.1 闭合，使输出继电器 Q0.0 线圈接通并复位置“0”，接触器 KM 线圈失电释放，其主触头断开，电动机停止运行。

5）过载时，热继电器触头 FR 动作，输入继电器 I0.2 得电。

6）动合触头 I0.2 闭合，使输出继电器 Q0.0 线圈接通并复位置“0”，接触器 KM 线圈失电释放，其主触头断开，切断电动机交流供电电源，从而达到过载保护的目的。

第三节 PLC 控制电动机正反转运行

一、项目描述

电动机正反转运行的控制电路如图 7-6 所示。

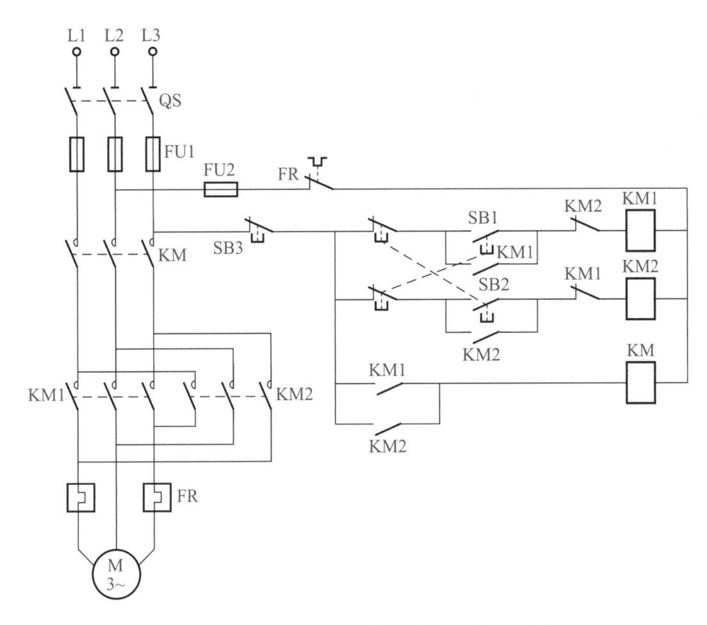

图 7-6　电动机正反转运行的控制电路

1. 电路控制要求

(1) 按下正转启动按钮，三相异步电动机正向连续运行。

(2) 按下反转启动按钮，三相异步电动机反向连续运行。

(3) 无论是正转还是反转，一旦按下停止按钮，三相异步电动机都停止运行。

(4) 具有短路保护和过载保护等必要的保护措施。

2. 电路识读

合上电源开关 QS 接通三相电源，按下正转按钮 SB1，接触器 KM1、KM 线圈先后得电吸合，其主电路中的主触头闭合，电动机 M 启动正转。

反转控制时可直接按下反转按钮 SB2，接触器 KM1 线圈失电释放，其主电路中的主触头断开，电动机正转运行停止。同时，接触器 KM2 线圈、KM 线圈先后得电吸合，其主电路中的主触头闭合，电动机 M 启动反转。

当按下停止按钮 SB3 时，控制线路断电，所有接触器线圈失电释放，电动机 M 无论是正转还是反转都将停止运行。

二、PLC 控制过程

1. 确定 I/O 点数及分配

停止按钮 SB3、正转启动按钮 SB1、反转启动按钮 SB2、热继电器触头 FR 这 4 个外部器件需接在 PLC 的 4 个输入端子上，可分配为 I0.0、I0.1、I0.2、I0.3 输入点；接触器线圈 KM、KM1、KM2 需接在 3 个输出端子上，可分配为 Q0.0、Q0.1、Q0.2 输出点。由此可知为了实现 PLC 控制电动机正反转运行，共需要 I/O 点数为 4 个输入点、3 个输出点。至于自锁和互锁触头是内部的“软”触头，不占用 I/O 点。

2. 编制 I/O 接线图及梯形图

PLC 控制电动机正反转运行的 I/O 接线图及梯形图如图 7-7 所示。

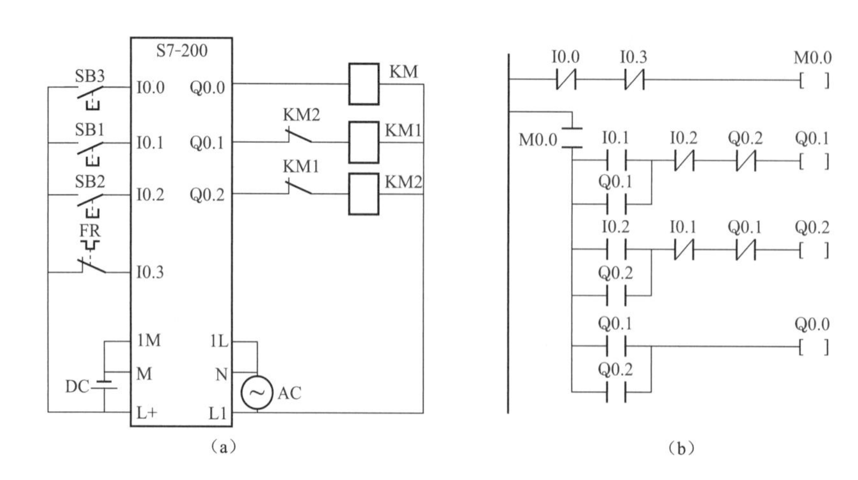

图 7-7　PLC 控制电动机正反转运行的 I/O 接线图及梯形图
(a) I/O 接线图；(b) 梯形图

在用 PLC 控制时，为了防止控制电动机正反转的 2 个接触器同时动作，造成电源瞬间短路，在梯形图中设置了与它们对应的输出继电器的线圈串联软动断触头 Q0.1、Q0.2 组成的软互锁电路进行互锁。但由于 PLC 在循环扫描工作时，执行程序的速度非常快，内部软继电器互锁只相差一个扫描周期，而外部接触器触头的断开时间往往大于一个扫描周期，因此会出现接触器触头还来不及动作就执行下一个程序的情况。因此，还应在 PLC 的外部设置由接触器的动断触头 KM1 和 KM2 组成的硬互锁电路，这样软硬件双重互锁才可有效地避免电源瞬间短路的问题。

3. PLC 控制过程

(1) 按下正转启动按钮 SB1 时，输入继电器 I0.1 得电。

(2) 动合触头 I0.1 闭合，使输出继电器 Q0.1 线圈接通并自锁，接触器 KM1 线圈得电吸合，其主触头闭合。

(3) 动合触头 Q0.1 闭合，使输出继电器 Q0.0 线圈接通，接触器 KM 线圈得电吸合，其主触头闭合，电动机正向启动运行。

(4) 按下反转启动按钮 SB2 时，输入继电器 I0.2 得电。

(5) 一方面动断触头 I0.2 断开，使输出继电器 Q0.1 线圈断开，KM1 线圈失电释放，其主触头断开；同时动合触头 Q0.1 断开，使输出继电器 Q0.0 线圈断开，接触器 KM 线圈也失电释放，其主触头断开，因此可有效地熄灭电弧，防止电动机换向时相间短路。

(6) 另一方面动合触头 I0.2 闭合，使输出继电器 Q0.2 线圈接通并自锁，接触器 KM2 线圈得电吸合，其主触头闭合；同时动合触头 Q0.2 闭合，使输出继电器 Q0.0 线圈接通，接触器 KM 线圈重新得电吸合，其主触头闭合，电动机反向启动运行。

(7) 停机时，按下停止按钮 SB3，输入继电器 I0.0 得电。

(8) 动断触头 I0.0 断开，使辅助继电器 M0.0 线圈断开，导致动合触头 M0.0 断开，使输出继电器 Q0.0、Q0.1、Q0.2 线圈同时断开，进而使接触器 KM、KM1、KM2 线圈全部失电释放，其主触头断开，切断电动机交流供电电源，电动机无论是正转还是反转都将停机。

(9) 过载时，热继电器触头 FR 动作，输入继电器 I0.3 得电。

(10) 动断触头 I0.3 断开，使辅助继电器 M0.0 线圈断开，导致动合触头 M0.0 断开，

使输出继电器 Q0.0、Q0.1、Q0.2 线圈同时断开，进而使接触器 KM、KM1、KM2 线圈全部失电释放，其主触头断开，切断电动机交流供电电源，从而达到过载保护的目的。

第四节　PLC 控制电动机Y-△降压启动运行

一、项目描述

电动机Y-△降压启动运行的控制电路如图 7-8 所示。

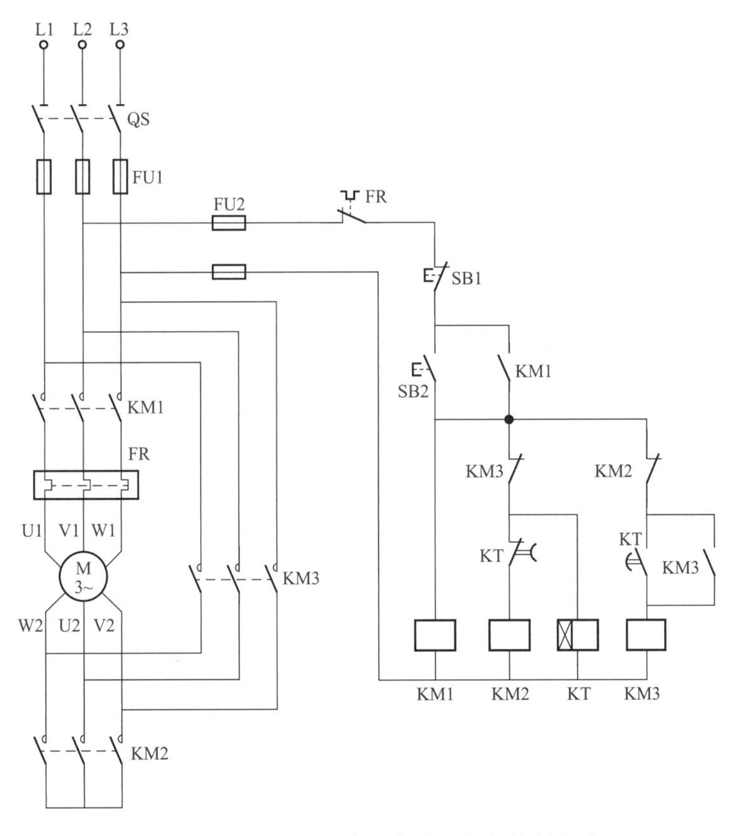

图 7-8　电动机Y-△降压启动运行的控制电路

1. 电路控制要求

（1）按下启动按钮，电动机三相绕组在Y联结下低压启动。

（2）由通电延时型时间继电器自动完成绕组Y-△联结的切换控制。

（3）电动机在绕组△联结下连续运行。

（4）具有短路保护和过载保护等必要的保护措施。

2. 电路识读

合上电源开关 QS 接通三相电源，按下启动按钮 SB2，接触器 KM1、KM2 的线圈得电吸合并自锁，主电路中的 KM1 主触头闭合接通电动机定子三相绕组的首端（U1、V1、W1），主电路中的 KM2 主触头将定子绕组尾端（U2、V2、W2）连在一起，电动机三相绕组在Y形联结下低压启动。与此同时，时间继电器KT的线圈得电，开始延时计时。

当电动机转速上升到接近额定转速时，延时设定时间到，一方面延时动断触头KT断开接触器KM2线圈的回路，接触器KM2线圈失电释放，其主电路中的主触头将三相绕组尾端（U2、V2、W2）连接断开，解除绕组Y联结；另一方面延时动合触头KT闭合，接触器KM3线圈得电吸合并自锁，其主电路中的主触头闭合，将电动机三相绕组连接成△联结，使电动机在△联结下连续运行，至此自动完成了Y-△降压启动的任务。

当按下停止按钮SB1时，控制线路断电，各接触器线圈失电释放，电动机M停止运行。

二、PLC控制过程

1. 确定I/O点数及分配

启动按钮SB2、停止按钮SB1、热继电器触头FR这3个外部器件需接在PLC的3个输入端子上，可分配为I0.0、I0.1、I0.2输入点；主接触器线圈KM1、Y接触器线圈KM2、△接触器线圈KM3需接在3个输出端子上，可分配为Q0.0、Q0.1、Q0.2输出点。由此可知为了实现PLC控制电动机Y-△降压启动运行，共需要I/O点数为3个输入点、3个输出点。至于自锁和互锁触头是内部的“软”触头，不占用I/O点。

2. 编制I/O接线图及梯形图

PLC控制电动机Y-△降压启动运行的I/O接线图及梯形图如图7-9所示。

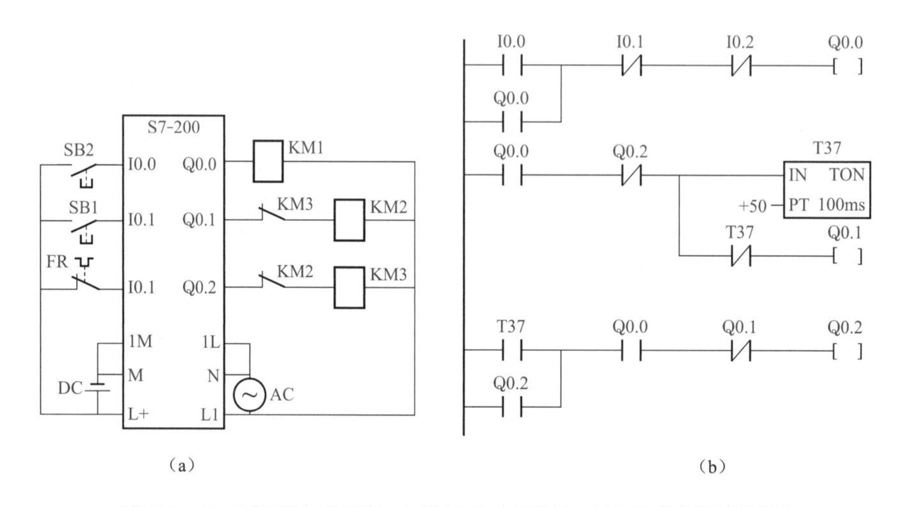

图7-9 PLC控制电动机Y-△降压启动运行的I/O接线图及梯形图

（a）I/O接线图；（b）梯形图

3. PLC控制过程

（1）按下启动按钮SB2，输入继电器I0.0得电。

（2）动合触头I0.0闭合，使输出继电器Q0.0线圈接通并自锁，接触器KM1线圈得电吸合。

（3）与此同时输出继电器Q0.1线圈接通，接触器KM2线圈得电吸合。

（4）至此，接触器KM1、KM2线圈均得电吸合，其主触头闭合，将电动机绕组连接成Y开始启动。

(5) 动合触头 I0.0 闭合，使通电延时型定时器 T37 接通，计时开始。

(6) 当计时时间到 PT（50×100ms=5s）值时，定时器设定时间到，电动机转速上升到接近额定转速。

(7) 动断触头 T37 断开，使输出继电器 Q0.1 线圈断开，接触器 KM2 线圈失电释放，其主触头断开，解除电动机绕组Y联结。

(8) 同时动合触头 T37 接通，使输出继电器 Q0.2 线圈接通并自锁，接触器 KM3 线圈得电吸合。

(9) 至此，接触器 KM1、KM3 线圈均得电吸合，其主触头闭合，电动机绕组自动连接成△投入稳定运行。

(10) 停机时，按下停止按钮 SB1，输入继电器 I0.1 得电。

(11) 动断触头 I0.1 断开，使输出继电器 Q0.0 线圈断开，接触器 KM1 线圈失电释放，其主触头断开，切断电动机交流供电电源，电动机无论是处于启动阶段还是处于运行阶段都将停机。

(12) 过载时，热继电器触头 FR 动作，输入继电器 I0.2 得电。

(13) 动断触头 I0.2 断开，使输出继电器 Q0.0 线圈断开，接触器 KM1 线圈失电释放，其主触头断开，切断电动机交流供电电源，从而达到过载保护的目的。

第五节 PLC 控制电动机串电阻降压启动及反接制动运行

一、项目描述

电动机串电阻降压启动及反接制动运行的控制电路如图 7-10 所示。

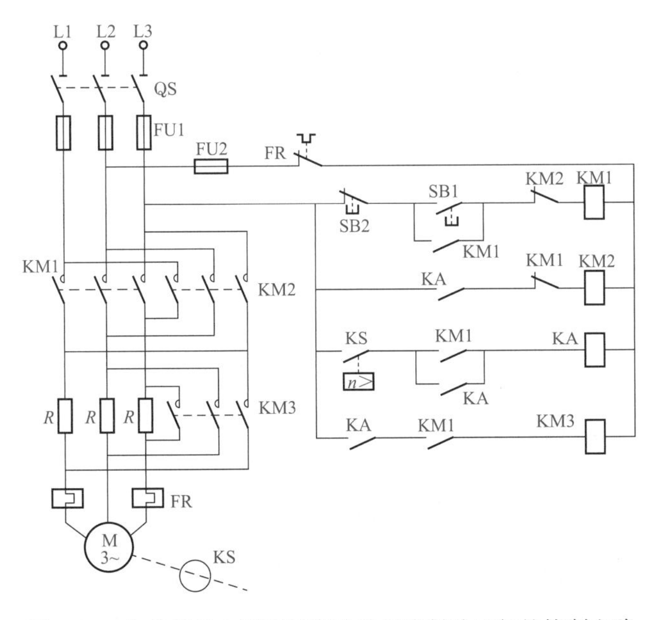

图 7-10 电动机串电阻降压启动及反接制动运行的控制电路

1. 电路控制要求

(1) 按下启动按钮，电动机三相绕组串电阻降压启动。

(2) 由速度继电器自动完成短接电阻的控制。

(3) 电动机在绕组△联结下连续运行。

(4) 按下停止按钮，电动机三相绕组串电阻反接制动。

(5) 具有短路保护和过载保护等必要的保护措施。

2. 电路识读

合上电源开关 QS 接通三相电源，按下启动按钮 SB1，接触器 KM1 线圈得电吸合并自锁，其主电路中的主触头闭合，电动机接入正向电源串入启动电阻 R 开始启动，同时接触器 KM1 的 2 对动合触头闭合，为后续的控制做好准备。

当电动机转速上升到某一定值时（此值为速度继电器 KS 的整定值，可调节，如调至 100r/min 时动作），速度继电器 KS 的动合触头闭合，中间继电器 KA 线圈得电吸合并自锁，其动合触头闭合，接触器 KM3 线圈得电吸合，其主电路中的主触头短接启动电阻 R，电动机转速上升至额定值投入稳定运行。

制动时，按下停机按钮 SB2，接触器 KM1 线圈失电释放，切断电动机正向电源。动断触头 KM1 闭合，使制动用的接触器 KM2 线圈得电吸合，其主电路中的主触头闭合，电动机接入反向电源进入反接制动状态。与此同时，接触器 KM1 的动合触头断开，接触器 KM3 线圈失电释放，主电路串入电阻 R 限制制动电流。当电动机转速迅速下降至某一定值（如 100r/min）时，速度继电器 KS 动合触头断开，中间继电器 KA 线圈失电释放，其动合触头断开，接触器 KM2 线圈失电释放，切断电动机反向电源，反接制动结束，电动机停转。

二、PLC 控制过程

1. 确定 I/O 点数及分配

启动按钮 SB1、停止按钮 SB2、速度继电器 KS、热继电器触头 FR 这 4 个外部器件需接在 PLC 的 4 个输入端子上，可分配为 I0.0、I0.1、I0.2、I0.3 输入点；接触器线圈 KM1、KM2、KM3 和中间继电器 KA 需接在 4 个输出端子上，可分配为 Q0.0、Q0.1、Q0.2、Q0.3 输出点。由此可知为了实现 PLC 控制电动机串电阻降压启动及反接制动运行，共需要 I/O 点数为 4 个输入点、4 个输出点。至于自锁和互锁触头是内部的“软”触头，不占用 I/O 点。

2. 编制 I/O 接线图及梯形图

PLC 控制电动机串电阻降压启动及反接制动运行的 I/O 接线图及梯形图如图 7-11 所示。

3. PLC 控制过程

(1) 启动时，按下启动按钮 SB1，输入继电器 I0.0 得电。

(2) 动合触头 I0.0 闭合，使输出继电器 Q0.0 线圈接通并自锁，接触器 KM1 线圈得电吸合，其主触头闭合，电动机接入正向电源串入启动电阻 R 开始启动。

(3) 同时 2 个动合触头 Q0.0 闭合，为后续的控制做好准备。

(4) 当电动机转速上升到某一定值（如 100r/min）时，速度继电器 KS 的动合触头闭合，输入继电器 I0.2 得电。

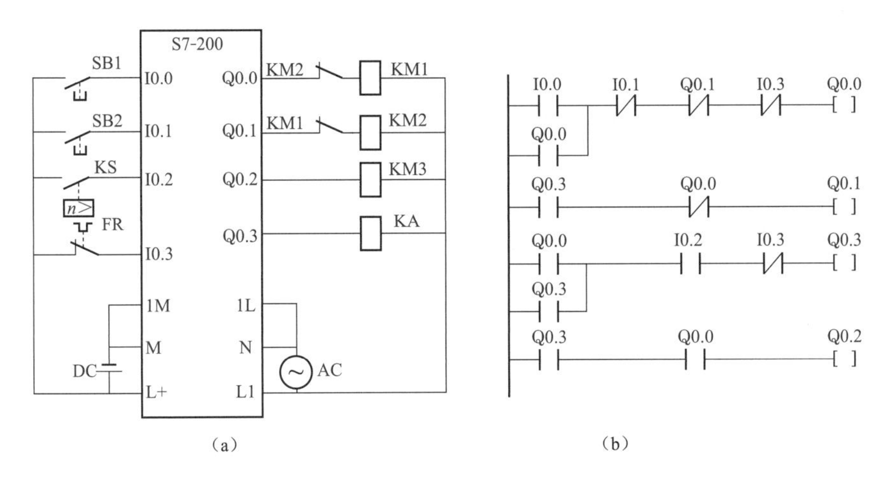

图 7-11　PLC 控制电动机串电阻降压启动及反接制动运行的 I/O 接线图及梯形图
(a) I/O 接线图；(b) 梯形图

(5) 动合触头 I0.2 闭合，使输出继电器 Q0.3 线圈接通并自锁，中间继电器 KA 线圈得电吸合。

(6) 动合触头 Q0.3 闭合，使输出继电器 Q0.2 线圈接通，接触器 KM3 线圈得电吸合，其主触头闭合，短接启动电阻 R，电动机转速上升至额定值投入稳定运行。

(7) 制动时，按下停止按钮 SB2，输入继电器 I0.1 得电。

(8) 动断触头 I0.1 断开，使输出继电器 Q0.0 线圈断开，接触器 KM1 线圈失电释放，其主触头断开，切断电动机正向电源。

(9) 动断触头 Q0.0 闭合，使输出继电器 Q0.1 线圈接通，制动用的接触器 KM2 线圈得电吸合，其主触头闭合，电动机接入反向电源进入反接制动状态。

(10) 与此同时，动合触头 Q0.0 断开，使输出继电器 Q0.2 线圈断开，接触器 KM3 线圈失电释放，其主触头复位断开，将电阻 *R* 串入主电路限制制动电流。

(11) 当电动机转速迅速下降至某一定值（如 100r/min）时，速度继电器 KS 动合触头复位断开，输入继电器 I0.2 失电。

(12) 动合触头 I0.2 断开，使输出继电器 Q0.3 线圈断开，中间继电器 KA 线圈失电释放。

(13) 动合触头 Q0.3 断开，使输出继电器 Q0.1 线圈断开，接触器 KM2 线圈失电释放，其主触头断开，切断电动机反向电源，反接制动结束，电动机停转。

(14) 过载时，热继电器触头 FR 动作，输入继电器 I0.3 得电。

(15) 动断触头 I0.3 断开，使输出继电器 Q0.0、Q0.3 线圈断开，中间继电器 KA、接触器 KM1、KM2、KM3 线圈均失电释放，其主触头断开，切断电动机交流供电电源，起到过载保护作用。

第六节　PLC 控制电动机全波整流能耗制动运行

一、项目描述

电动机全波整流能耗制动运行的控制电路如图 7-12 所示。

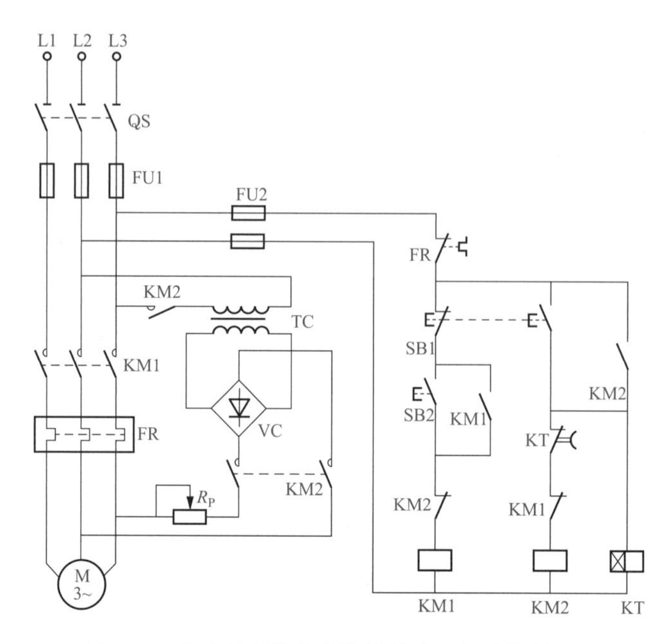

图 7-12 电动机全波整流能耗制动运行的控制电路

1. 电路控制要求

（1）按下启动按钮，电动机启动全压连续运行。

（2）按下停止按钮，电动机全波整流能耗制动。

（3）由通电延时型时间继电器自动控制能耗制动的时间。

（4）具有短路保护和过载保护等必要的保护措施。

2. 电路识读

合上电源开关 QS 接通三相电源，按下启动按钮 SB2，接触器 KM1 线圈得电吸合并自锁和互锁，主电路中 KM1 主触头闭合，电动机 M 启动全压连续运行。

停车制动时，按下停止（兼能耗制动）按钮 SB1，一方面 SB1 动断触头断开，接触器 KM1 线圈失电释放，其辅助触头复位，解除自锁和互锁。主电路中 KM1 主触头断开，电动机脱离三相交流电源惯性运转。

另一方面 SB1 动合触头闭合，使接触器 KM2、时间继电器 KT 线圈得电吸合并自锁，主电路中 KM2 的主触头闭合，将直流电源接入电动机绕组进行能耗制动，制动电流的大小由电位器 R_P 调节。与此同时，时间继电器 KT 开始延时。电动机在能耗制动作用下转速迅速下降，当接近零时，延时设定时间到，其延时动断触头 KT 断开，使 KM2、KT 线圈相继失电释放，KM2 的主触头断开主电路中的直流电源，能耗制动结束。

二、PLC 控制过程

1. 确定 I/O 点数及分配

启动按钮 SB2、停止按钮 SB1、热继电器触头 FR 这 3 个外部器件需接在 PLC 的 3 个输入端子上，可分配为 I0. 0、I0. 1、I0. 2 输入点；接触器线圈 KM1、KM2 需接在 2 个输出端子上，可分配为 Q0. 0、Q0. 1 输出点。由此可知为了实现 PLC 控制电动机全波整流能耗制动

动运行，共需要 I/O 点数为 3 个输入点、2 个输出点。至于自锁和互锁触头是内部的“软”触头，不占用 I/O 点。

2. 编制 I/O 接线图及梯形图

PLC 控制电动机全波整流能耗制动运行的 I/O 接线图及梯形图如图 7-13 所示。

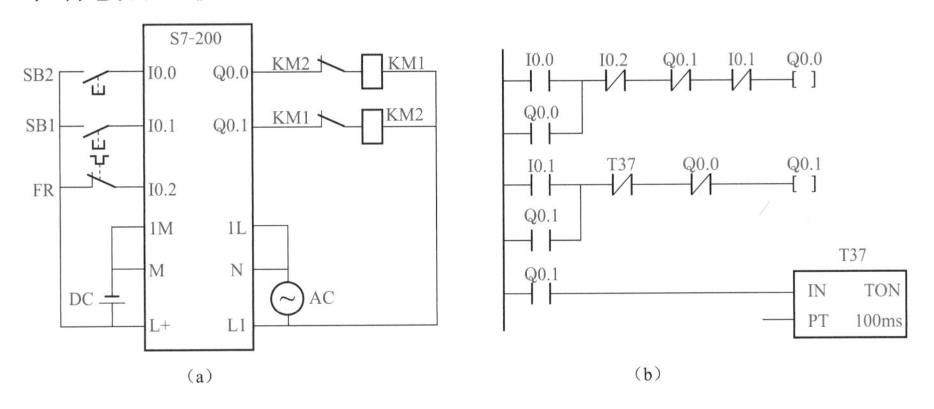

图 7-13　PLC 控制电动机全波整流能耗制动运行的 I/O 接线图及梯形图

(a) I/O 接线图；(b) 梯形图

3. PLC 控制过程

(1) 启动时，按下启动按钮 SB2，输入继电器 I0.0 得电。

(2) 动合触头 I0.0 闭合，使输出继电器 Q0.0 线圈接通并自锁，接触器 KM1 线圈得电吸合，其主触头闭合，电动机接入电源全压启动连续运行。

(3) 制动时，按下停止按钮 SB1，输入继电器 I0.1 得电。

(4) 动断触头 I0.1 断开，使输出继电器 Q0.0 线圈断开，接触器 KM1 线圈失电释放，其主触头断开，电动机脱离三相交流电源惯性运转。

(5) 动合触头 I0.1 闭合，使输出继电器 Q0.1 线圈接通并自锁，接触器 KM2 线圈得电吸合，其主触头闭合，经全波整流后的直流电源接入电动机的绕组，对电动机实行能耗制动，制动电流的大小由电位器 R_P 调节。

(6) 动合触点 Q0.1 闭合，使通电延时型定时器 T37 接通，计时开始。

(7) 电动机在能耗制动作用下转速迅速下降，当接近零时，定时器计时时间到达 PT 值(PT 值由用户设定)，动断触点 T37 断开，使输出继电器 Q0.1 线圈断开，接触器 KM2 线圈失电释放，其主触头断开，电动机脱离直流电源，能耗制动结束。

(8) 过载时，热继电器触头 FR 动作，输入继电器 I0.2 得电。

(9) 动断触头 I0.2 断开，使输出继电器 Q0.0 线圈断开，接触器 KM1 线圈失电释放，其主触头断开，切断电动机交流供电电源，起到过载保护作用。

第七节　PLC 控制电动机自动往返循环运行

一、项目描述

电动机自动往返循环运行的控制电路如图 7-14 所示。

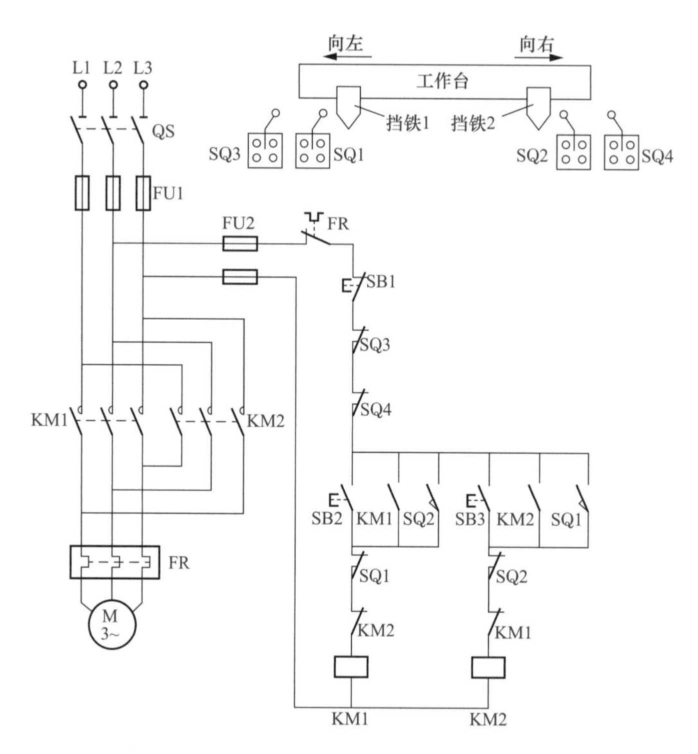

图 7-14 电动机自动往返循环运行的控制电路

1. 电路控制要求

(1) 按下正转（或反转）启动按钮，电动机启动全压连续运行，带动工作台左移（或右移），当运动到指定位置时，压动限位开关，电动机反转（或正转）运行，带动工作台右移（或左移），当运动到指定位置时，压动限位开关，电动机正转（或反转）运行，带动工作台左移（或右移），如此周而复始，在指定的两个位置之间自动往返循环运行。

(2) 按下停止按钮，电动机无论是正转还是反转都将停机。

(3) 具有短路保护和过载保护等必要的保护措施。

2. 电路识读

合上电源开关 QS 接通三相电源，按下正转启动按钮 SB2（按下反转启动按钮 SB3 的工作过程与此相同，不再另述），接触器 KM1 线圈得电吸合，主电路中 KM1 主触头闭合，电动机 M 正向运行，拖动工作台向左移动。

当工作台向左移动到指定位置时，挡铁 1 碰撞限位开关 SQ1，使其动断触头断开，接触器 KM1 线圈失电释放，主电路中 KM1 主触头断开，电动机断电停转。与此同时，限位开关 SQ1 的动合触头闭合，接触器 KM2 线圈得电吸合，主电路中 KM2 主触头闭合，电动机 M 反向运行，拖动工作台向右移动。此时限位开关 SQ1 虽复位，但接触器 KM2 的自锁触头已闭合，故电动机 M 继续拖动工作台向右移动。

当工作台向右移动到指定位置时，挡铁 2 碰撞限位开关 SQ2，使其动断触头断开，接触器 KM2 线圈失电释放，主电路中 KM2 主触头断开，电动机断电停转。与此同时，限位开关 SQ2 的动合触头闭合，接触器 KM1 线圈又得电吸合，主电路中 KM1 主触头闭合，电动机 M 又开始正向运行，拖动工作台向左移动。此时限位开关 SQ2 虽复位，但接触器 KM1 的自

锁触头已闭合，故电动机 M 继续拖动工作台向左移动。

如此周而复始，工作台在指定的 2 个位置之间自动往返循环运行，直到停机为止。若要在电动机运行途中停机，应按下停止按钮 SB1，控制线路断电，接触器线圈失电释放，电动机 M 无论是正转还是反转都将停机。

为了防止 SQ1 或 SQ2 故障或失效造成工作台继续运动不停的事故，在运动部件循环运动的方向上还安装了另外 2 个限位开关 SQ3、SQ4，它们装在运动部件正常循环的指定位置之外，起限位保护作用。

二、PLC 控制过程

1. 确定 I/O 点数及分配

正转启动按钮 SB2、反转启动按钮 SB3、停止按钮 SB1、热继电器触头 FR、限位开关 SQ1、SQ2、SQ3、SQ4 这 8 个外部器件需接在 PLC 的 8 个输入端子上，可分配为 I0.0、I0.1、I0.2、I0.3、I0.4、I0.5、I0.6、I0.7 输入点；接触器线圈 KM1、KM2 需接在 2 个输出端子上，可分配为 Q0.0、Q0.1 输出点。由此可知为了实现 PLC 控制电动机自动往返循环运行，共需要 I/O 点数为 8 个输入点、2 个输出点。至于自锁和互锁触头是内部的“软”触头，不占用 I/O 点。

2. 编制 I/O 接线图及梯形图

PLC 控制电动机自动往返循环运行的 I/O 接线图及梯形图如图 7-15 所示。

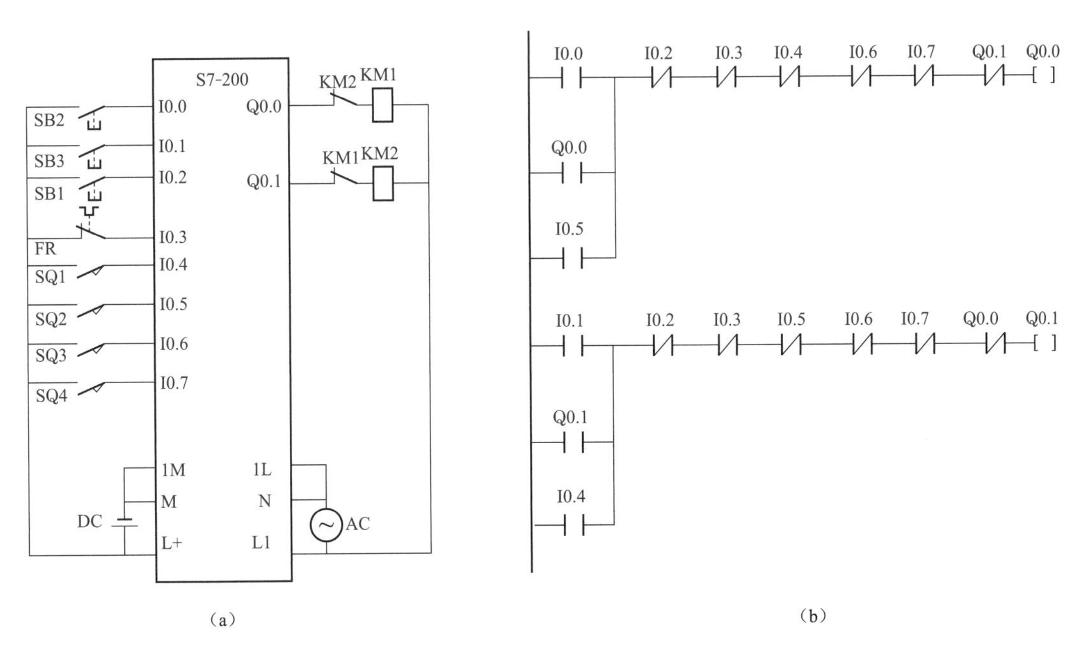

图 7-15　PLC 控制电动机自动往返循环运行的 I/O 接线图及梯形图

(a) I/O 接线图；(b) 梯形图

3. PLC 控制过程

(1) 启动时，按下正转启动按钮 SB2（按下反转启动按钮 SB3 的工作过程相同，不再另述），输入继电器 I0.0 得电。

（2）动合触头 I0.0 闭合，使输出继电器 Q0.0 线圈接通并自锁，接触器 KM1 线圈得电吸合，其主触头闭合，电动机接入电源正向全压连续运行，通过机械传动装置拖动工作台向左运动。

（3）当工作台向左运动到指定位置时，挡铁 1 碰撞限位开关 SQ1，使输入继电器 I0.4 得电。

（4）动断触点 I0.4 断开，使输出继电器 Q0.0 线圈断开，接触器 KM1 线圈失电释放，其主触头断开，电动机脱离三相交流电源惯性运转。

（5）动合触点 I0.4 闭合，使输出继电器 Q0.1 线圈接通并自锁，接触器 KM2 线圈得电吸合，其主触头闭合，电动机接入电源反向全压连续运行，通过机械传动装置拖动工作台向右运动。

（6）当工作台向右运动到指定位置时，挡铁 2 碰撞限位开关 SQ2，使输入继电器 I0.5 得电。

（7）动断触点 I0.5 断开，使输出继电器 Q0.1 线圈断开，接触器 KM2 线圈失电释放，其主触头断开，电动机脱离三相交流电源惯性运转。

（8）动合触点 I0.5 闭合，使输出继电器 Q0.0 线圈接通并自锁，接触器 KM1 线圈得电吸合，其主触头闭合，电动机接入电源又开始正向全压连续运行。

（9）如此周而复始，工作台在指定的 2 个位置之间自动往返循环运行，直到停机为止。

（10）停机时，按下停止按钮 SB1，输入继电器 I0.2 得电。

（11）动断触点 I0.2 断开，使输出继电器 Q0.0、Q0.1 线圈断开，接触器 KM1、KM2 线圈失电释放，其主触头断开，电动机脱离三相交流电源停转，工作台停止运动。

（12）过载时，热继电器触头 FR 动作，输入继电器 I0.3 得电。

（13）动断触头 I0.3 断开，使输出继电器 Q0.0、Q0.1 线圈断开，接触器 KM1、KM2 线圈失电释放，其主触头断开，切断电动机交流供电电源，起到过载保护作用。

（14）限位开关 SQ3、SQ4 安装在工作台正常的循环指定位置之外，当限位开关 SQ1 或 SQ2 失效时，挡铁 1 或 2 碰撞到限位开关 SQ3 或 SQ4，使输入继电器 I0.6 或 I0.7 得电。

（15）动断触头 I0.6 或 I0.7 断开，使输出继电器 Q0.0 或 Q0.1 线圈断开，接触器 KM1 或 KM2 线圈失电释放，其主触头断开，切断电动机交流供电电源，起到终端保护作用。

第八节　PLC 控制电动机顺序启动、逆序停车运行

一、项目描述

电动机顺序启动、逆序停车运行的控制电路如图 7-16 所示。

1. 电路控制要求

（1）2 条顺序相连的传送带（1 号、2 号），为了避免运送的物料在 2 号传送带上堆积，工作时，按下 2 号传送带（电动机 M2）的启动按钮后，2 号传送带开始运行。

（2）1 号传送带（电动机 M1）在 2 号传送带启动 5s 后自行启动。

（3）停机时，按下 1 号传送带（电动机 M1）的停止按钮后，1 号传送带停止运行。

（4）2 号传送带（电动机 M2）在 1 号传送带停止 10s 后自行停止。

（5）由通电延时型时间继电器自动控制时间。

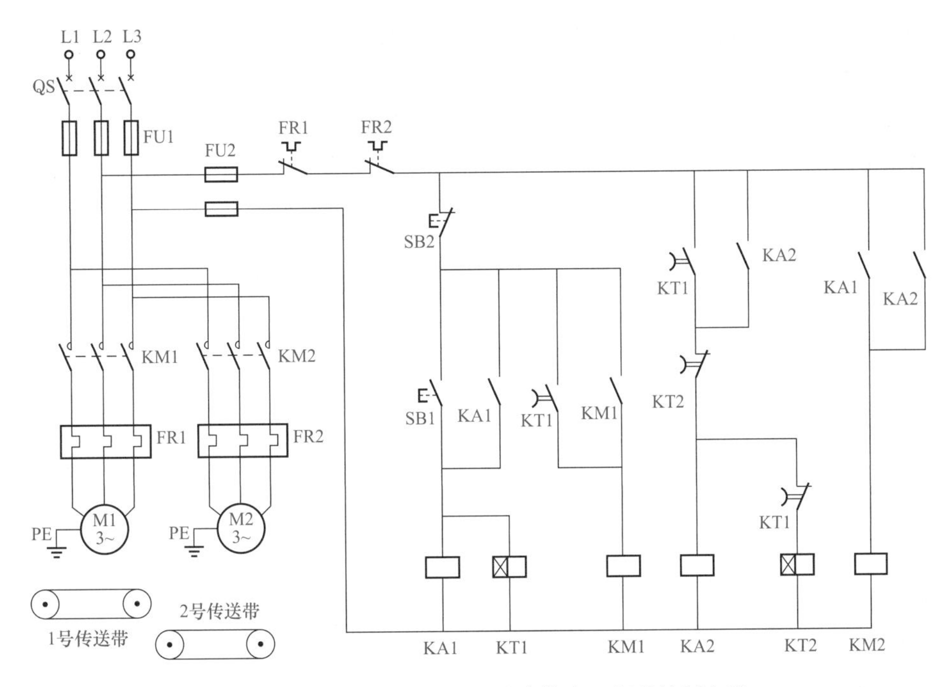

图 7-16 电动机顺序启动、逆序停车运行的控制电路

（6）具有短路保护和过载保护等必要的保护措施。

2. 电路识读

合上电源开关 QS 接通三相电源，按下启动按钮 SB1 时，中间继电器 KA1 线圈得电吸合并自锁，其动合触头闭合，使接触器 KM2 线圈得电吸合，其主触头闭合，电动机 M2（2 号传送带）启动运行。同时，时间继电器 KT1 线圈得电，开始延时。当延时设定时间（5s）到，其中一个延时动合触头 KT1 闭合，使接触器 KM1 线圈得电吸合，其主触头闭合，电动机 M1（1 号传送带）启动运行。同时，另一个延时动合触头 KT1 闭合，使中间继电器 KA2 线圈得电吸合并自锁。

按下停止按钮 SB2 时，接触器 KM1、中间继电器 KA1、时间继电器 KT1 线圈同时失电释放，使接触器 KM1 线圈失电释放，其主触头断开，电动机 M1（1 号传送带）停止运行。虽然中间继电器 KA1 的动合触头断开，但由于中间继电器 KA2 的动合触头仍闭合形成自锁，接触器 KM2 线圈仍得电吸合，故此时电动机 M2（2 号传送带）仍在运行。由于时间继电器 KT1 的延时动断触头复位闭合，使时间继电器 KT2 线圈得电，开始延时。当延时设定时间（10s）到，其延时动断触头 KT2 断开，使中间继电器 KA2 线圈失电释放，其动合触头断开解除自锁，使接触器 KM2 线圈失电释放，其主触头断开，电动机 M2（2 号传送带）停止运行。

二、PLC 控制过程

1. 确定 I/O 点数及分配

启动按钮 SB1、停止按钮 SB2、热继电器触头 FR1、热继电器触头 FR2 这 4 个外部器件需接在 PLC 的 4 个输入端子上，可分配为 I0.0、I0.1、I0.2、I0.3 输入点；中间继电器

KA1、KA2，接触器线圈 KM1、KM2 需接在 4 个输出端子上，可分配为 Q0.0、Q0.1、Q0.2、Q0.3 输出点。由此可知为了实现 PLC 控制电动机顺序启动运行，共需要 I/O 点数为 4 个输入点、4 个输出点。至于自锁和互锁触头是内部的“软”触头，不占用 I/O 点。

2. 编制 I/O 接线图及梯形图

PLC 控制电动机顺序启动、逆序停车运行的 I/O 接线图及梯形图如图 7-17 所示。

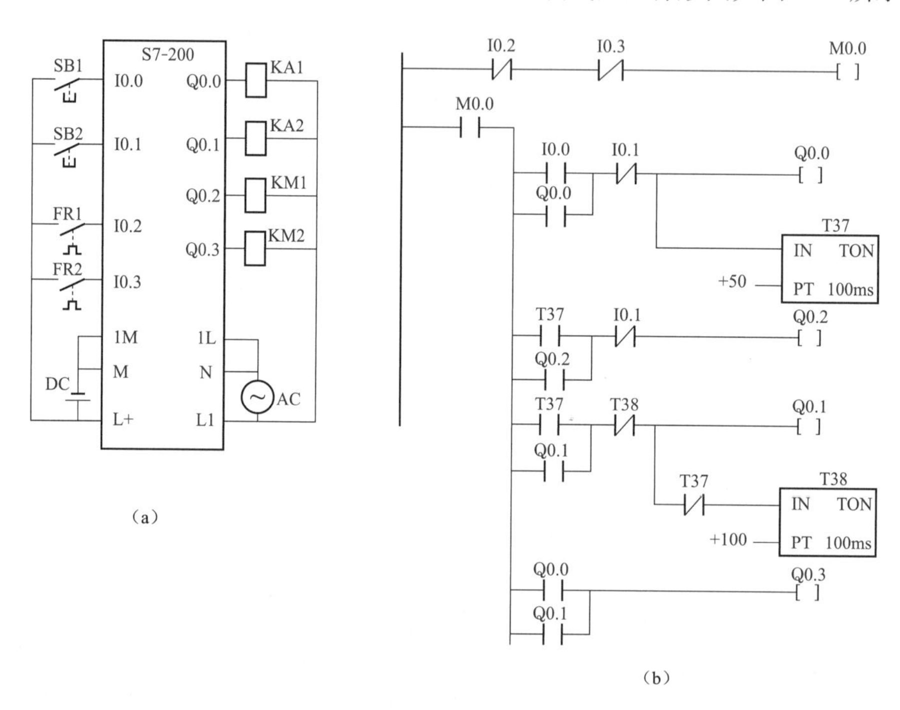

图 7-17　PLC 控制电动机顺序启动、逆序停车运行的 I/O 接线图及梯形图
(a) I/O 接线图；(b) 梯形图

3. PLC 控制过程

（1）按下启动按钮 SB1，输入继电器 I0.0 得电。

（2）动合触头 I0.0 闭合，使输出继电器 Q0.0 线圈接通并自锁，中间继电器 KA1 线圈得电吸合，其动合触头闭合，使接触器 KM2 线圈得电吸合，其主触头闭合，电动机 M2（2 号传送带）启动运行。

（3）同时，通电延时型定时器 T37 接通，计时开始。

（4）当计时时间到 PT（50×100ms=5s）值时，定时器设定时间到。

（5）其中一个延时动合触头 T37 闭合，一方面输出继电器 Q0.2 线圈接通并自锁，使接触器 KM1 线圈得电吸合，其主触头闭合，电动机 M1（1 号传送带）启动运行。

（6）另一个延时动合触头 T37 闭合，使输出继电器 Q0.1 线圈接通并自锁，中间继电器 KA2 线圈得电吸合，其动合触头闭合，为后续控制做好准备。

（7）按下停止按钮 SB2 时，输入继电器 I0.1 得电。

（8）动断触头 I0.1 断开，使输出继电器 Q0.0、Q0.2 线圈断开，中间继电器 KA1、接触器 KM1、通电延时型定时器 T37 线圈同时失电释放，接触器 KM1 主触头断开，电动机 M1（1 号传送带）停止运行。

(9) 虽然中间继电器 KA1 的动合触头 Q0.0 断开，但由于中间继电器 KA2 的动合触头 Q0.1 仍闭合形成自锁，使输出继电器 Q0.3 线圈仍保持接通，故此时电动机 M2（2 号传送带）仍在运行。

(10) 同时，定时器的延时动断触头 T37 复位闭合，使通电延时型定时器 T38 接通，计时开始。

(11) 当计时时间到 PT（100×100ms=10s）值时，定时器设定时间到。

(12) 延时动断触头 T38 断开，使输出继电器 Q0.1 线圈断开，中间继电器 KA2 线圈失电释放，其动合触头 Q0.1 复位断开解除自锁，输出继电器 Q0.3 线圈断开，使接触器 KM2 线圈失电释放，其主触头断开，电动机 M2（2 号传送带）停止运行。

(13) 过载时，热继电器触头 FR1 或 FR2 动作，输入继电器 I0.2 或 I0.3 得电。

(14) 动断触头 I0.2 或 I0.3 断开，使辅助继电器 M0.0 线圈断开，接触器 KM1、KM2 线圈失电释放，其主触头断开，切断电动机交流供电电源，起到过载保护作用。

第八章

西门子S7-200 PLC的典型应用

第一节　PLC 在钻床控制中的应用

一、项目描述

钻床是一种用钻头在工件上进行钻削加工的通用机床，可完成钻通孔、盲孔，更换特殊刀具后可扩孔、铰孔、攻丝及修刮端面等多种形式的加工。加工过程中工件不动，让刀具移动，将刀具中心对正孔中心，并使刀具旋转钻削。摇臂钻床由 4 台三相异步电动机拖动，M1 为主轴电动机，M2 为摇臂升降电动机，M3 为液压泵电动机，M4 为冷却泵电动机，这些电动机都采用直接启动方式，应用 PLC 进行控制时，也必须满足其相应的控制要求。

（1）主轴电动机（M1）。要求能够实现正反转和调速运行，以实现钻削及进给。主轴的正反转由机械手柄操作，一般通过双向片式正反转摩擦离合器来实现，不同主轴转速度和刀具进给速度通过改变主轴箱中的齿轮变速机构来调节。

（2）摇臂升降电动机（M2）。要求能正反转运行，以实现摇臂上升或下降，从而调整钻头与工件的相对位置。当摇臂升（或降）到预定位置时，摇臂能在电气和机械夹紧装置配合下自动夹紧在外立柱上。

（3）液压泵电动机（M3）。要求能正反转运行，并根据要求采用点动控制，以实现拖动液压泵提供压力油对外立柱进行夹紧与放松。

（4）冷却泵电动机（M4）。只要求单向运行，以实现输送冷却液对正在加工的刀具及工件进行冷却。

二、确定 I/O 点数及分配

根据以上的控制要求，为了实现 PLC 控制钻床共需要 I/O 点数为 14 个输入点、9 个输出点。PLC 控制钻床的 I/O 点数及分配见表 8-1，其 I/O 接线图如图 8-1 所示。

表 8-1　　PLC 控制钻床的 I/O 点数及分配

输　入		
输 入 点	输 入 元 件	功 能 说 明
I0.0	SB1	M1 停止按钮

续表

输　入		
输　入　点	输 入 元 件	功 能 说 明
I0.1	SB2	M1 启动按钮
I0.2	SB3	摇臂上升按钮
I0.3	SB4	摇臂下降按钮
I0.4	SB5	主轴箱和立柱松开按钮
I0.5	SB6	主轴箱和立柱夹紧按钮
I0.6	SQ1	摇臂上升限位
I0.7	SQ2	摇臂下降限位
I1.0	SQ3	摇臂松开到位开关
I1.1	SQ4	摇臂夹紧到位开关
I1.2	SQ5	主轴箱与立柱夹紧松开到位开关
I1.3	SA—12	转换开关
I1.4	SA—23	转换开关
I1.5	FR	M3 热继电器
输　出		
输　出　点	输 出 元 件	功 能 说 明
Q0.0	KM1	M1 启动接触器
Q0.1	KM2	摇臂上升接触器
Q0.2	KM3	摇臂下降接触器
Q0.3	KM4	液压泵正转接触器
Q0.4	KM5	液压泵反转接触器
Q0.5	YV1	电磁阀
Q0.6	YV2	电磁阀
Q0.7	HL1	主轴箱与立柱夹紧指示灯
Q1.0	HL2	主轴箱与立柱松开指示灯

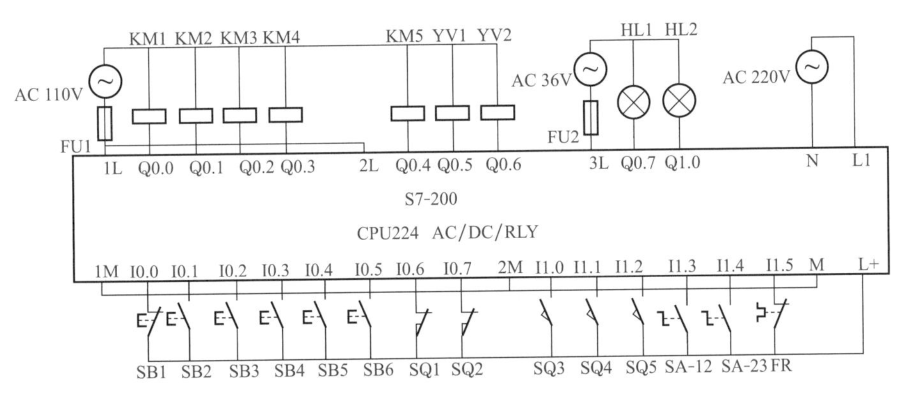

图 8-1　PLC 控制钻床的 I/O 接线图

三、编制梯形图

根据摇臂钻床的动作要求，PLC 控制钻床的梯形图如图 8-2 所示。

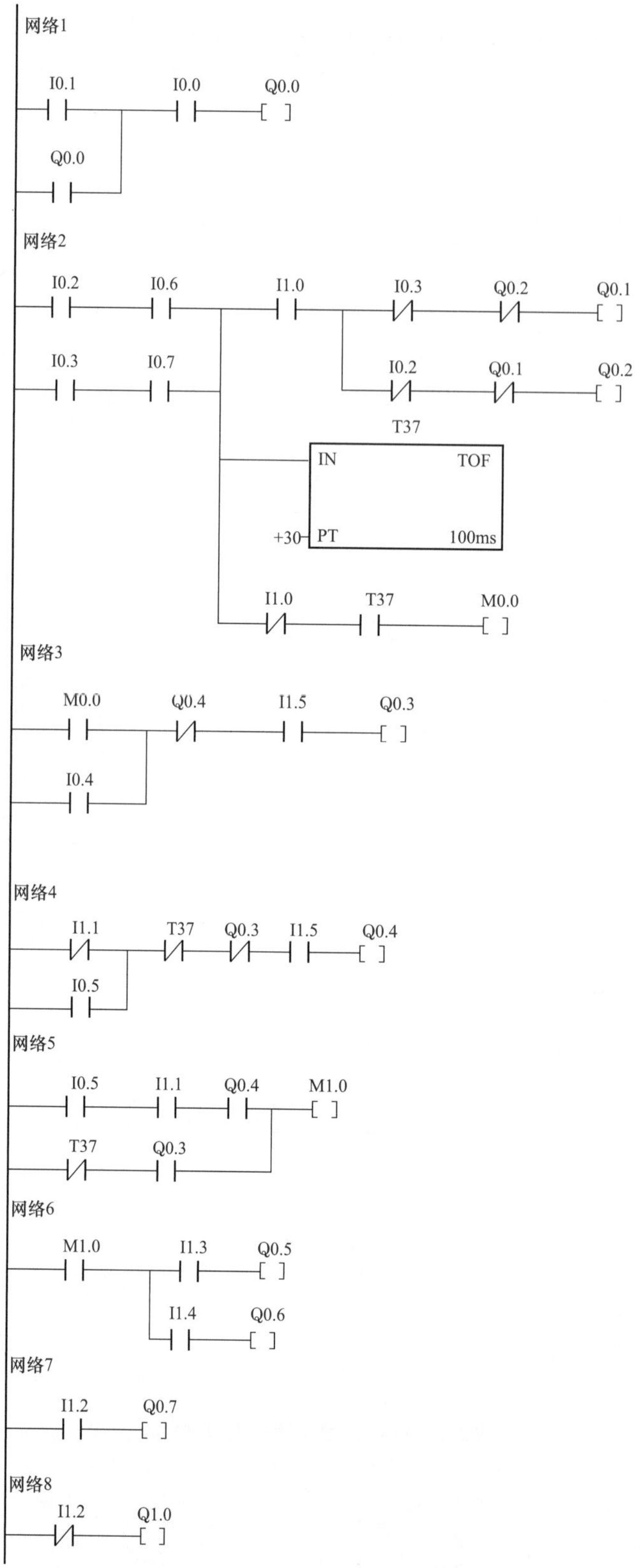

网络1

I0.1 I0.0 Q0.0

Q0.0

网络2

I0.2 I0.6 I1.0 I0.3 Q0.2 Q0.1

I0.3 I0.7 I0.2 Q0.1 Q0.2

T37

IN TOF

+30 PT 100ms

I1.0 T37 M0.0

网络3

M0.0 Q0.4 I1.5 Q0.3

I0.4

网络4

I1.1 T37 Q0.3 I1.5 Q0.4

I0.5

网络5

I0.5 I1.1 Q0.4 M1.0

T37 Q0.3

网络6

M1.0 I1.3 Q0.5

I1.4 Q0.6

网络7

I1.2 Q0.7

网络8

I1.2 Q1.0

图 8-2　PLC 控制钻床的梯形图

四、PLC控制过程

1. 主轴电动机控制

在网络1中，按下启动按钮SB2，输出继电器Q0.0线圈接通并自锁，使接触器KM1得电吸合，主轴电动机M1启动运行；按下停止按钮SB1，接触器KM1失电释放，主轴电动机M1停止运行。

2. 摇臂升降控制

(1) 在网络2、3、4中，按上升（或下降）按钮SB3（或SB4），断电延时型定时器T37工作，输出继电器Q0.3线圈接通，使接触器KM4得电吸合，液压泵电动机M3启动运行。压力油经分配阀进入摇臂的松开油腔，推动活塞和菱形块使摇臂松开。同时活塞杆通过弹簧片压下限位开关SQ3，输出继电器Q0.3线圈断开，使接触器KM4线圈失电释放，接触器KM2（或KM3）线圈得电吸合，液压泵电动机M3停止运行。

(2) 摇臂升降电动机M2开始运行，带动摇臂上升（或下降）。如果摇臂没有松开，限位开关SQ3动合触头不能闭合，接触器KM2（或KM3）线圈不能得电吸合，摇臂就不能升降。当摇臂上升（或下降）到所需的位置时，松开按钮SB3（或SB4），接触器KM2（或KM3）和定时器T37线圈失电释放，摇臂升降电动机M2停止运行，摇臂停止上升（或下降）。

(3) 断电延时型定时器T37断电延时3s后，其延时闭合的动断触头闭合，接触器KM5线圈得电吸合，液压泵电动机M3反向运行，供给压力油。压力油经分配阀进入摇臂夹紧油腔，使摇臂夹紧。同时活塞杆通过弹簧片压下限位开关SQ4，使接触器KM5线圈失电释放，液压泵电动机M3停止运行。

(4) 限位开关SQ1、SQ2用来限制摇臂的升降行程，当摇臂升降到极限位置时，限位开关SQ1、SQ2动作，接触器KM2（或KM3）线圈失电释放，摇臂升降电动机M2停止运行，摇臂停止升降。

(5) 摇臂的自动夹紧是由限位开关SQ4来控制的，如果液压夹紧系统出现故障，不能自动夹紧摇臂或者由于限位开关SQ4调整不当，在摇臂夹紧后不能使限位开关SQ3的动断触头断开，都会使液压泵电动机处于长时间过载运行状态，造成损坏。为了防止损坏液压泵电动机，电路中使用热继电器FR，其整定值应根据液压泵电动机M3的额定电流进行调整。

3. 立柱和主轴箱控制

立柱和主轴箱的松开和夹紧既可单独进行，又可同时进行，由转换开关SA控制，由网络5、6、7、8实现。

(1) 立柱和主轴箱的松开和夹紧同时进行。首先把转换开关SA扳到中间位置“2”，这时按松开按钮SB5，输出继电器Q0.3线圈得电，接触器KM4线圈得电吸合，液压泵电动机M3正转运行，电磁阀YV1、YV2线圈得电吸合，高压油经电磁阀进入立柱和主轴箱松开油腔，推动活塞和菱形块，使立轴和主轴箱同时松开，松开指示灯HL2亮。

按夹紧按钮SB6，输出继电器Q0.4线圈得电，接触器KM5线圈得电吸合，液压泵电动机M3反转运行，高压油经电磁阀进入立柱和主轴箱夹紧油腔，反向推动活塞和菱形块，使立轴和主轴箱同时夹紧，夹紧指示灯HL1亮。

（2）立柱和主轴箱的松开和夹紧单独进行。如果需要主柱、主轴箱单独松开（或夹紧）时，只需将转换开关SA扳到立柱和主轴箱单独松开（或夹紧）的位置，其动作原理与上面松开和夹紧同时进行的工作原理一样。

第二节　PLC在机械手控制中的应用

一、项目描述

机械手是在机械化、自动化生产过程中发展起来的一种新型装置，它能模仿人手臂的某些动作功能，可按固定顺序在空间抓、放、搬运物体等，动作灵活多样，广泛应用在工业生产和其他领域。机械手的全部动作由气缸驱动，PLC控制相应的电磁阀驱动气动执行元件完成各动作。

机械手搬运零部件的动作过程如图8-3所示，图中表示的工作是机械手将工件从右工作台搬运到左工作台，整个动作过程分解为10个工步，即从原位开始按顺序执行①下降→②夹紧→③上升→④左旋→⑤伸臂→⑥下降→⑦放松→⑧上升→⑨缩臂→⑩右旋10个动作后，才能完成一次工作循环回到原位。

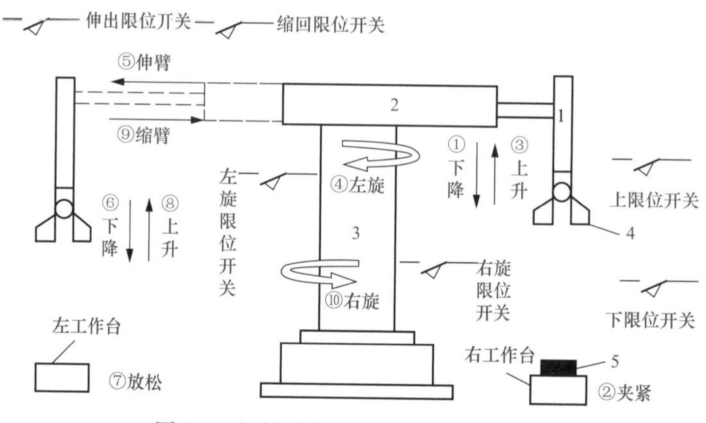

图8-3　机械手搬运零部件的动作过程

1—升降气缸（单联气缸）；2—伸缩气缸（双联气缸）；3—摆动气缸；4—夹紧装置；5—工件

机械手的全部动作，由电磁阀控制的气缸来驱动。其中，机械手的上升/下降、左移/右移、顺转/逆转分别由3个双线圈二位电磁阀控制气缸的动作。当某个电磁阀线圈通电时，一直保持现有的机械动作，直到相反方向的线圈通电为止。另外，夹紧/放松由单线圈二位电磁阀控制气缸的动作。线圈通电时执行夹紧动作，线圈断电时执行放松动作。

为了使机械手动作准确到位，在机械手的极限位置分别安装了限位开关，对机械手分别进行上升、下降、左旋、右旋、伸臂、缩臂等动作的限位，并发出动作到位的输入信号。另外，为了保证安全，还安装了光电开关负责检测左工作台上的工件是否已移走，当机械手行至左上位时，只有当左台面为空时，才允许下降动作进行。机械手的操作方式有两种：手动操作和自动操作。

手动操作又称为点动操作，即用按钮对机械手的每一种动作进行单独控制，分为上/下、左/右、夹紧/放松、左旋/右旋4种动作方式，这种操作方式主要供维修用。

自动操作可分为单步运行、单周期运行、连续运行 3 种自动方式。

(1) 单步运行又称为步进操作，即每按一次启动按钮，机械手按顺序依次执行一步动作后停止，这种工作方式主要供调试机械手用。

(2) 单周期运行又称为半自动操作，当机械手在原位时，按下启动按钮，机械手自动执行一个周期的动作后，停在原位，这种工作方式主要供首次检验机械手用。

(3) 自动连续运行又称为自动循环操作，当机械手在原位时，按下启动按钮，机械手便周期性地按顺序执行各步动作，这种工作方式是机械手的正常工作方式。

二、确定 I/O 点数及分配

根据以上的控制要求，为了实现 PLC 控制机械手共需要 I/O 点数为 17 个输入点、8 个输出点，其具体的 I/O 点数分配及接线图如图 8-4 所示。为了减少手动操作的按钮数量，机械手的“操作方式”“运动方式”选择开关均采用单极多位开关，并且它们共用启动和停止 2 个按钮，来实现机械手的手动操作。输入电路应用了 PLC 自带的 24V 电源，其容量能够满足输入信号的要求。输出驱动有电磁阀线圈且使用直流 24V 外加电源。由于电磁阀线圈和信号灯需要的驱动功率较小，因此由 PLC 的输出电器直接驱动。另外，增加 1 个数字扩展模块 EM223，其最大扩展点数为 32。

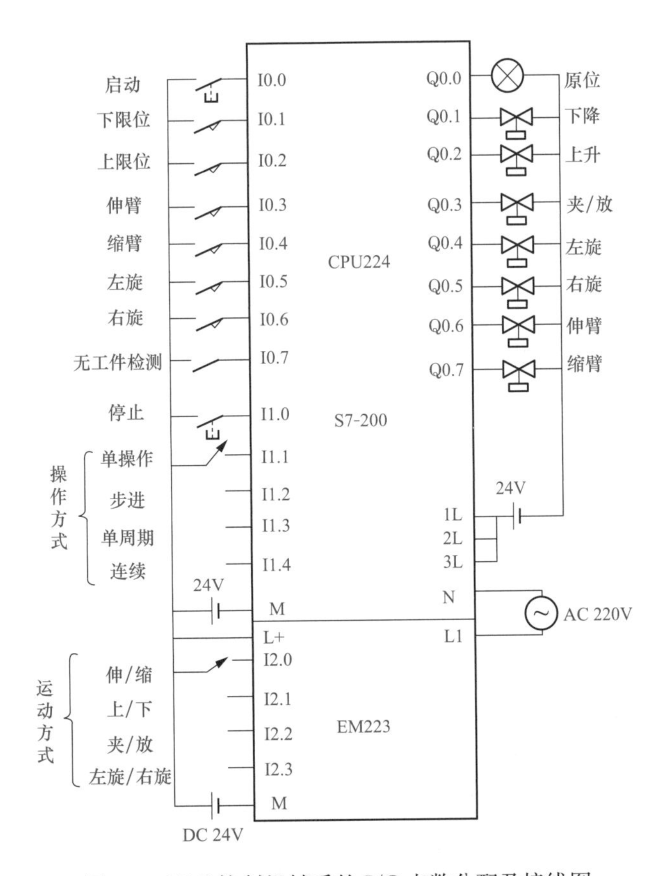

图 8-4　PLC 控制机械手的 I/O 点数分配及接线图

三、编制梯形图

根据机械手的动作要求及 PLC 控制系统的操作方式，可采用模块式程序结构，它由主程序、手动程序、自动程序组成，手动程序和自动程序可分别编成相对独立的子程序模块，通过子程序调用指令执行。子程序调用指令（SBR-n）编写在主程序中，子程序的标号 n 范围为 0～63，子程序返回指令（RET）编写在子程序中。PLC 控制机械手的主程序梯形图和手动操作梯形图（子程序 0）、自动操作梯形图（子程序 1）如图 8-5～图 8-7 所示。

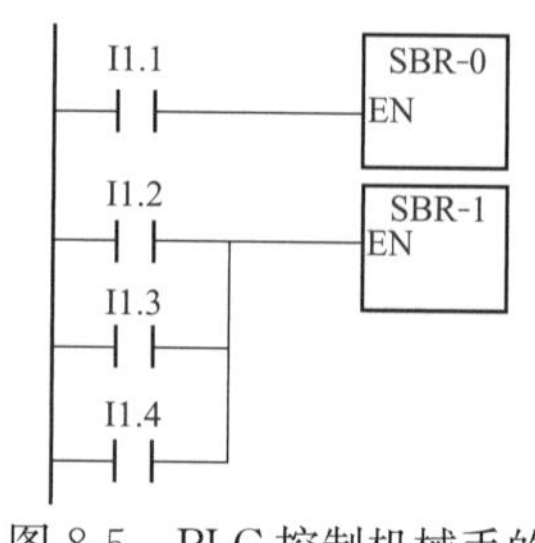

图 8-5　PLC 控制机械手的主程序梯形图

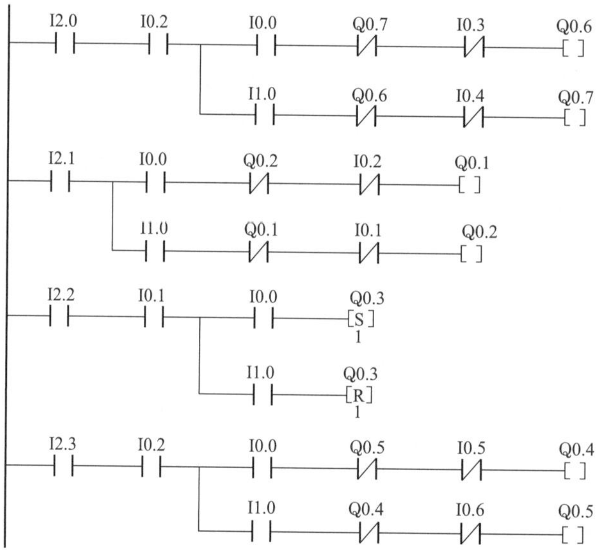

图 8-6　PLC 控制机械手的手动操作梯形图（子程序 0）

四、PLC 控制过程

1. 主程序

当操作方式选择开关拨到单操作位置时，输入继电器 I1.1 接通，而输入继电器 I1.2、I1.3、I1.4 断开，故 PLC 执行手动操作程序。当操作方式选择开关拨到自动方式（步进、单周期、连续）位置时，输入继电器 I1.1 断开，而输入继电器 I1.2、I1.3、I1.4 总有一个接通，故 PLC 跳过手动操作程序，而去执行自动操作程序。

2. 手动操作程序（子程序 0）

手动操作不需要按工序顺序动作，可以按普通继电器控制系统来设计。为了保持系统的安全运行，必须设置一些必要的互锁保护，如机械手只有处于上限位置（I0.2=1）时，才允许伸缩臂和左右旋转；由于夹紧、放松动作选用单线圈双位电磁阀控制，故在梯形图中用

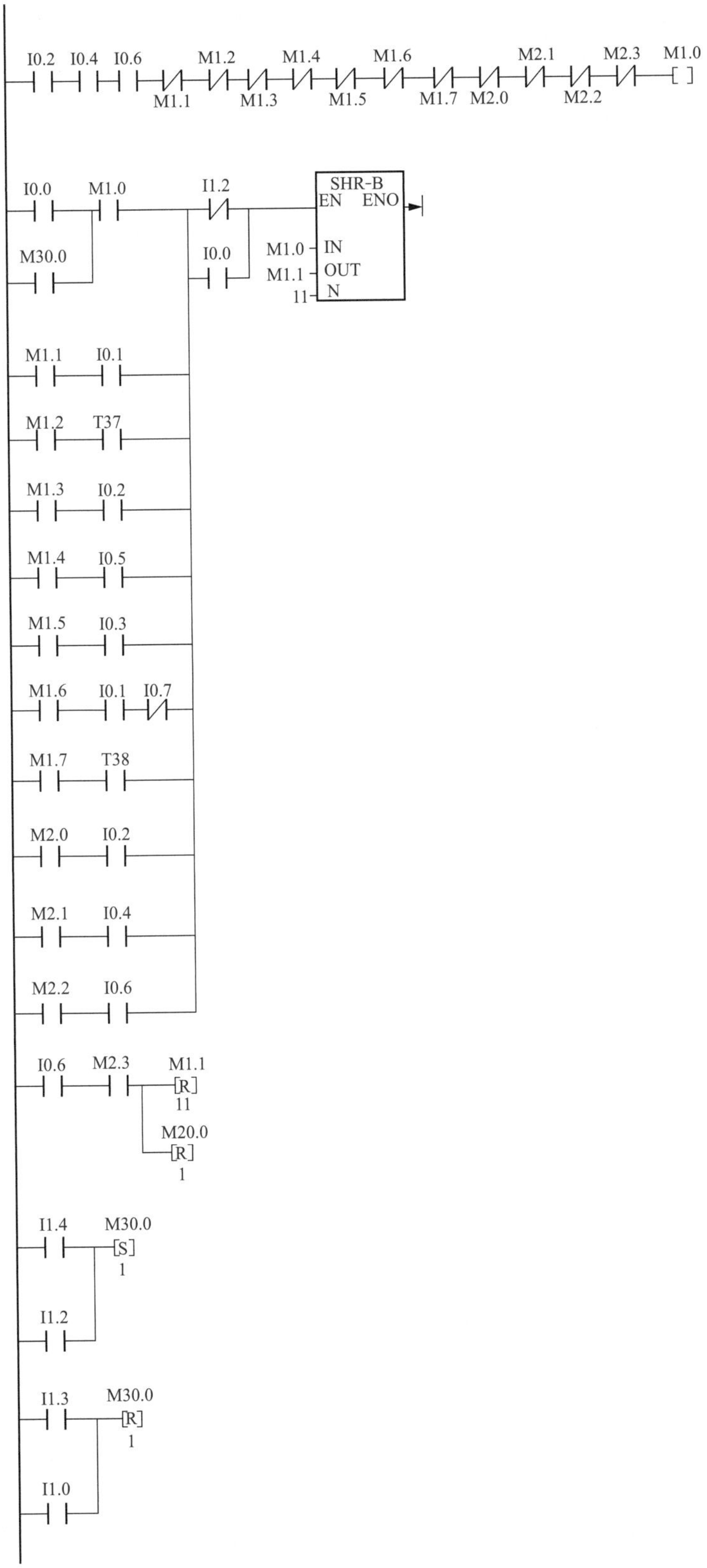

图 8-7　PLC 控制机械手的自动操作梯形图（子程序 1）（一）

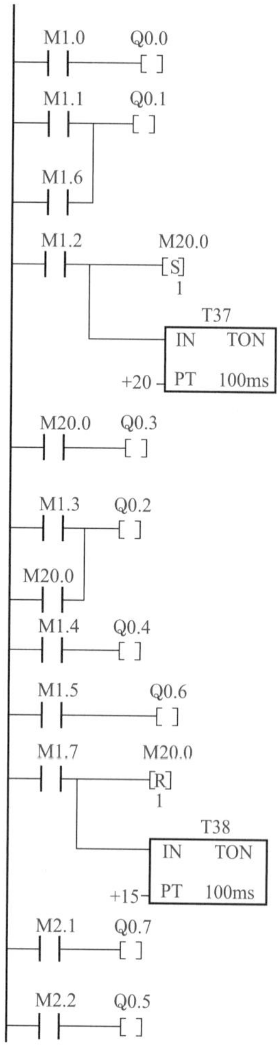

图 8-7 PLC 控制机械手的自动操作梯形图（子程序 1）（二）

置位（S）、复位（R）指令来控制，该指令具有保持功能，并且设置了机械互锁，只有机械手处于下限位置（I0.1=1）时，才能进行夹紧和放松动作。

3. 自动操作程序（子程序 1）

机械手的自动操作属于顺序控制，对于顺序控制可用多种方法进行编程，其中用移位寄存器很容易实现这种控制功能，转换的条件由各行程开关及定时器的状态来决定。机械手夹紧/放松动作的控制，可采用通电延时型定时器 T37 控制夹紧时间，通电延时型定时器 T38 控制放松时间。

机械手的运动主要包括上升、下降、夹紧、放松、左旋、右旋、伸臂、缩臂，在控制程序中，辅助继电器 M1.0 控制原位显示，辅助继电器 M1.1、M1.6 分别控制左右下降，辅助继电器 M1.3、M2.0 分别控制左右上升，辅助继电器 M1.2 控制夹紧，辅助继电器 M1.7 控制放松，辅助继电器 M1.4、M2.2 分别控制左旋、右旋运动，辅助继电器 M1.5、M2.1 分别控制伸臂、缩臂运动。

（1）当操作方式选择开关拨到连续位置时，输入继电器 I1.4 接通，使辅助继电器 M30.0 置“1”。当机械手回到原位时，移位寄存器复位即 M1.0 置“1”，又获得一个移位信

号，机械手周而复始地执行各步动作，直到按下停止按钮后，输入继电器 I1.0 接通，使辅助继电器 M30.0 置“0”，机械手完成当前一个运动周期后停在原位。

(2) 当操作方式选择开关拨到单周期位置时，输入继电器 I1.3 接通，使辅助继电器 M30.0 置“0”，当机械手在原点时，每按一次启动按钮，机械手自动执行一个周期的动作后停止在原位。

(3) 当操作方式选择开关拨到步进位置时，输入继电器 I1.2 接通，使辅助继电器 M30.0 置“1”，每按一次启动按钮，才能产生一个移位信号，机械手按动作顺序完成一步。

第三节　PLC 在交通信号灯控制中的应用

一、项目描述

PLC 具有很强的环境适应性，其内部定时器资源非常丰富且配有实时时钟，可对交通信号灯进行精确控制，并实施全天候无人化管理。交通信号灯设置示意图如图 8-8 所示，在东、西、南、北 4 个方向都有红、绿、黄 3 种交通信号灯，所以交通信号灯共有 12 盏。

在交通信号灯控制系统工作时，所有交通信号灯受一个启动开关控制，直至按下停止按钮，系统停止工作。对交通信号灯的控制按照一定的时序要求进行，具体时序如图 8-9 所示，交通信号灯正常循环运行的具体控制要求如下。

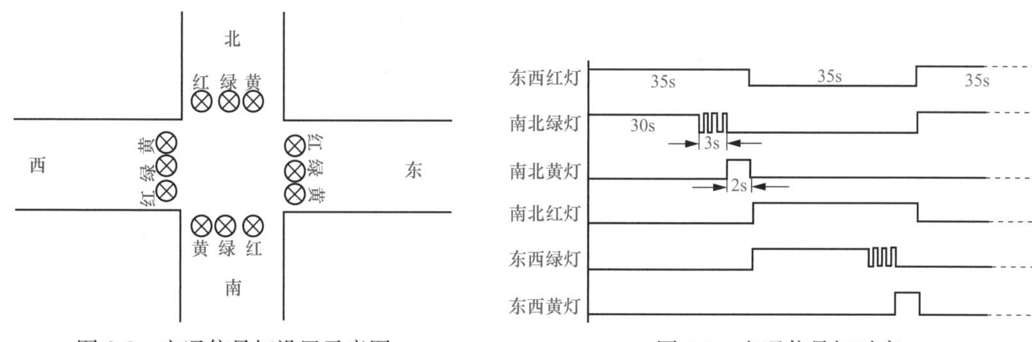

图 8-8　交通信号灯设置示意图　　　图 8-9　交通信号灯时序

(1) 接通启动按钮后，交通信号灯开始工作，初始状态为南北红灯亮、东西绿灯亮。

(2) 南北红灯亮并维持 35s，在此期间东西绿灯也亮并维持 30s。

(3) 东西绿灯亮 30s 后，闪亮 3 次（3s）后熄灭，接着东西黄灯亮并维持 2s 后熄灭。

(4) 东西红灯亮并维持 35s，在此期间南北绿灯亮并维持 30s。

(5) 南北绿灯亮 30s 后，闪亮 3 次（3s）后熄灭，接着南北黄灯亮并维持 2s 后熄灭。

(6) 上述交通信号灯状态不断循环，直至停止工作。

二、确定 I/O 点数及分配

启动按钮 SB1、停止按钮 SB2 这 2 个外部器件需接在 PLC 的 2 个输入端子上，可分配为

I0.1、I0.2输入点；由于每一个方向的交通信号灯中，同种颜色的交通信号灯同时工作，为节省输出点数，可以采用并联输出方法，因此12盏信号灯需接在6个输出端子上，可分配为Q0.0、Q0.1、Q0.2、Q0.3、Q0.4、Q0.5输出点。由此可知，为了实现PLC控制交通信号灯共需要I/O点数为2个输入点、6个输出点。PLC控制交通信号灯的I/O点数及分配见表8-2，其I/O接线图如图8-10所示。

表8-2　PLC控制交通信号灯的I/O点数及分配

输　入		
输　入　点	输入元件	功能说明
I0.1	SB1	电源接通按钮
I0.2	SB2	电源关闭按钮
输　出		
输　出　点	输入元件	功能说明
Q0.0	HL1、HL2	南北向红灯
Q0.1	HL3、HL4	南北向黄灯
Q0.2	HL5、HL6	南北向绿灯
Q0.3	HL7、HL8	东西向红灯
Q0.4	HL9、HL10	东西向黄灯
Q0.5	HL11、HL12	东西向绿灯

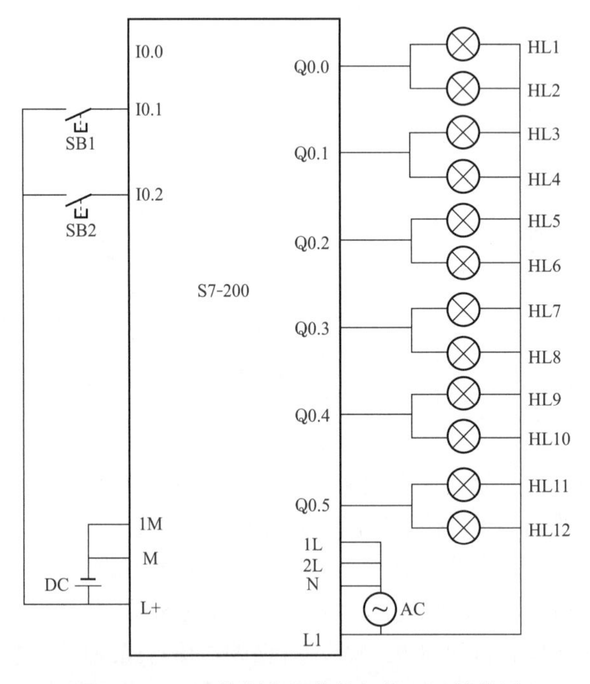

图8-10　PLC控制交通信号灯的I/O接线图

三、编制梯形图

PLC控制交通信号灯的梯形图如图8-11所示。

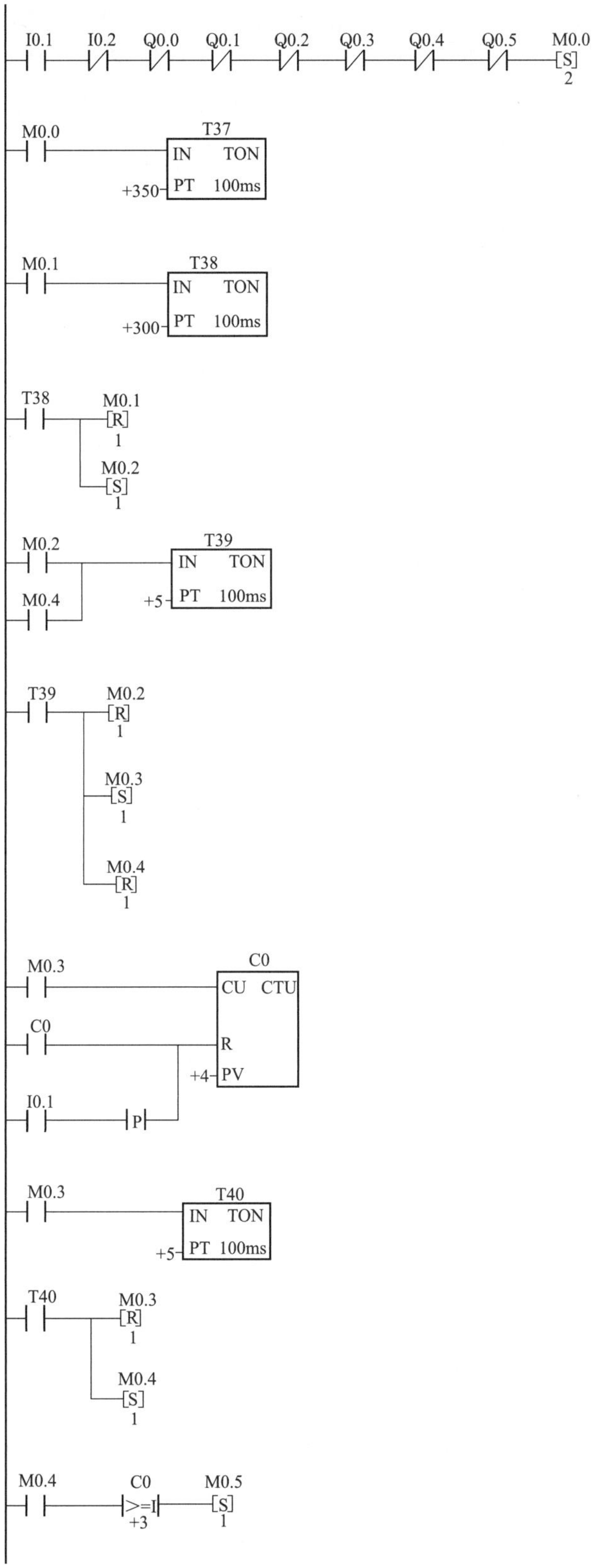

图 8-11　PLC 控制交通信号灯的梯形图（一）

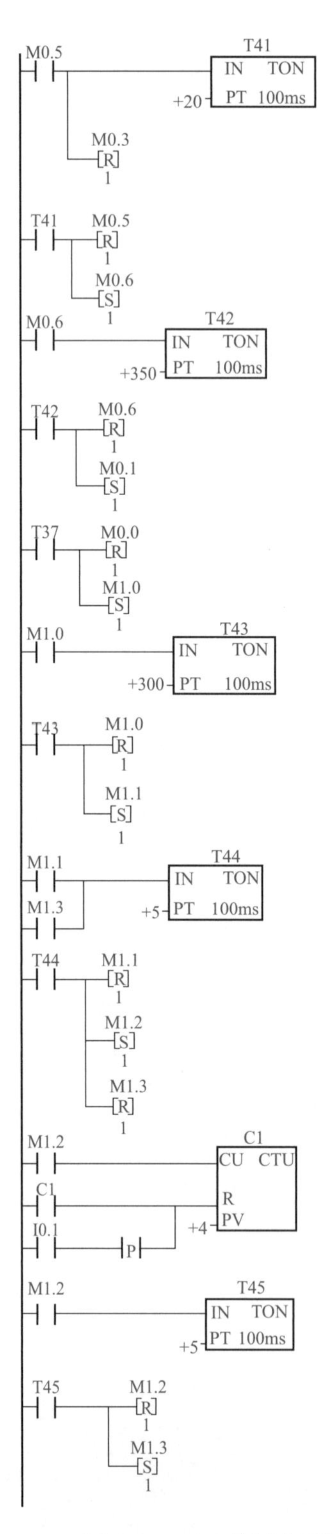

图 8-11　PLC 控制交通信号灯的梯形图（二）

图 8-11　PLC 控制交通信号灯的梯形图（三）

四、PLC 控制过程

（1）按下启动按钮 SB1，输入继电器 I0.1 接通，使辅助继电器 M0.0、M0.1 置“1”，初始状态为南北红灯亮，东西绿灯亮。

（2）通电延时型定时器 T37 接通，对南北红灯亮进行 35s 计时；通电延时型定时器 T38 接通，对东西绿灯亮进行 30s 计时。

（3）东西绿灯熄灭，通电延时型定时器 T39、T40 接通，对东西绿灯进行亮 0.5s、熄灭 0.5s 计时。

（4）递增计数器 C0 接通，对东西绿灯闪亮次数进行计数；当东西绿灯闪亮 3 次后，东西黄灯亮。

（5）通电延时型定时器 T41 接通，对东西黄灯亮进行 2s 计时。

（6）东西黄灯熄灭，东西红灯亮，通电延时型定时器 T42 接通，对东西红灯亮进行 35s 计时；通电延时型定时器 T43 接通，对南北绿灯亮进行 30s 计时。

（7）南北绿灯熄灭，通电延时型定时器 T44、T45 接通，对南北绿灯进行亮 0.5s、熄灭 0.5s 计时。

（8）递增计数器 C1 接通，对南北绿灯闪亮次数进行计数；当南北绿灯闪亮 3 次后，南北黄灯亮。

(9) 通电延时型定时器T46接通，对南北黄灯亮进行2s计时。

(10) 南北黄灯熄灭，返回南北红灯亮，东西绿灯亮的初始状态，进入新一轮的控制，周而复始。

(11) 按下停止按钮SB2，输入继电器I0.2接通，使辅助继电器M0.0～M1.5复位置“0”，输出继电器Q0.0～Q0.5也复位置“0”，交通信号灯全部熄灭，停止工作。

第四节 PLC在抢答器控制中的应用

一、项目描述

抢答器广泛应用于各种知识竞赛中，不仅承担着比赛，还增加了比赛的趣味性和娱乐性。传统的抢答器大部分都是基于模拟电路、数字电路或者模数混合电路组成的，其系统线路复杂，可靠性不高，功能也比较简单，特别是当抢答路数多时，硬件实现起来就比较困难。而采用PLC制作抢答器具有结构简单、可靠性好、使用方便等特点，当改变控制要求时，只需要相应地改变程序，非常适合于抢答器的制作。4路抢答器的控制要求如下。

(1) 抢答器同时供4名选手或4个代表队比赛，每个参赛台上设有1个抢答按钮或多个并联的抢答按钮（根据每个代表队参赛人数而定）。

(2) 主持人主控台设置2个控制按钮，用来控制抢答的开始和系统电路的复位。

(3) 抢答器具有数据锁存和显示的功能。抢答开始后，若有选手按下抢答按钮，选手编号立即锁存，并在LED数码管上显示该编号，同时禁止其他选手抢答，优先抢答选手的编号一直保持到主持人将系统复位为止。

(4) 当主持人按下开始按钮后，允许抢答指示灯亮，参赛选手应在设定时间内抢答。如果设定时间已到，却没有选手抢答，则无人抢答指示灯亮，以示选手放弃该题，同时禁止选手超时后抢答。

(5) 如果主持人未按下开始抢答按钮，选手就开始抢答，则属违例，这时违规指示灯亮，并显示其组号。

(6) 选手抢答成功后必须在设定的时间内完成答题，设定时间到，答题超时指示灯亮，选手应马上停止回答问题。

(7) 在允许抢答、正常抢答、违规抢答、无人抢答、答题超时情况下，蜂鸣器都应发出声响，以提示选手和主持人。

二、确定I/O点数及分配

根据以上的控制要求，为了实现PLC控制4路抢答器共需要I/O为6个输入点、13个输出点，其具体的I/O点数分配及接线图如图8-12所示。

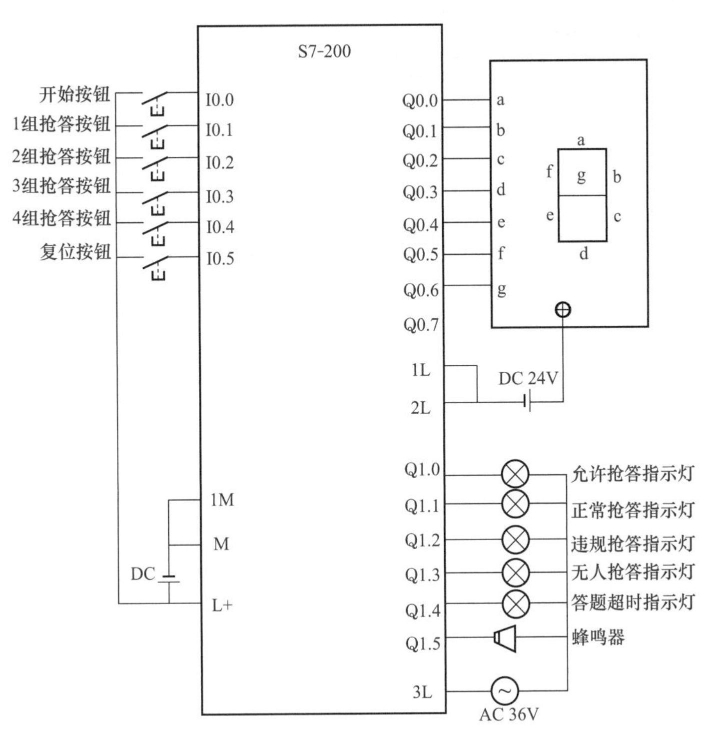

图 8-12　PLC 控制 4 路抢答器的 I/O 点数分配及接线图

三、编制梯形图

PLC 控制 4 路抢答器的梯形图如图 8-13 所示。

四、PLC 控制过程

（1）主持人按下开始按钮 I0.0 后，输出继电器 Q1.0 接通，允许抢答指示灯亮。

（2）抢答限时通电延时型定时器 T37 接通，开始 10s 计时；当有抢答按钮按下时，抢答辅助继电器 M0.0 接通。

（3）在主持人允许抢答且有选手抢答时，输出继电器 Q1.0 动合触头闭合情况下，抢答辅助继电器 M0.0 动合触头闭合，则为正常抢答，这时输出继电器 Q1.1 接通，正常抢答指示灯亮。

（4）主持人未按下开始按钮 I0.0，允许抢答输出继电器 Q1.0 断开，其动断触头闭合，此时有选手抢答，抢答中间继电器 M0.0 动合触头闭合，则输出继电器 Q1.2 接通。这种情况为违规抢答，违规抢答指示灯亮。

（5）无人抢答时，抢答中间继电器 M0.0 的动断触头闭合，当抢答限时通电延时型定时器 T37 定时 10s 到，其动合触头闭合，则输出继电器 Q1.3 接通，无人抢答指示灯亮。

（6）正常抢答成功时，Q1.1 动合触头闭合，这时答题限时通电延时型定时器 T38 开始计时，当设定时间 2min 到后，定时器 T38 动合触头闭合，输出继电器 Q1.4 接通，答题超时指示灯亮，提示答题时间到。

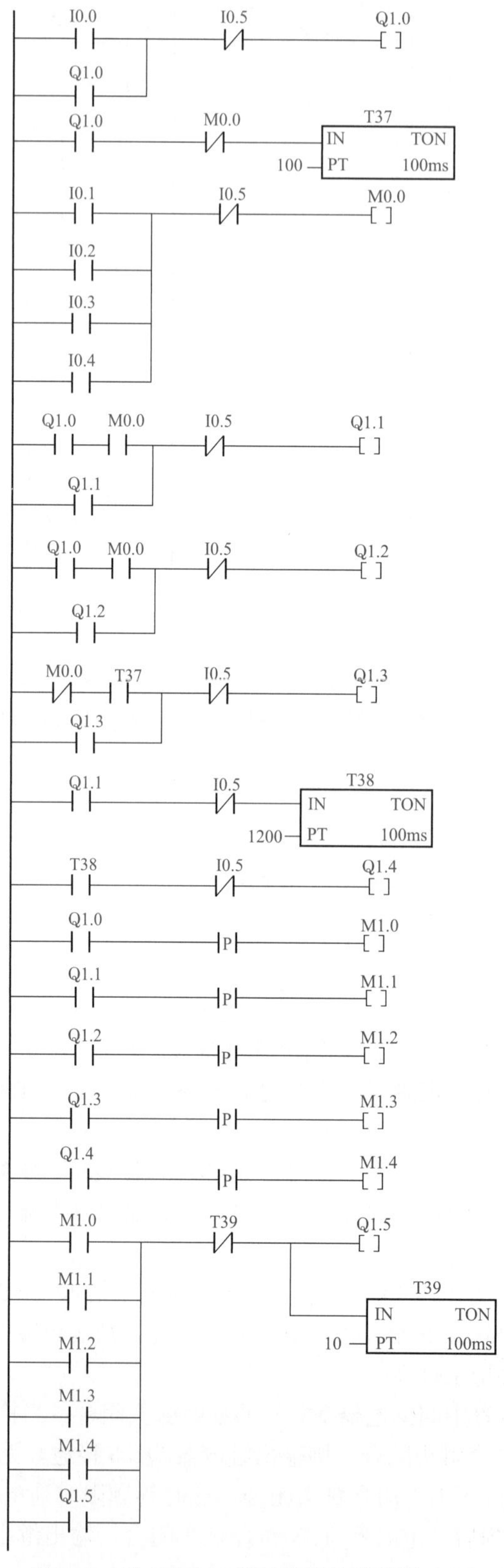

图 8-13　PLC 控制 4 路抢答器的梯形图（一）

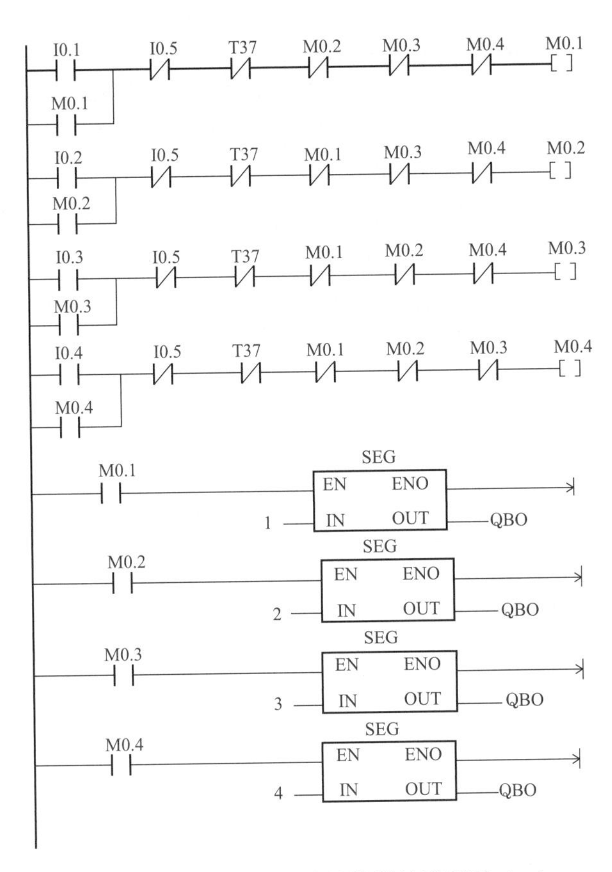

图 8-13　PLC 控制 4 路抢答器的梯形图（二）

（7）在允许抢答、正常抢答、违规抢答、无人抢答和答题超时情况下，相应的辅助继电器 M1.0～M1.4 动合触头闭合，使输出继电器 Q1.5 接通，发出提示音。输出继电器 Q1.5 接通时间只有 1s，由通电延时型定时器 T39 控制。

（8）在抢答限时时间内，如果某选手抢先按下抢答按钮，相应的辅助继电器接通且自锁，并将其动断触头串入其他抢答回路中，实现电路互锁，其他选手再按下抢答按钮将不会起作用。

（9）某选手抢先按下抢答按钮，相应的辅助继电器接通后，使用 7 段显示译码指令 SEG 将其编号译成 7 段显示代码，并输出到输出继电器 Q0.0～Q0.6，显示抢答选手的编号。

（10）在某个题目抢答结束后，主持人按下复位按钮，显示器和指示灯复位，抢答器恢复原来的状态，为下一轮抢答做好准备。

第五节　PLC 在多种物料混合控制中的应用

一、项目描述

物料的混合操作是一些企业在生产过程中十分重要的组成部分，尤其在炼油、化工、制药等行业中，经常需要将 2 种或 2 种以上的液体按照一定的比例混合，再做相应的处理和加工。对物料混合装置的要求是物料的混合质量高、生产效率和自动化程度高、适应范围广、抗恶劣工作环境等，采用PLC来控制多种物料混合装置，完全能满足物料混合控制的工艺要求，并对各种成分含量能进行有效控制，提高生产效率，因此PLC控制多种物料混合具有广泛的应用。

多种液体按一定比例进行混合是物料混合的一种典型形式，3种液体自动混合装置如图8-14所示。图8-14中电动机M用来搅拌混合液体，电磁阀YV1、YV2、YV3、YV4分别控制液体A、B、C的流入及混合液的流出，液面传感器SQ1、SQ2、SQ3、SQ4用来感应液体流入量，当液体流入量达到传感器液位时，传感器就会发出相应指令。液面传感器SQ4只有在电磁阀YV4打开时才有信号感应，这是为了避免在流入液体时产生错误指令。

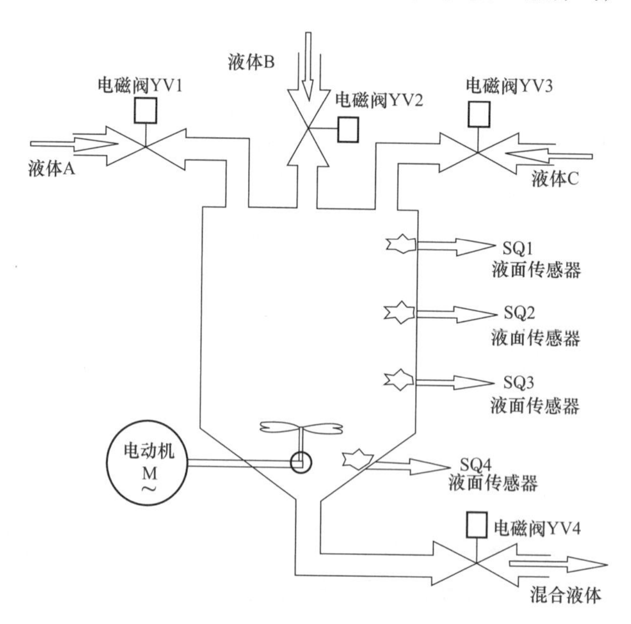

图8-14　3种液体自动混合装置

3种液体自动混合装置的控制要求如下。电磁阀的工作状态由电源控制，当接通电源时阀门处于打开的状态，当断开电源时阀门处于闭合状态。

1. 初始状态

电动机M处于停机状态，电磁阀YV1、YV2、YV3处于关闭状态，电磁阀YV4处于接通状态，延时20s后自动处于闭合状态，使容器内残余液体放空，液面传感器均无信号。

2. 启动操作

(1) 按下启动按钮SB1，电磁阀YV1接通，液体A流入容器。

(2) 当容器内液体的液面到达水平面SQ3时，电磁阀YV1断开，液体A停止流入。同时，电磁阀YV2接通，液体B流入容器。

(3) 当容器内液体的液面到达水平面SQ2时，电磁阀YV2断开，液体B停止流入。同时，电磁阀YV3接通，液体C流入容器。

(4) 当容器内液体的液面到达水平面SQ1时，电磁阀YV3断开，液体C停止流入。同时，电动机M接通启动，开始进行液体的搅匀工作。

(5) 当电动机M工作1min后自动停机，搅匀工作停止。同时，电磁阀YV4接通，混

合液开始放出。

（6）当容器内液面下降到水平面 SQ4 时，电磁阀 YV4 延时 20s 后断开，混合液停止流出，并自动开始新一轮的工作周期。

3. 停止操作

按下停止按钮 SB2 后，要求工作过程不要立即停止，而是要将当前容器内的混合液体的工作处理完毕后（当前周期循环结束），才能停止工作，否则会造成原料的浪费。

二、确定 I/O 点数及分配

根据以上的控制要求，为了实现 PLC 控制 3 种液体自动混合装置共需要 I/O 点数为 6 个输入点、5 个输出点，其具体的 I/O 点数分配及接线图如图 8-15 所示。

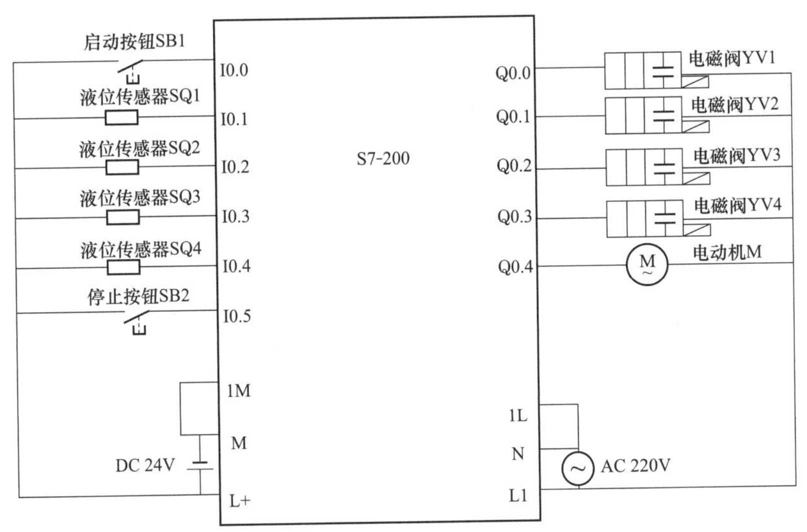

图 8-15 PLC 控制 3 种液体自动混合装置的 I/O 点数分配及接线图

三、编制梯形图

PLC 控制 3 种液体自动混合装置的梯形图如图 8-16 所示。

四、PLC 控制过程

（1）初始状态控制。混合装置投入运行时，电磁阀 YV1、YV2、YV3 关闭，特殊标志继电器 SM0.1（功能：初始脉冲，PLC 由 STOP 转为 RUN 时，一个扫描周期内 ON）接通初次扫描周期，使电磁阀 YV4 阀门打开 20s 将容器内残余液体放空，液面传感器 SQ1～SQ4 无信号，电动机 M 未启动。

（2）液体 A 注入控制。按下启动按钮 SB1，输入继电器 I0.0 接通，使辅助继电器 M0.0 接通并置“1”，其动合触头闭合，为下一个周期连续运行做好准备。输出继电器 Q0.0 接通并置“1”，电磁阀 YV1 得电打开，液体 A 开始注入混合容器。

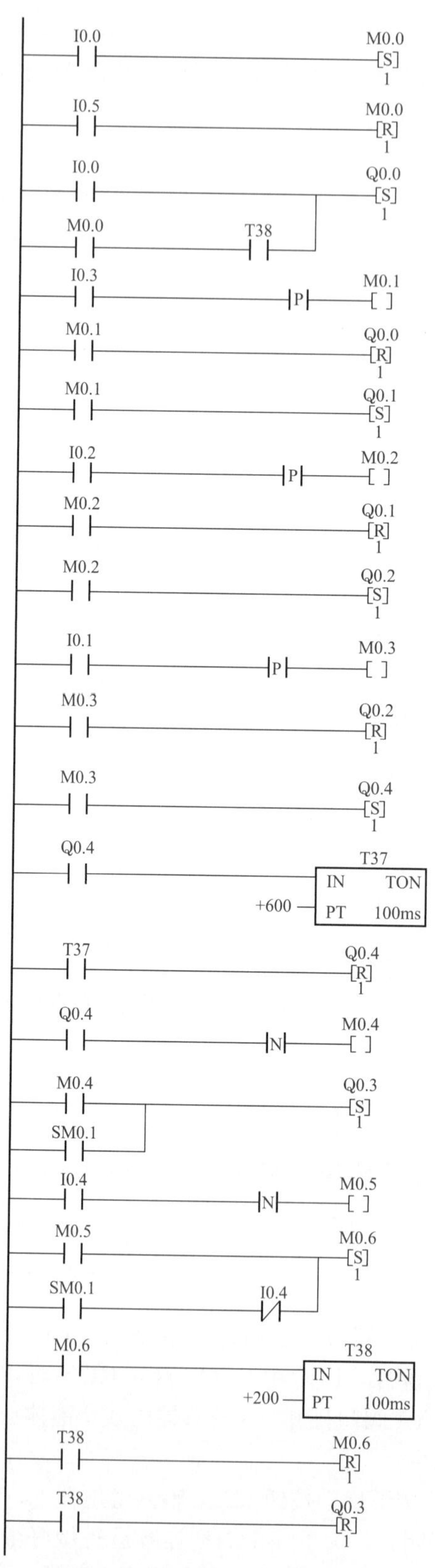

图 8-16　PLC 控制 3 种液体自动混合装置的梯形图

(3) 液体A停止注入控制。当混合容器中的液面到达水平面SQ3时，液面传感器SQ3动作，输入继电器I0.3接通产生1个上升沿脉冲，使辅助继电器M0.1接通，其动合触头闭合，输出继电器Q0.0复位置“0”，电磁阀YV1失电闭合，液体A停止注入混合容器。

(4) 液体B注入控制。辅助继电器M0.1动合触头闭合，使输出继电器Q0.1接通并置“1”，电磁阀YV2得电打开，液体B开始注入混合容器。

(5) 液体B停止注入控制。当混合容器中的液面到达水平面SQ2时，液面传感器SQ2动作，输入继电器I0.2接通产生1个上升沿脉冲，使辅助继电器M0.2接通，其动合触头闭合，输出继电器Q0.1复位置“0”，电磁阀YV2失电闭合，液体B停止注入混合容器。

(6) 液体C注入控制。辅助继电器M0.2动合触头闭合，使输出继电器Q0.2接通并置“1”，电磁阀YV3得电打开，液体C开始注入混合容器。

(7) 液体C停止注入控制。当混合容器中的液面到达水平面SQ1时，液面传感器SQ1动作，输入继电器I0.1接通产生1个上升沿脉冲，使辅助继电器M0.3接通，其动合触头闭合，输出继电器Q0.2复位置“0”，电磁阀YV3失电闭合，液体C停止注入混合容器。

(8) 电动机M控制。辅助继电器M0.3动合触头闭合，使输出继电器Q0.4接通并置“1”，电动机M得电开始工作；输出继电器Q0.4动合触头闭合，使通电延时型定时器T37接通，计时开始。当计时到1min后，延时动合触头T37闭合，使输出继电器Q0.4复位置“0”，电动机M失电停止工作。

(9) 放出混合液体控制。输出继电器Q0.4复位置“0”时产生1个下降沿脉冲，使辅助继电器M0.4接通，其动合触头闭合，使输出继电器Q0.3接通并置位“1”，电磁阀YV4得电打开，混合容器开始放出混合液体。当混合容器中的液面到达水平面SQ4时，液面传感器SQ4由接通变为断开（液面传感器SQ4在液面淹没时为接通状态），输入继电器I0.4断开时产生1个下降沿脉冲，使辅助继电器M0.5接通，其动合触头闭合，辅助继电器M0.6接通并置“1”。

(10) 停放混合液体控制。辅助继电器M0.6动合触头闭合，使通电延时型定时器T38接通，计时开始。当计时到20s后，延时动合触头T38闭合，使输出继电器Q0.3复位置“0”，电磁阀YV4失电闭合，混合液体停止流出混合容器。

(11) 返回初始状态控制。延时动合触头T38闭合，与之串联的辅助继电器动合触头M0.0在按下启动按钮SB1时已闭合，使输出继电器Q0.0再次接通并置位“1”，电磁阀YV1得电再次打开，液体A开始再次注入混合容器，开始新一轮的工作周期。

(12) 停止控制。按下停止按钮SB2，输入继电器I0.5接通，使辅助继电器M0.0复位置“0”，其动合触头断开，使与之串联的延时动合触头T38即使闭合（当前工作周期循环结束后）也无法将输出继电器Q0.0再次接通并置“1”，即停止运行，不再循环。

第九章

西门子变频器与PLC的联机应用

第一节　变频器与 PLC 的联机

变频器和 PLC 联机应用时，由于二者涉及用弱电控制强电，因此应该注意联机时出现的干扰，避免由于干扰造成变频器的误动作，或者由于联机不当导致 PLC 或变频器的损坏。

一、变频器与 PLC 的联机方法

1. 开关量方式

开关量方式将 PLC 的开关量输出信号直接连接到变频器的开关量输入端子上，用开关量信号控制变频器的启动、停止、正转、反转、调速（多段速）等。该方式运行可靠、接线简单、抗干扰能力强、调试容易、维护方便，能实现较为复杂的控制要求，但只能有级调速。西门子 MM440 变频器与 S7-200 PLC 的开关量方式联机如图 9-1 所示。

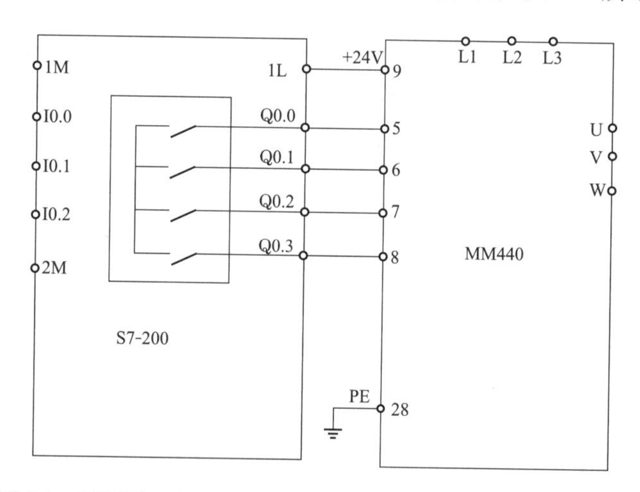

图 9-1　西门子 MM440 变频器与 S7-200 PLC 的开关量方式联机

2. 模拟量方式

模拟量方式将 PLC 的模拟量输出信号（0～10V 或 4～20mA）直接连接到变频器的模拟量输入端子上，用模拟量信号控制变频器的输出频率。该方式接线简单，能实现无级调速，但需要选择与变频器输入阻抗匹配的 PLC 模拟量输出模块。此外，在连线时注意将布线分

开并做好屏蔽接地，保证主电路一侧的噪声无法传递至控制电路。

3. 通信方式

大部分变频器都有通信串行接口（大多是RS-485接口），因此可以在PLC的RS-485接口（RS-232需要加转换器）与变频器之间连接通信线缆，用通信方式控制变频器的启动、停止、正转、反转、调速等，该方式布线数量少、无须重新布线即可更改控制功能，还可以通过串行接口的设置对变频器的参数进行修改及连续对变频器的特性进行监测和控制，但运行可靠性相对较差，维护也不方便。

变频器与PLC之间的通信需要遵循通用的串行接口协议，按照串行总线的主、从通信原理来确定访问的方法，其设计标准适用于工业环境的应用对象。单一的RS-485链路最多可以连接30台变频器，而且根据各变频器的地址或采用广播信息，都可以找到需要通信的变频器。

二、变频器开关型信号的输入

变频器通常利用继电器触头或具有继电器触头特性的开关电子元器件得到运行状态指令，如运行、停止、正转、反转、点动等，这些都属于开关型信号。在使用继电器触头的场合，为了防止出现因触头接触不良而带来的误动作，需要使用高可靠性的控制继电器。当使用晶体管集电极开路形式进行连接时，也同样需要考虑晶体管本身的耐压容量和额定电流等因素，使所构成的接口电路具有一定的裕量，以达到提高系统可靠性的目的。

三、变频器数值型信号的输入

变频器中也存在一些数值型信号，如频率、电压等，它的输入可分为数字输入和模拟输入2种。数字输入多采用变频器面板上的键盘操作和串行接口来给定，模拟输入则通过接线端子由外部给定，通常通过0～10V(5V)的电压信号或0(4)～20mA的电流信号输入。

由于接口电路因输入信号而异，因此必须根据变频器的输入阻抗选择PLC的输出模块。当变频器和PLC的电压信号范围不同时，如变频器的输入信号电压范围为0～10V，而PLC的输出信号电压范围为0～5V时，或PLC的输出信号电压范围为0～10V，而变频器的输入电压信号范围为0～5V时，需用串联的方式接入分压电阻，以保证在通断时不超过PLC和变频器相应的电压允许值。

四、变频器信号的输出

在变频器的工作过程中，经常需要通过继电器触头或晶体管集电极开路的形式将变频器的内部状态（运行状态）传递给外部。在连接这些送给外部的信号时，也必须考虑继电器和晶体管的允许电压、允许电流等因素。此外，在连线时还应该考虑噪声的影响。

五、联机的注意事项

（1）连线时应注意将导线分开，保证主电路一侧的噪声不传到控制电路。

（2）通常变频器也通过接线端子向外部输出相应的监测模拟信号，应注意PLC一侧输入阻抗的大小要保证电路中电压和电流不超过电路的允许值以保证系统的可靠性和减少误差。

（3）因为变频器在运行中会产生较强的电磁干扰，为保证PLC不因为变频器主电路断路器及开关器件等产生的噪声而出现故障，应按规定的接线标准和接地条件进行接地，而且应注意避免和变频器使用共同的接地线。

（4）当电源条件不太好时，应在PLC的电源模块及I/O模块的电源线上接入噪声滤波器和降低噪声用的变压器等。另外，若有必要，在变频器一侧也应采取相应的措施。

（5）当变频器和PLC安装于同一操作柜时，应尽可能使两者的接线分开敷设，并通过使用屏蔽线或双绞线达到提高抗噪声干扰能力的目的。

第二节　联机在电动机正反转控制中的应用

1. 项目描述

通过变频器与PLC联机，实现用PLC控制变频器对电动机进行正反转的控制，控制要求如下。

（1）按下正转启动按钮SB1，变频器控制电动机正向运转，正向启动时间为6s，变频器的输出频率为30Hz。

（2）按下反转按钮SB2，变频器控制电动机反向运转，反向启动时间为6s，变频器输出频率为30Hz。

（3）按下停止按钮SB3，变频器控制电动机在6s内停止运转。

2. PLC的I/O点数及分配

正转启动按钮SB1、反转启动按钮SB2、停止按钮SB3这3个外部器件需接在PLC的3个输入端子上，可分配为I0.0、I0.1、I0.2输入点；输出端子2个，可分配为Q0.0、Q0.1输出点。由此可知，为了实现联机控制电动机正、反转PLC共需要I/O点数为3个输入点、2个输出点。

3. 设定变频器的参数

先在BOP上设定P0010=30，P0970=1，然后按下“**P**”键，将变频器的所有参数复位为出厂时的默认设置值，复位过程大约需3min才能完成。为了使电动机与变频器相匹配以获得最优性能，必须输入电动机铭牌上的参数，令变频器识别控制对象。电动机参数设定完成后，设P0010=0，变频器当前处于准备状态，可正常运行。最后设定变频器的参数，见表9-1。

表9-1　联机控制电动机正反转的变频器参数

参数号	出厂值	设定值	说明
P0003	1	1	设用户访问级为标准级
P0004	0	7	命令，二进制I/O
P0700	2	2	命令源选择“由端子排输入”
P0003	1	2	设用户访问级为扩展级

续表

参数号	出厂值	设定值	说　明
P0004	0	7	命令，二进制 I/O
P0701	1	1	ON 接通为正转，OFF 停止
P0702	1	2	ON 接通为反转，OFF 停止
P0003	1	1	设用户访问级为标准级
P0004	0	10	设定值通道和斜坡发生器
P1000	2	1	频率设定值由键盘（MOP）输入
P1080	0	0	电动机运行的最低频率（Hz）
P1082	50	50	电动机运行的最高频率（Hz）
P1040	5	30	频率设定值
P1120	10	10	斜坡上升时间（s）
P1121	10	10	斜坡下降时间（s）

4. 变频器与 PLC 联机接线

变频器与 PLC 联机接线采用硬接线方式，如图 9-2 所示。

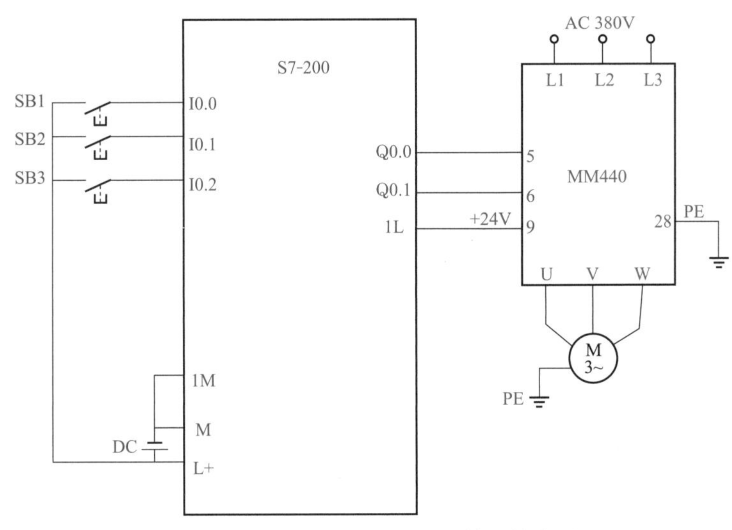

图 9-2　联机控制电动机正反转的接线图

5. 编制梯形图

联机控制电动机正反转的 PLC 梯形图如图 9-3 所示。

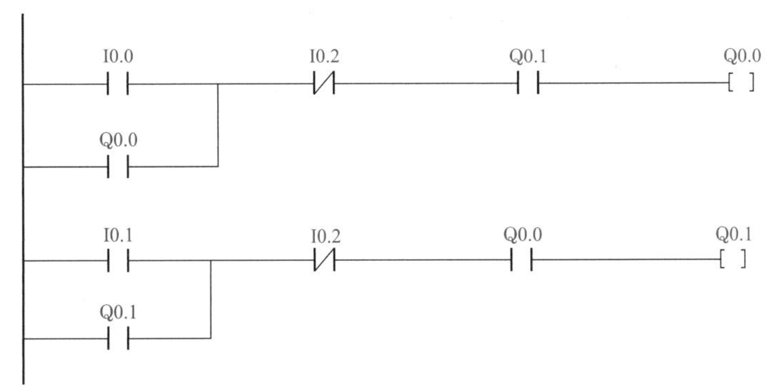

图 9-3　联机控制电动机正反转的 PLC 梯形图

6. 联机控制过程

（1）电动机正向运行控制。按下正转启动按钮 SB1，PLC 输入继电器 I0.0 接通，其动合触头 I0.0 闭合，使输出继电器 Q0.0 线圈接通并自锁。由此，变频器的数字端子 5 为 ON，电动机按 P1120 所设定的 10s 斜坡上升时间正向启动运行，经过 6s 后，稳定运行在由 P1040 所设定的正向运行 30Hz 频率值所对应的转速上。

（2）电动机反向运行控制。按下反转启动按钮 SB2，PLC 输入继电器 I0.1 接通，其动合触头 I0.1 闭合，使输出继电器 Q0.1 线圈接通并自锁。由此，变频器的数字端子 6 为 ON，电动机按 P1120 所设定的 10s 斜坡上升时间反向启动运行，经过 6s 后，稳定运行在由 P1040 所设定的反向运行 30Hz 频率值所对应的转速上。

（3）电动机停机控制。按下停止按钮 SB3，PLC 输入继电器 I0.2 接通，其动断触头 I0.2 断开，使输出继电器 Q0.0 或输出继电器 Q0.1 线圈断开，变频器的数字端子 5 或 6 为 OFF，电动机按 P1121 所设定的 10s 斜坡下降时间开始减速，经过 6s 后电动机停止运行。

第三节　联机在电动机模拟信号无级调速控制中的应用

1. 项目描述

通过变频器与 PLC 联机实现用 PLC 控制变频器对电动机进行模拟信号无级调速的控制，要求 PLC 输出 0～10V 的电压给变频器，由变频器输出 0～50Hz 的频率。

2. PLC 的 I/O 点数及分配

正转启动按钮 SB1、停止按钮 SB2、反转启动按钮 SB3 这 3 个外部器件需接在 PLC 的 3 个输入端子上，可分配为 I0.1、I0.2、I0.3 输入点；输出端子 2 个，可分配为 Q0.1、Q0.2 输出点。由此可知，为了实现联机控制电动机模拟信号无级调速 PLC 共需要 I/O 点数为 3 个输入点、2 个输出点。

3. 设定变频器的参数

先在 BOP 上设定 P0010=30，P0970=1，然后按下“**P**”键，将变频器的所有参数复位为出厂时的默认设置值，复位过程大约需 3min 才能完成。为了使电动机与变频器相匹配以获得最优性能，必须输入电动机铭牌上的参数，令变频器识别控制对象。电动机参数设定完成后，设 P0010=0，变频器当前处于准备状态，可正常运行。最后设定变频器的参数，见表 9-2。

表 9-2　联机控制电动机模拟信号无级调速的变频器参数

参数号	出厂值	设定值	说明
P0003	1	1	设用户访问级为标准级
P0004	0	7	命令和二进制 I/O
P0700	2	2	命令源选择“由端子排输入”
P0003	1	2	设用户访问级为扩展级
P0004	0	7	命令和二进制 I/O
P0701	1	1	ON 接通正转，OFF 停止
P0702	1	2	ON 接通反转，OFF 停止
P0003	1	1	设用户访问级为标准级

续表

参数号	出厂值	设定值	说明
P0004	0	10	设定值通道和斜坡函数发生器
P1000	2	1	频率设定值由键盘（MOP）输入
P1080	0	0	电动机运行的最低频率（Hz）
P1082	50	50	电动机运行的最高频率（Hz）
P1120	10	5	斜坡上升时间（s）
P1121	10	5	斜坡下降时间（s）

4. 变频器与 PLC 联机接线

变频器与 PLC 联机接线采用硬接线方式，其中 PLC 模拟信号的 I/O 由扩展模块 EM235（模拟量混合模块）获得，PIW256 模拟量输入地址对应模拟量输入端子 A＋、A－，PQW256 模拟量输出地址对应模拟量输出端子 V0、M0，并接变频器的端子 3、4，如图 9-4 所示。

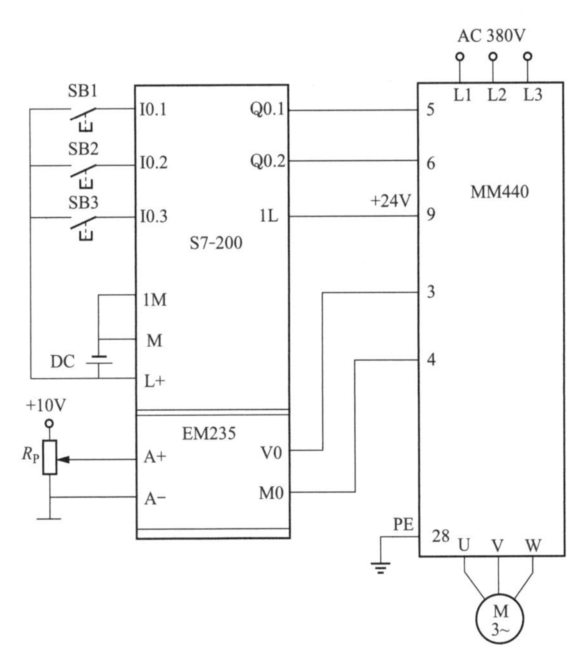

图 9-4　联机控制电动机模拟信号无级调速的接线

5. 编制梯形图

联机控制电动机模拟信号无级调速的 PLC 梯形图如图 9-5 所示。

6. 联机控制过程

（1）电动机正向运行调速。按下正转启动按钮 SB1，PLC 输入继电器 I0.1 接通，其动合触头 I0.1 闭合，使输出继电器 Q0.1 线圈接通并自锁。由此，变频器的数字端子 5 为 ON，电动机按 P1120 所设定的 5s 斜坡上升时间正向启动运行。

输出继电器 Q0.1 的动合触头闭合，执行赋值指令 MOV-W，将 PLC 输入端的特定地址 PIW256 中的内容复制到输出端的特定地址 PQW256 中，即将 PIW 地址中模拟输入端子 A＋、A－可调的电压复制到由 PQW 地址所对应的模拟输出端子 V0、M0 中，再输入到变频器的模拟输入端口 3、4 中，从而通过调节电位器 R_P 来控制电动机正向无级调速。

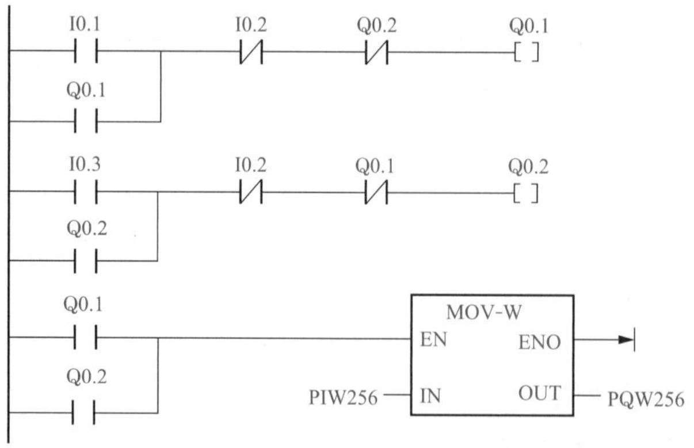

图 9-5　联机控制电动机模拟信号无级调速的 PLC 梯形图

（2）电动机反向运行调速。按下反转启动按钮 SB3，PLC 输入继电器 I0.3 接通，其动合触头 I0.3 闭合，使输出继电器 Q0.2 线圈接通并自锁。由此，变频器的数字端子 6 为 ON，电动机按 P1120 所设定的 5s 斜坡上升时间反向启动运行。

输出继电器 Q0.2 的动合触头闭合，执行赋值指令 MOV-W，将 PLC 输入端的特定地址 PIW256 中的内容复制到输出端的特定地址 PQW256 中，即将 PIW 地址中模拟输入端子 A+、A−可调的电压复制到由 PQW 地址所对应的模拟输出端子 V0、M0 中，再输入到变频器的模拟输入端口 3、4 中，从而通过调节电位器 R_P 来控制电动机反向无级调速。

（3）电动机停机控制。有 2 种方法可使电动机停止运行，一种是调节电位器 R_P，使其输出电压为 0V，电动机正向或反向停止运行；另一种是按下停止按钮 SB2，PLC 输入继电器 I0.2 接通，其动断触头 I0.2 断开，使输出继电器 Q0.1 或输出继电器 Q0.2 线圈断开，变频器的数字端子 5 或 6 为 OFF，电动机按 P1121 所设定的 5s 斜坡下降时间开始减速直至停机。

第四节　联机在电动机 3 段速控制中的应用

1. 项目描述

通过变频器与 PLC 联机，实现用 PLC 控制变频器对电动机进行 3 段速的控制，控制要求如下。

（1）按下启动按钮 SB1 和第 1 段速按钮 SB3，电动机启动并运行在频率为 20Hz 的第 1 段速。

（2）按下第 2 段速按钮 SB4，电动机运行在频率为 30Hz 的第 2 段速。

（3）按下第 3 段速按钮 SB5，电动机运行在频率为 50Hz 的第 3 段速。

（4）按下停止按钮 SB2，电动机停机。

2. PLC 的 I/O 点数及分配

启动按钮 SB1、停止按钮 SB2、第 1 段速按钮 SB3、第 2 段速按钮 SB4、第 3 段速按钮 SB5 这 5 个外部器件需接在 PLC 的 5 个输入端子上，可分配为 I0.0、I0.1、I0.2、I0.3、I0.4 输入点；输出端子 3 个，可分配为 Q0.0、Q0.1、Q0.2 输出点。由此可知，为了实现联机控制电动机 3 段速 PLC 共需要 I/O 点数为 5 个输入点、3 个输出点。

3. 设定变频器的参数

先在 BOP 上设定 P0010＝30，P0970＝1，然后按下“**P**”键，将变频器的所有参数复位为出厂时的默认设置值，复位过程大约需 3min 才能完成。为了使电动机与变频器相匹配以获得最优性能，必须输入电动机铭牌上的参数，令变频器识别控制对象。电动机参数设定完成后，设 P0010＝0，变频器当前处于准备状态，可正常运行。最后设定变频器的参数，见表 9-3。

表 9-3　　联机控制电动机 3 段速的变频器参数

参 数 号	出 厂 值	设 定 值	说 明
P0003	1	1	设用户访问级为标准级
P0004	0	7	命令和数字 I/O
P0700	2	2	命令源选择“由端子排输入”
P0003	1	2	设用户访问级为扩展级
P0004	0	7	命令和数字 I/O
P0701	9	1	ON 接通正转，OFF 停止
P0702	1	17	二进制编码选择＋ON 命令
P0703	1	17	二进制编码选择＋ON 命令
P0003	1	1	设用户访问级为标准级
P0004	2	10	设定值通道和斜坡函数发生器
P1000	2	3	选择固定频率设定值
P0003	1	2	设用户访问级为扩展级
P0004	0	10	设定值通道和斜坡函数发生器
P1001	0	20	选择固定频率 1（20Hz）
P1002	5	30	选择固定频率 2（30Hz）
P1003	10	50	选择固定频率 3（50Hz）

4. 变频器与 PLC 联机接线

变频器与 PLC 联机接线采用硬接线方式，如图 9-6 所示。

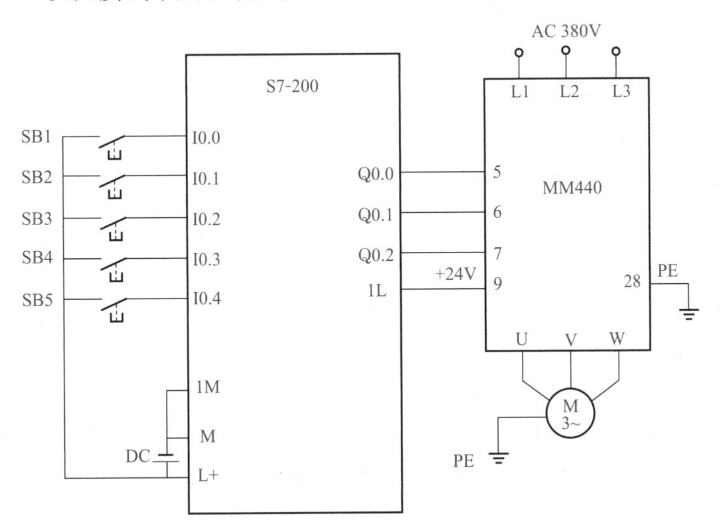

图 9-6　联机控制电动机 3 段速的接线

5. 编制梯形图

联机控制电动机 3 段速的 PLC 梯形图如图 9-7 所示。

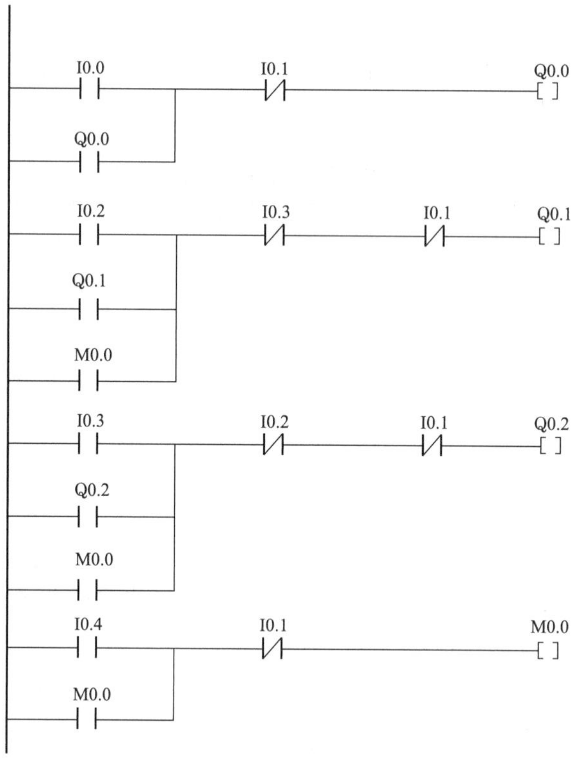

图 9-7 联机控制电动机 3 段速的 PLC 梯形图

6. 联机控制过程

（1）按下启动按钮 SB1 和第 1 段速按钮 SB3，PLC 输入继电器 I0.0、I0.2 接通，其动合触头 I0.0、I0.2 闭合，使输出继电器 Q0.0、Q0.1 线圈接通并自锁。由此，变频器的数字端子 5、6 为 ON，故数字端子 7、6 的二进制编码为“01”，电动机启动并运行在频率为 20Hz 的第 1 段速所对应的转速上。

（2）按下第 2 段速按钮 SB4，PLC 输入继电器 I0.3 接通，其动合触头 I0.3 闭合，使输出继电器 Q0.2 线圈接通并自锁。由此，变频器的数字端子 7 为 ON，故数字端子 7、6 的二进制编码为“10”，电动机运行在频率为 30Hz 的第 2 段速所对应的转速上。

（3）按下第 3 段速按钮 SB5，PLC 输入继电器 I0.4 接通，其动合触头 I0.4 闭合，使辅助继电器 M0.0 线圈接通并自锁。两个动合触头 M0.0 闭合，使输出继电器 Q0.1、Q0.2 线圈接通。由此，变频器的数字端子 7、6 为 ON，故数字端子 7、6 的二进制编码为“11”，电动机运行在频率为 50Hz 的第 3 段速所对应的转速上。

（4）按下停止按钮 SB2，PLC 输入继电器 I0.1 接通，其动断触头 I0.1 断开，使输出继电器 Q0.0、Q0.1、Q0.2、M0.0 线圈断开，变频器的数字端子 5、6、7 为 OFF，电动机停止运行。

第五节　联机在电动机工频-变频切换控制中的应用

1. 项目描述

通过变频器与PLC联机，实现用PLC控制变频器对电动机进行工频-变频2种模式下的运行，确保变频器在出现故障时可以控制电动机自动切换到工频运行模式，并发出声光报警信号，控制要求如下。

（1）主电路共有3个接触器，其作用是KM1将电源线接至变频器的输入端，KM2将变频器的输出端接至电动机，KM3将工频电源直接接至电动机，KM1和KM2动作时电动机在变频模式下运行，仅KM3动作时电动机在工频模式下运行。

（2）选择开关SA2用于切换PLC的工频-变频2种模式。

（3）变频器因故障跳闸时，能够进行声光报警，并能控制电动机自动切入工频模式下运行。

2. PLC的I/O点数及分配

根据以上的控制要求，为了实现联机控制电动机工频-变频运行切换PLC共需要I/O点数为8个输入点、5个输出点，其具体的I/O点数分配见表9-4。

表9-4　　联机控制电动机工频-变频切换PLC的I/O点数及分配

输　入		
输入点	输入元件	功能说明
I0.0	SB1	程序启动按钮
I0.1	SB2	程序停止按钮
I0.2	SB3	变频启动按钮
I0.3	SB4	变频停止按钮
I0.4、I0.5	SA	工频-变频模式切换
I0.6	FR	过载保护
I0.7	变频器端子21	变频器故障输出
输　出		
输出点	输出元件	功能说明
Q0.0	KM1	工频电源
Q0.1	KM2	变频电源
Q0.2	KM3	工频运行
Q0.3	HA	故障报警
Q0.4	变频器端子5	变频器控制电动机运行

3. 设定变频器的参数

先在BOP上设定P0010=30，P0970=1，然后按下“**P**”键，将变频器的所有参数复位为出厂时的默认设置值，复位过程大约需3min才能完成。为了使电动机与变频器相匹配以获得最优性能，必须输入电动机铭牌上的参数，令变频器识别控制对象。电动机参数设定完成后，设P0010=0，变频器当前处于准备状态，可正常运行。最后设定变频器的参数，见表9-5。

表 9-5　　联机控制电动机工频-变频切换的变频器参数

参数号	出厂值	设定值	说明
P0003	1	1	设用户访问级为扩展级
P0004	0	7	命令和数字 I/O
P0700	2	2	命令源选择“由端子排输入”
P0701	1	1	ON 接通正转，OFF 停止
P0732	52.7	52.3	变频器故障时端子 21、22 闭合
P1000	2	1	由键盘（电动电位计）输入频率设定值
P1080	0	30	电动机运行的最低频率（Hz）
P1082	50	50	电动机运行的最高频率（Hz）
P1120	10	5	斜坡上升时间（s）
P1121	10	5	斜坡下降时间（s）

4. 变频器与 PLC 联机接线

变频器与 PLC 联机接线采用硬接线方式，如图 9-8 所示。

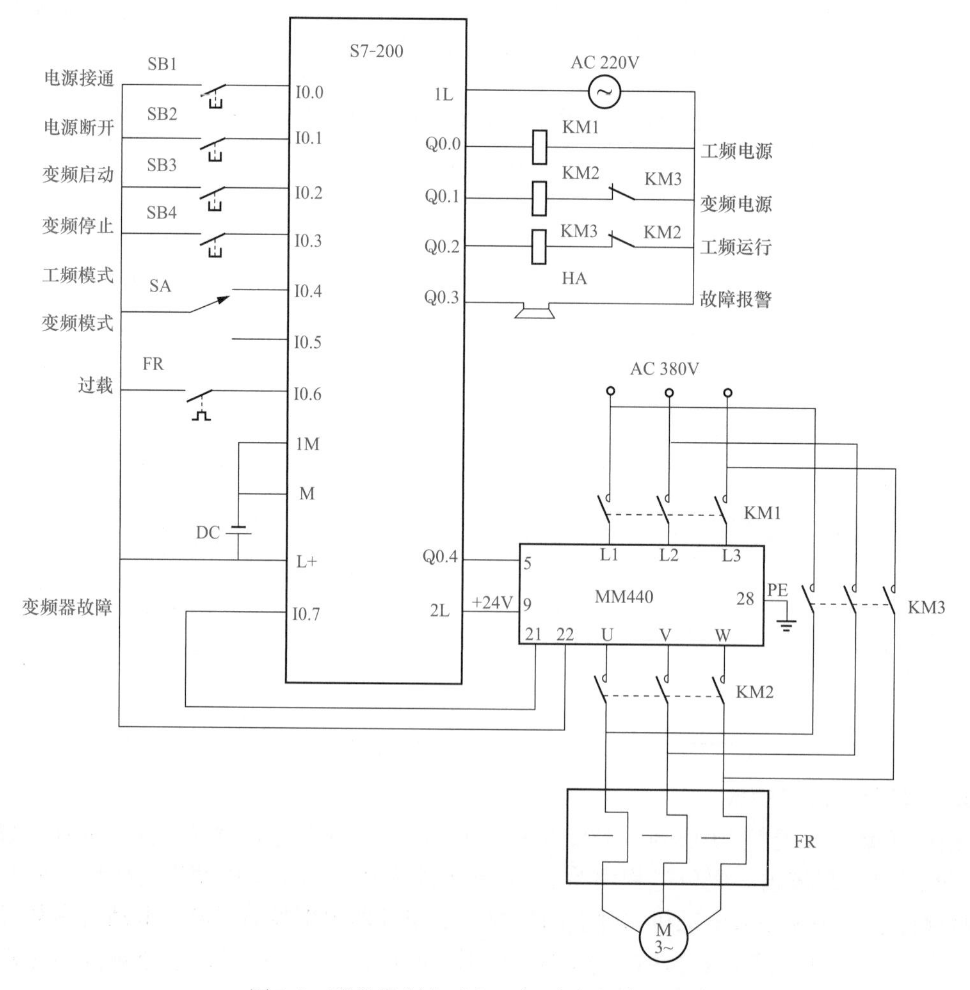

图 9-8　联机控制电动机工频-变频切换的接线

5. 编制梯形图

联机控制电动机工频-变频切换的 PLC 梯形图如图 9-9 所示。

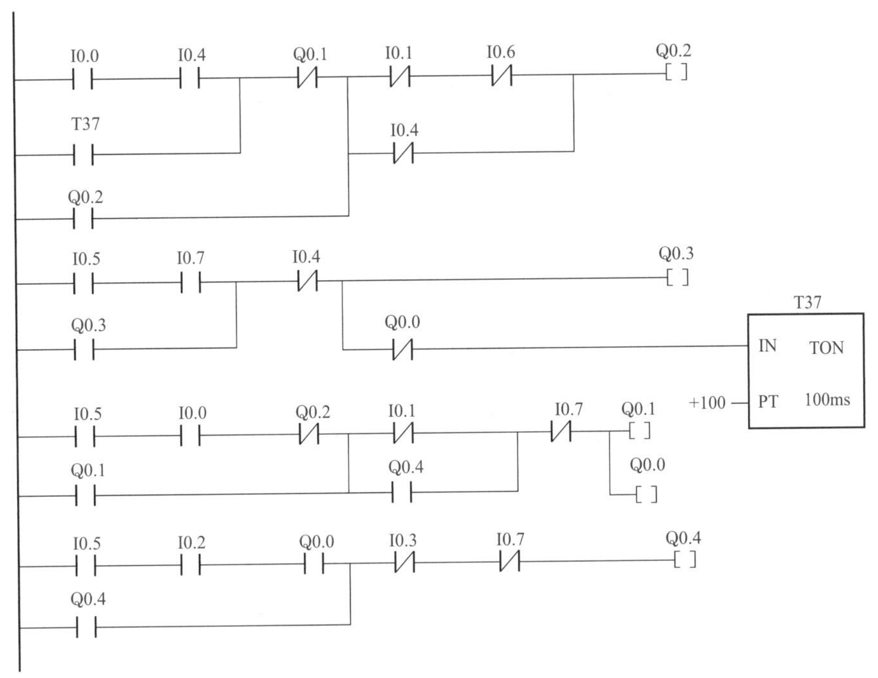

图 9-9　联机控制电动机工频-变频切换的 PLC 梯形图

6. 联机控制过程

(1) 电源模式选择。选择开关 SA 扳到工频模式的位置时（I0.4），PLC 输入继电器 I0.4 接通，其动合触头 I0.4 闭合，为电动机工频运行做好准备。

(2) 工频模式运行。按下程序启动按钮 SB1，PLC 输入继电器 I0.0 接通，其动合触头 I0.0 闭合，使输出继电器 Q0.2 线圈接通并自锁，接触器 KM3 线圈得电吸合，其主触头闭合，电动机在工频模式下启动运行。

(3) 工频运行停机。按下程序停止按钮 SB2，PLC 输入继电器 I0.1 接通，其动断触头 I0.1 断开，使输出继电器 Q0.2 线圈断开，接触器 KM3 线圈失电释放，其主触头断开，电动机在工频模式下停机。

(4) 电源模式选择。选择开关 SA 扳到变频模式的位置时（I0.5），PLC 输入继电器 I0.5 接通，其动合触头 I0.5 闭合，为电动机变频运行做好准备。

(5) 启动程序。按下程序启动按钮 SB1，PLC 输入继电器 I0.0 接通，其动合触头 I0.0 闭合，使输出继电器 Q0.0、Q0.1 线圈接通并自锁，接触器 KM1、KM2 线圈得电吸合，其主触头闭合，接通变频器电源，同时将电动机接到变频器的输出端。

(6) 变频运行。按下变频启动按钮 SB3，PLC 输入继电器 I0.2 接通，其动合触头 I0.2 闭合，使输出继电器 Q0.4 线圈接通并自锁。由此，变频器的数字端子 5 为 ON，电动机在变频模式下为启动加速运行。

(7) 变频运行自锁。因为 PLC 输出继电器 Q0.4 的动合触头闭合，使程序停止按钮 SB2 的动断触头 I0.1 失去作用，因此有效地防止了电动机在变频运行时意外失去变频器的电源，确保电动机在变频模式下可靠运行。

（8）变频运行停机。按下变频停止按钮 SB4，PLC 输入继电器 I0.3 接通，其动断触头 I0.3 断开，使输出继电器 Q0.4 线圈断开。由此，变频器的数字端子 5 为 OFF，电动机在变频模式下减速和停机。

（9）故障处理。如果变频器出现故障，变频器内部输出继电器触头 21、22 闭合，PLC 输入继电器 I0.7 接通，其动断触头 I0.7 断开，使输出继电器 Q0.0、Q0.1、Q0.4 线圈断开，从而接触器 KM1、KM2 线圈失电释放，其主触头断开，切断变频器的电源。同时，变频器的数字端子 5 为 OFF，电动机停机。

（10）运行模式自动切换。PLC 输入继电器动合触头 I0.7 闭合，使输出继电器 Q0.3 线圈接通并自锁，声光报警器 HA 开始报警。同时，通电延时型定时器 T37 接通，计时开始。当计时到 10s 后，延时动合触头 T37 闭合，使输出继电器 Q0.2 线圈接通并自锁，接触器 KM3 线圈得电吸合，其主触头闭合，电动机自动进入工频模式下启动运行。

第六节　联机在高炉卷扬机控制中的应用

1. 项目描述

在冶金高炉炼铁生产线上，一般把准备好的炉料从地面的贮矿槽运送到炉顶的生产机械称为高炉上料设备，它主要包括料车坑、料车、斜桥、料车上料机，料车卷扬机是料车上料机的拖动设备。

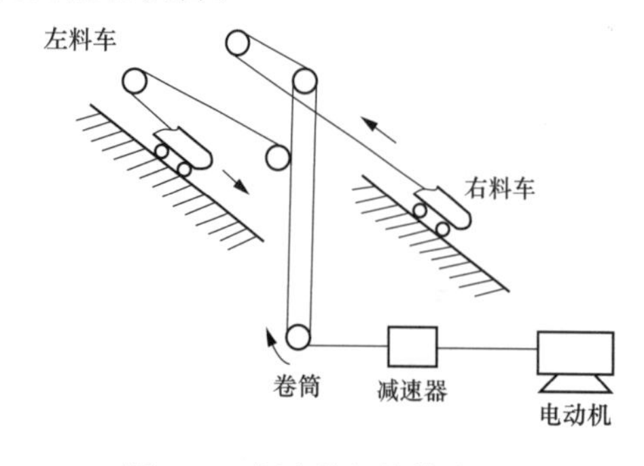

图 9-10　料车的机械传动系统

料车的机械传动系统如图 9-10 所示。在工作过程中，两个料车交替上料，当装满炉料的料车上升时，空料车下行，空车重量相当于一个平衡锤，平衡了料车的车箱自重。当上行或下行时，两个料车由一个卷扬机拖动，不但节省了拖动电动机的功率，而且当电动机运转时总有一个重料车上行，没有空行程。这样使拖动电动机总是处于电动状态运行，避免了电动机处于发电运行状态所带来的一些问题。

料车在斜桥上的运行分为启动、加速、稳定运行、减速、倾翻、制动共 6 个阶段，在整个过程中包括 1 次加速、2 次减速，其工艺流程如图 9-11 所示。根据料车运行速度的要求，电动机在高速、中速、低速段的速度采用变频器设定的固定频率，速度切换由 PLC 输出信号控制，控制要求如下。

（1）重料车启动加速段，加速时间为 3s。

（2）重料车高速运行段所对应的变频器频率为 50Hz，电动机转速为 740r/min，钢绳速度 1.5m/s。

（3）重料车第 1 次减速段所对应的变频器频率从 50Hz 下降到 20Hz，电动机转速从 740r/min 下降到 296r/min，钢绳速度从 1.5m/s 下降到 0.6m/s。

（4）重料车第 2 次减速段所对应的变频器频率从 20Hz 下降到 6Hz，电动机转速从 296r/min 下降到 88.8r/min，钢绳速度从 0.6m/s 下降到 0.18m/s。

（5）重料车制动停车段，减速时间为 3s。

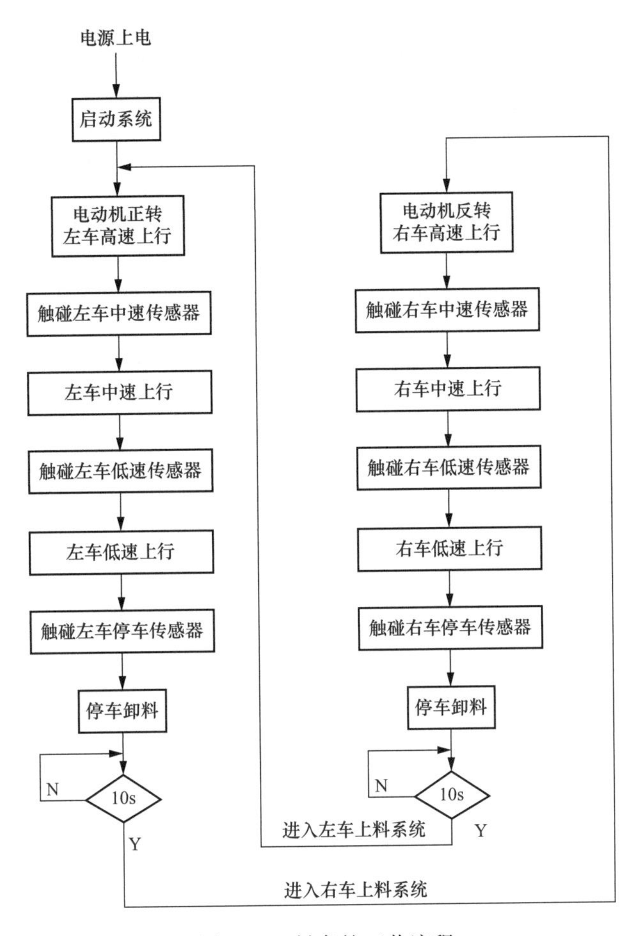

图 9-11　料车的工艺流程

2. PLC 的 I/O 点数及分配

根据以上的控制要求，为了实现联机控制高炉卷扬机 PLC 共需要 I/O 点数为 19 个输入点、10 个输出点，其具体的 I/O 点数分配见表 9-6。

表 9-6　　联机控制高炉卷扬机 PLC 的 I/O 点数及分配

输　入		
输　入　点	输 入 元 件	功 能 说 明
I0.0	SB1	电源接触器 KM1 得电按钮
I0.1	SB2	电源接触器 KM1 失电按钮
I0.2	SA1	左料车上行开关
I0.3	SA2	右料车上行开关
I0.4	SA3	手动停车开关
I0.5	SA4	手动操作开关
I0.6	SA5	自动操作开关
I0.7	SA6	停车开关
I1.0	SA7	左料车高速上行开关
I1.1	SA8	右料车高速上行开关

续表

输入		
输入点	输入元件	功能说明
I1.2	SA9	左料车中速上行开关
I1.3	SA10	右料车中速上行开关
I1.4	SA11	左料车低速上行开关
I1.5	SA12	右料车低速上行开关
I1.6	SQ1	左车限位开关
I1.7	SQ2	右车限位开关
I2.0	SA13	急停开关
I2.1	SA14	松绳保护开关
I2.2	变频器端子 21	变频器故障保护输出
输出		
输出点	输出元件	功能说明
Q0.0	变频器端子 5	左料车上行
Q0.1	变频器端子 6	右料车上行
Q0.2	变频器端子 7	料车高速运行
Q0.3	变频器端子 8	料车中速运行
Q0.4	变频器端子 16	料车低速运行
Q1.1	KM1	电源接触器 KM1 线圈
Q1.2	HL1	工作指示灯
Q1.3	HL2	故障指示灯
Q1.4	HA	故障音响报警
Q1.5	KM2	电磁抱闸接触器 KM2 线圈

3. 设定变频器的参数

先在 BOP 上设定 P0010=30，P0970=1，然后按下“**P**”键，将变频器的所有参数复位为出厂时的默认设置值，复位过程大约需 3min 才能完成。为了使电动机与变频器相匹配以获得最优性能，就必须输入电动机铭牌上的参数，令变频器识别控制对象。电动机参数设定完成后，设 P0010=0，变频器当前处于准备状态，可正常运行。最后设定变频器的参数，见表 9-7。

表 9-7　　联机控制高炉卷扬机的变频器参数

参数号	出厂值	设定值	说明
P0003	1	1	设用户访问级为标准级
P0004	0	7	命令和数字 I/O
P0700	2	2	命令源选择“由端子排输入”
P0003	1	2	设用户访问级为扩展级
P0004	0	7	命令和数字 I/O
P0701	1	1	ON 接通正转，OFF 停止
P0702	1	2	ON 接通反转，OFF 停止
P0703	1	17	二进制编码选择+ON 命令
P0704	1	17	二进制编码选择+ON 命令

续表

参数号	出厂值	设定值	说明
P0705	1	17	二进制编码选择+ON 命令
P0732	52.7	52.3	变频器故障
P1000	2	3	选择固定频率设定值
P1001	0	50	选择固定频率 f_1=50Hz
P1002	5	20	选择固定频率 f_2=50Hz
P1004	15	6	选择固定频率 f_3=6Hz
P1080	0	0	电动机运行的最低频率（Hz）
P1082	50	50	电动机运行的最高频率（Hz）
P1120	10	3	斜坡上升时间（s）
P1121	10	3	斜坡下降时间（s）
P1300	0	20	变频器为无速度反馈的矢量控制

4. 变频器与 PLC 联机接线

变频器与 PLC 联机接线采用硬接线方式，如图 9-12 所示。

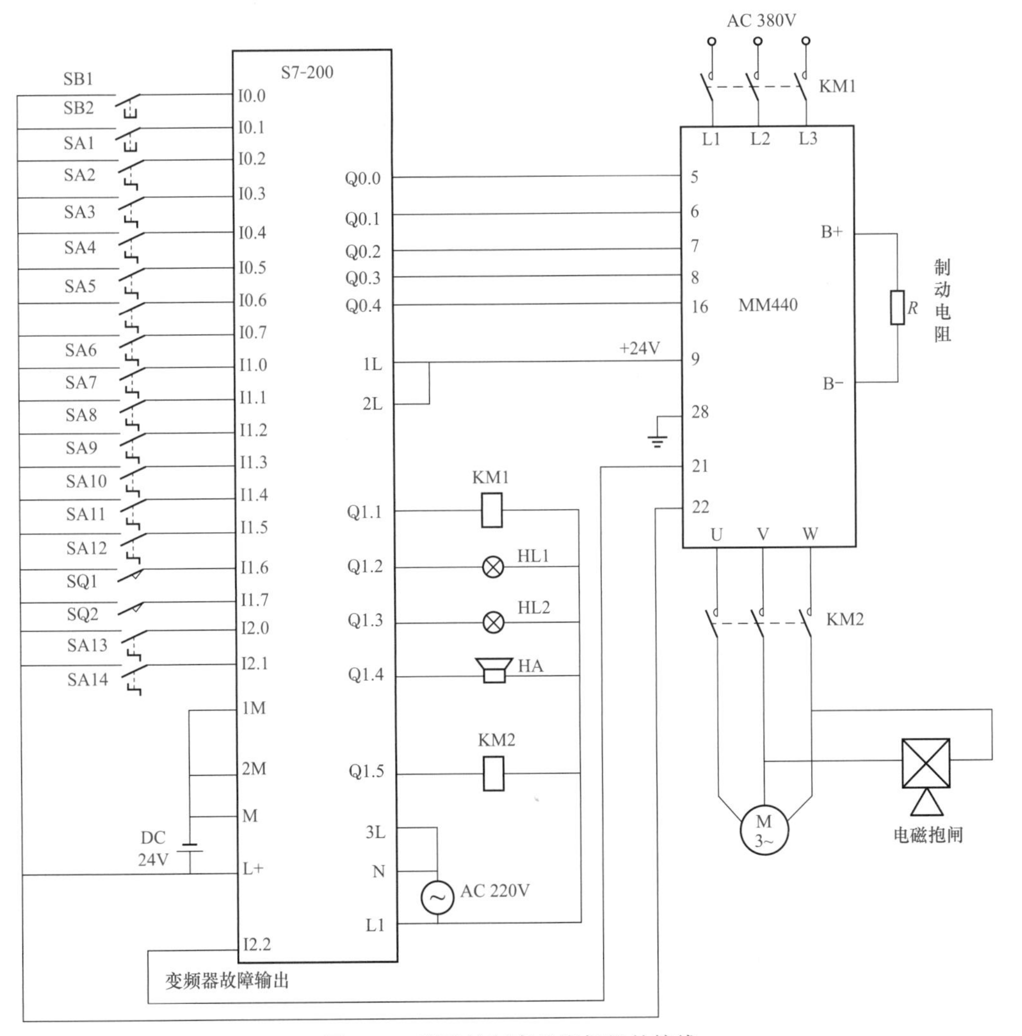

图 9-12　联机控制高炉卷扬机的接线

5. 编制梯形图

联机控制高炉卷扬机的 PLC 梯形图如图 9-13 所示。

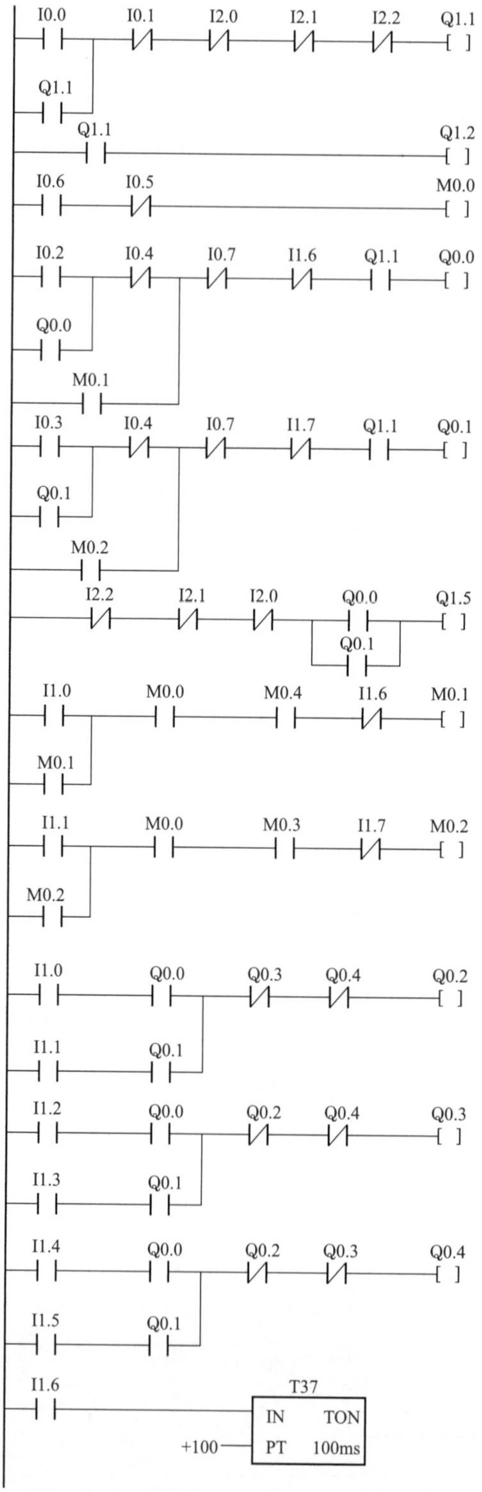

I0.0 I0.1 I2.0 I2.1 I2.2 Q1.1
Q1.1
Q1.1 Q1.2
I0.6 I0.5 M0.0
I0.2 I0.4 I0.7 I1.6 Q1.1 Q0.0
Q0.0
M0.1
I0.3 I0.4 I0.7 I1.7 Q1.1 Q0.1
Q0.1
M0.2
I2.2 I2.1 I2.0 Q0.0 Q1.5
Q0.1
I1.0 M0.0 M0.4 I1.6 M0.1
M0.1
I1.1 M0.0 M0.3 I1.7 M0.2
M0.2
I1.0 Q0.0 Q0.3 Q0.4 Q0.2
I1.1 Q0.1
I1.2 Q0.0 Q0.2 Q0.4 Q0.3
I1.3 Q0.1
I1.4 Q0.0 Q0.2 Q0.3 Q0.4
I1.5 Q0.1
I1.6 T37
IN TON
+100 PT 100ms

图 9-13　联机控制高炉卷扬机的 PLC 梯形图（一）

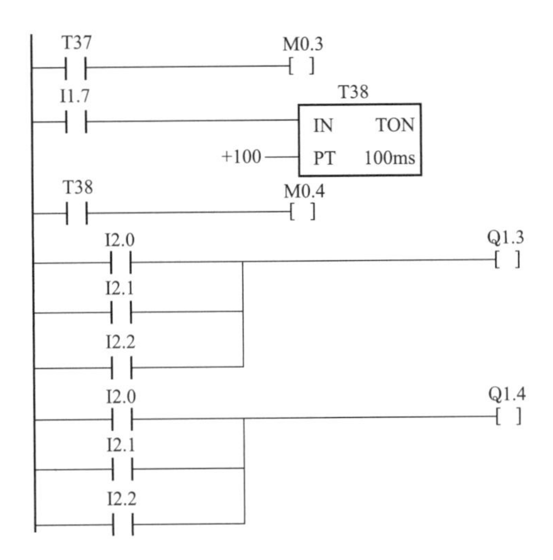

图 9-13　联机控制高炉卷扬机的 PLC 梯形图（二）

6. 联机控制过程

（1）自动控制过程。

1）按下电源接触器 KM1 得电按钮 SB1，PLC 输入继电器 I0.0 接通，其动合触头 I0.0 闭合，使输出继电器 Q1.1 线圈接通并自锁，接触器 KM1 线圈得电吸合，其主触头闭合，接通变频器输入电源。

2）输出继电器 Q1.1 动合触头闭合，且输出继电器 Q1.2 线圈接通，使工作指示灯 HL1 点亮。

3）合上自动操作开关 SA5，PLC 输入继电器 I0.6 接通，其动合触头 I0.6 闭合，使辅助继电器 M0.0 线圈接通，其动合触头 M0.0 闭合，为高炉卷扬机自动运行做好准备。

4）合上左料车上行开关 SA1，PLC 输入继电器 I0.2 接通，其动合触头 I0.2 闭合，使输出继电器 Q0.0 线圈接通并自锁。由此，变频器的数字端子 5 为 ON，左料车按 P1120 所设定的 3s 斜坡上升时间启动上行。

5）输出继电器 Q0.0 动合触头闭合，使输出继电器 Q1.5 线圈接通，接触器 KM2 线圈得电吸合，其主触头闭合，接通变频器输出电源，同时电磁抱闸得电松闸；动合触头 Q0.0（3 个）闭合，为输出继电器 Q0.2、Q0.3、Q0.4 线圈接通做好准备。

6）左料车在低位时已碰压高速上行开关 SA7 使其闭合，PLC 输入继电器 I1.0 接通，其动合触头 I1.0 闭合，使输出继电器 Q0.2 线圈接通。由此，变频器的数字端子 7 为 ON，故数字端子 16、8、7 的二进制编码为“001”，即电动机启动后运行在 P1001 所设定的频率为 50Hz 所对应的高转速上。

7）左料车上行过程中碰压中速上行开关 SA9 使其闭合（同时高速上行开关 SA7 断开），PLC 输入继电器 I1.2 接通，其动合触头 I1.2 闭合，使输出继电器 Q0.3 线圈接通。由此，变频器的数字端子 8 为 ON，故数字端子 16、8、7 的二进制编码为“010”，电动机运行在 P1002 所设定的频率为 20Hz 所对应的中转速上。

8）左料车上行过程中碰压低速上行开关 SA11 使其闭合（同时中速上行开关 SA9 断开），PLC 输入继电器 I1.4 接通，其动合触头 I1.4 闭合，使输出继电器 Q0.4 线圈接通。由此，变频器的数字端子 16 为 ON，故数字端子 16、8、7 的二进制编码为“100”，电动机运行在 P1004 所设定的频率为 6Hz 所对应的低转速上。

9）左料车上行到终点位置时碰压左车限位开关 SQ1 使其闭合，PLC 输入继电器 I1.6 接通，其动断触头 I1.6 断开，使输出继电器 Q0.0 线圈断开。由此，变频器的数字端子 5 为 OFF，左料车按 P1121 所设定的 3s 斜坡下降时间停止上行，并进行卸料，卸料时间为 10s。

10）输入继电器 I1.6 动合触头闭合，使通电延时型定时器 T37 接通，计时开始。当计时到 10s 后，延时动合触头 T37 闭合，使辅助继电器 M0.3 线圈接通，其动合触头 M0.3 闭合，为右料车自动上行做好准备。

11）右料车在低位时碰压高速上行开关 SA8 使其闭合，PLC 输入继电器 I1.1 接通，其动合触头 I1.1 闭合，使辅助继电器 M0.2 线圈接通并自锁，其动合触头 M0.2 闭合，使输出继电器 Q0.1 线圈接通并自锁。由此，变频器的数字端子 6 为 ON，右料车按 P1120 所设定的 3s 斜坡上升时间自动启动上行，实现了自动交替上料运行。

12）输出继电器 Q0.1 动合触头闭合，使输出继电器 Q1.5 线圈接通，接触器 KM2 线圈得电吸合，其主触头闭合，接通变频器输出电源，同时电磁抱闸得电松闸；动合触头 Q0.1（3 个）闭合，为输出继电器 Q0.2、Q0.3、Q0.4 线圈接通做好准备。

13）以下控制过程与左料车相似，读者可自行分析。

（2）手动控制过程。

1）合上手动操作开关 SA4，PLC 输入继电器 I0.5 接通，其动断触头 I0.5 断开，使辅助继电器 M0.0 线圈断开，其动合触头 M0.0 断开，为高炉卷扬机手动运行做好准备。

2）由于辅助继电器 M0.0 动合触头断开（2 个），即使延时动合触头 T37、T38 闭合导致辅助继电器 M0.3、M0.4 线圈动合触头闭合，无法使辅助继电器 M0.1、M0.2 线圈接通，也就无法将变频器的数字端子 5 或 6 自动变为 ON，故左、右料车不能自动交替上料运行，只能通过操作开关 SA1、SA2 对其进行上行控制。

3）手动控制过程除了左、右料车不能自动交替上料运行外，其余和自动控制过程相似，读者可自行分析。

（3）停机控制过程。

1）通过接触器 KM1 停机。按下电源接触器 KM1 失电按钮 SB2，PLC 输入继电器 I0.1 接通，其动断触头 I0.1 断开，使输出继电器 Q1.1 线圈断开，接触器 KM1 线圈失电释放，其主触头断开，切断变频器输入电源。由此，输出继电器 Q0.0、Q0.1 线圈断开，变频器的数字端子 5、6、7、8、16 为 OFF，左、右料车停止运行。动合触头 Q0.0、Q0.1 断开，使输出继电器 Q1.5 线圈断开，接触器 KM2 线圈失电释放，其主触头断开，切断变频器输出电源，同时电磁抱闸失电紧闸。

2）通过停车开关 SA6 停机。按下停车开关 SA6，PLC 输入继电器 I0.7 接通，其动断触头 I0.7 断开，使输出继电器 Q0.0、Q0.1 线圈断开，以下控制过程同上。

3）通过急停开关 SA13 停机。按下急停开关 SA13，PLC 输入继电器 I2.0 接通，其动合触头 I2.0 闭合（2 个），使输出继电器 Q1.3、Q1.4 线圈接通，随即故障指示灯 HL2 点亮、故障音响报警。动断触头 I2.0 断开，使输出继电器 Q1.5 线圈断开，接触器 KM2 线圈失电释放，其主触头断开，切断变频器输出电源，同时电磁抱闸失电紧闸。

4）通过松绳保护开关 SA14 停机。如果出现松绳故障，松绳保护开关 SA14 闭合，PLC 输入继电器 I2.1 接通，其动合触头 I2.1 闭合（2 个），使输出继电器 Q1.3、Q1.4 线圈接

通，随即故障指示灯 HL2 点亮、故障音响 HA 报警。动断触头 I2.1 断开，使输出继电器 Q1.5 线圈断开，接触器 KM2 线圈失电释放，其主触头断开，切断变频器输出电源，同时电磁抱闸失电紧闸。

5）通过变频器保护输出停机。如果变频器出现故障，其端子 21、22 闭合，PLC 输入继电器 I2.2 接通，其动合触头 I2.2 闭合（2 个），使输出继电器 Q1.3、Q1.4 线圈接通，导致故障指示灯 HL2 点亮、故障音响 HA 报警。动断触头 I2.2 断开，使输出继电器 Q1.5 线圈断开，接触器 KM2 线圈失电释放，其主触头断开，切断变频器输出电源，同时电磁抱闸失电紧闸。

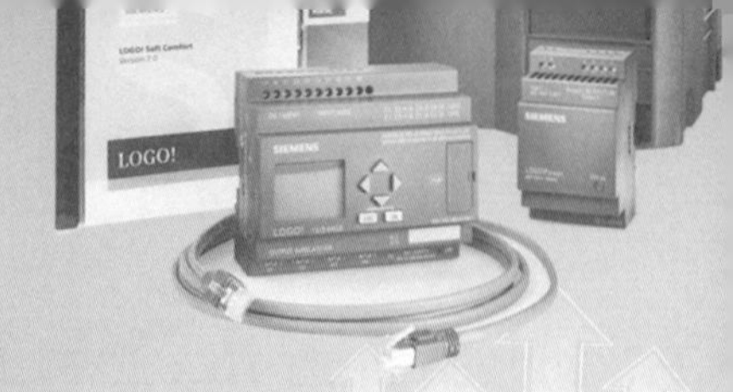

第十章

变频器与PLC的选型与维护

第一节　变频器的选型基础

一、变频器的铭牌

变频器铭牌是该变频器的简单说明书，较为全面地介绍了该变频器的特性和一般技术要求，为使用和维护变频器提供了必要的信息。铭牌要求用不受气候影响的材料制成并安装在醒目的位置，所有项目应牢固刻出（如蚀刻、雕刻或敲印），现将铭牌中标注的性能指标含义简述如下。

1. 型号

变频器的型号都是生产厂商自定的产品系列名称，无特定意义，但其中一定包括输入电压级别和标准可适配电动机容量，可作为选择变频器的参考，订货时一般是根据该型号所对应的订货号订货，不可忽视。

2. 额定输入电压

根据各国的工业标准或用途不同，变频器的额定输入电压也各不相同。普通变频器的额定输入电压有220V、400V两种，用于特殊用途的还有500V、600V、3000V等。在这一技术数据中均对额定输入电压的波动范围做出规定，如额定输入电压220V规定（200～240）×(1±10%)V，400V规定（380～480）×(1±10%）V等，输入电压过高、过低对变频器都是有害的。

3. 额定输出电压

额定输出电压是变频器在额定输入条件下，以额定容量输出时，可连续输出的电压。它通常等于电动机的工频额定电压，即变频器的输出电压根据所用电动机的工频额定电压而定。实际上，变频器的工作电压是按U/f曲线关系变化的，变频器铭牌中给出的输出电压，是指变频器最大可能输出电压，即基频下的输出电压。

4. 额定输出电流

额定输出电流是变频器在额定输入条件下，以额定容量输出时，可连续输出的电流，这是选择适配电动机的重要参数。额定输出电流的标注形式：普通负载输出电流（变转矩负载输出电流），如18.4A（26A）表示电动机负载额定输出电流为18.4A，若电动机为风机、水泵类变转矩负载则额定输出电流可达26A。

变频器的电流瞬时过载能力常设计成额定电流×150%（1min），或额定电流×120%（1min），与电动机相比，变频器的过载能力较小，这主要是由主回路半导体功率器件决定的，与散热面积、过载倍数的允许条件无关。如果瞬时负载超过了变频器的过载能力，即使变频器与电动机的额定容量相符，也应该选择大1挡的变频器。

5. 最大适配电动机功率

变频器的最大适配电动机功率（kW）及对应的额定输出电流（A）都是以4极普通异步电动机为对象制定的，在驱动4极以上电动机及特殊电动机时不能依据功率指标选择变频器，要考虑变频器的额定输出电流是否满足所选用的电动机额定电流。最大适配电动机功率的标注形式：电动机负载功率（变转矩负载功率），如7.5kW（11kW）表示电动机负载最大适配功率为7.5kW，若电动机为风机、水泵类变转矩负载则最大适配功率可达11kW。

6. 额定I/O频率

变频器电源的额定输入频率范围为47～63Hz，可控制的输出频率范围一般为0.1～400Hz或0.1～650Hz，输出频率再高就属于中频变频器范围了。

7. 效率

变频器的效率是指综合效率，即变频器本身的效率与电动机效率的乘积。它与负载及运行频率有关，当电动机负载超过75%且运行频率在40Hz以上时，变频器本身的效率可达95%以上，综合效率也可达85%以上。

8. 功率因数

变频器的功率因数是指整个系统的功率因数，它不仅与电压和电流之间的相位差有关，还与电流基波含量有关，在基频和满载下运行时的功率因数一般不会小于电动机满载工频运行时的功率因数，所以我们一般可以不顾及。整个系统的功率因数又与系统的负载情况有关，轻载时小，满载时大；低速时小，高速时大。

9. 防护等级

变频器的箱体结构要与环境条件相适应，即必须考虑温度、湿度、粉尘、酸碱度、腐蚀性气体等因素，这与能否长期、安全、可靠运行有很大关系。使用场所不同变频器的防护等级也不同，变频器常见的有下列几种防护等级可供选用。

（1）封闭型IP20：适用干燥、清洁、无尘等一般场合，也可用于有少量粉尘或低湿度的场合。

（2）密封型IP54：适用于工业现场条件较差的环境，如有一定的粉尘，一般的湿、热等场合。

（3）密闭型IP65：适用于环境条件差，有较大水、粉尘，且有较高的湿、热，有一定腐蚀性气体等场合。

10. 工作温度

变频器内部主要由集成电路、电子元件、功率开关器件组成，极易受到工作温度的影响。变频器产品一般要求工作温度为－10～＋50℃，但为了保证工作安全、可靠，使用时应考虑留有余地，最好将工作温度控制在＋40℃以下。

二、选择变频器应满足的条件

1. 应满足负载特性

普通型变频器最适合用于比较平稳的负载，对于冲击性负载一般不适用。如果要将普通型变频器使用到冲击性负载上，由于负载转矩冲击大，产生的冲击电流也很大，在启动时，转矩提升功能往往无效，并容易过电流跳闸，应通过选择大1挡容量的普通型变频器解决。

2. 应满足电动机的参数

普通型变频器与被控制异步电动机的负载类型、额定电流、额定功率、额定电压、额定频率、额定转速等参数应匹配相符，其中电动机的额定电流及变频器的转矩性能的匹配至关重要。我国的Y系列通用三相异步电动机的最高效率是按工作电压为380V、频率为50Hz设计的，使用普通型变频器控制时的最高效率也应在额定转速附近，并且是恒转矩特性，而不是恒功率特性。

3. 应满足工艺要求

对于专用机械设备往往由于工艺过程有一些特定的特性和要求，专用型变频器如风机、水泵、空调、注塑机、抽油机、纺织机等专用型变频器一般是充分考虑了这些工艺要求并设置了一些专用功能，因此选用专用型变频器容易满足工艺要求。

三、变频器的类型

变频器通常分为3种类型，第1类是普通功能型U/f控制变频器，该类产品不具有转矩控制功能，属一般型的U/f控制方式；第2类是高功能型U/f控制变频器，具有转矩控制功能，有“无跳闸”能力，输出静态转矩特性较第1类有很大改进，机械特性硬度高于工频电网供电的异步电动机；第3类是高动态性能型矢量控制变频器，为了适应高动态性能的需要，这类变频器采用矢量控制方式，可以替代高精度直流调速系统。

四、负载的类型

1. 恒转矩负载

恒转矩负载的转矩只取决于负载的轻重，而与负载的转速无关，任何转速下转矩总保持恒定或基本恒定，其特殊之处在于无论正转还是反转都有着相同大小的转矩，典型的恒转矩负载有起重机、吊车、注塑机、运输机械、传送带、喂料机、搅拌机、挤压机、加工机械的行走机构等。

2. 恒功率负载

恒功率负载的转矩大体与转速成反比，随着电动机转速的下降转矩反而增加，即在调速范围内，转速低转矩大、转速高转矩小，而电动机的输出功率基本维持不变，典型的恒功率负载有机床主轴、轧机、造纸机、塑料薄膜生产线中的卷取机、开卷机等。

3. 降转矩负载

降转矩负载的转矩与转速的2次方成反比，负载的功率与转速的3次方成反比，即低速时负载转矩小、功率消耗少，典型的降转矩负载有风机、水泵、液压泵等。

五、变频器的选择原则

采用变频器构成变频调速传动系统的主要目的：一是为了满足提高劳动生产率、改善产

品质量、提高设备自动化程度、提高生活质量、改善生活环境等要求；二是为了节约能源、降低生产成本。变频器的选择包括变频器的类型选择和容量选择 2 个方面，选择的原则是首先保证其功能特性能可靠地实现工艺要求，其次是获得较好的性能价格比。若对变频器的选型、系统设计及使用不当，往往会使变频器不能正常运行、达不到预期目的，甚至引发设备故障，造成不必要的损失。

变频器生产厂商都会提供不同类型的变频器，用户可以根据自己的实际工艺要求和运用场合进行选择。首先要明确使用变频器的目的，按照生产机械的类型、调速范围、速度响应和控制精度、启动转矩等要求，充分了解变频器所驱动的负载特性，决定采用什么功能的变频器构成控制系统，再决定选用哪种控制方式最合适。所谓合适是既要好用，又要在技术经济指标上合理，以满足工艺和生产的基本条件和要求。除此之外，还应注意变频器的制造技术水平、寿命、谐波、效率、功率因数及销售服务等问题，若对变频器不是很了解，应选择技术服务水平高、销售服务好、诚信的代理商进行先期咨询和论证后再确定购买计划。

第二节　变频器的选型

在选择变频器时生产厂商会向用户提供产品样本，这些产品样本包含有变频器的系列型号、功能特点及各项性能指标，用户可根据所得到的产品样本和性能指标进行比较、筛选，选择最合适的变频器。

一、变频器类型的选择

选择变频器的类型时自然应以负载特性为基本依据，恒转矩负载特性的变频器可以用于风机、水泵类负载，反过来，降转矩负载特性的变频器不能用于恒转矩特性的负载。对于恒功率负载特性是依靠 U/f 控制方式来实现的，并没有恒功率特性的变频器。目前，有些变频器对这 3 种负载都可适用。

1. 恒转矩负载选择变频器

（1）在调速范围不大、对机械特性的硬度要求也不高的情况下，可以考虑普通功能型 U/f 控制方式的变频器或无反馈的矢量控制方式。当调速很大时，应考虑采用有反馈的矢量控制方式。

（2）对于转矩变动范围不大的负载，首先应考虑选择普通功能型 U/f 控制方式的变频器。为了实现恒转矩调速，常采用加大电动机和变频器容量的方法，以提高低速转矩。对于转矩变动范围较大的负载，可以考虑选择具有转矩控制功能的高功能型 U/f 控制方式的变频器，以实现负载的调速运行。此外，恒转矩负载下的传动电动机，如果采用通用型标准电动机，还应考虑低速下的强迫通风制冷问题。

（3）如负载对机械特性要求不很高，则可以考虑选择普通功能型 U/f 控制方式的变频器；而在要求较高的场合，则必须采用矢量控制方式。如果负载对动态响应性能也有较高要求，还应考虑采用有反馈的矢量控制方式。

（4）当负载向下调速到 15Hz 以下时，电动机的输出转矩会下降，温升会升高，严重时可换用变频器专用电动机或改用 6、8 极电动机。变频器专用电动机与普通电动机相比，其绕组线径较粗，铁心较长或大一号，且自身带有独立的冷却风扇，能保证在5～50Hz频率变化范围内运行时，均能输出100％的额定转矩。

（5）对于升降性恒转矩负载，如提升机、电梯等，在其下降过程中需要一定制动转矩。但是变频器本身并不能提供很大的制动转矩，仅仅依靠其内部大电容可短时提供相当于电动机额定转矩20％的制动转矩。所以，对于要求频繁提供较大制动转矩的场合，变频器必须外加制动单元。

（6）由于恒转矩负载类设备都存在一定静摩擦力，有时负载的惯量又很大，往往负载在启动时要求较大的启动转矩，而这只能靠提高低速电压补偿（即改变U/f模式）及变频器本身短时间的过电流能力来提供。但是，低速电压补偿提高得过高，又往往容易引起过电流保护。在这种情况下，有时不得不要求将变频器的容量提高1个档次，或者采用具有矢量控制或直接转矩控制的变频器，它们可以在不过电流的情况下提供较大的启动转矩。

2. 恒功率负载选择变频器

（1）恒功率负载可以选择通用型的变频器，采用U/f控制方式的变频器已经够用。但对动态性能和精确度有较高要求的卷取机械，则必须采用有矢量控制功能的变频器。

（2）对于在恒功率负载的交流传动设备上采用变频调速时，为了不过分增大变频器的容量，又能满足恒功率的要求，一般采用以下2种方法。

第1种方法：当在整个调速范围内可以分段进行调速时，可以采用变极电动机与变频器相结合或者机械有级调速与变频器相结合的办法。

第2种方法：当在整个调速范围内要求不间断地连续改变转速时，在电动机的额定转速选择上应慎重考虑，一般尽量采用6、8极电动机。这样，在低转速时，电动机的输出转矩会相应提高。也就是说在高速区，如果电动机的机械强度和输出转矩能满足要求，则应将基底频率（也称为转折频率或弱磁频率）与尽量低的转速相对应（如1000r/min或750r/min）。

3. 降转矩负载选择变频器

（1）降转矩负载通常可以选用第1类普通功能型变频器，此类变频器在技术上完全可以满足实际需要，而没有必要选择第2类、第3类变频器，从而可避免由此带来的技术上的复杂性和更高的成本费用。

（2）对于风机、泵类降转矩负载应选用风机、泵类专用变频器，也可选用具有降转矩特性的变频器，但要注意风机、泵类专用变频器的过载能力较小，一般为额定电流×120％（1min）。

（3）对于空气压缩机、深井水泵、泥沙泵、音乐喷泉等负载需加大变频器容量。

（4）运行中，变频器的上限频率不能超过50Hz，否则会引起功率消耗急剧增加，失去应用变频器节能运行的意义，同时，风机、泵类负载和电动机的机械强度及变频器的容量都将不符合安全运行要求。

（5）一般风机、泵类负载不宜在15Hz低频以下运行，以免发生逆流、喘振等现象。如果确需要在15Hz低频以下长期运行，应在确保不发生逆流、喘振等现象的前提下，使电动机的温升不超出允许值，必要时应采用强迫冷却措施。

（6）如果电动机的启动转矩满足要求，变频器的U/f模式应尽量采用减转矩模式，以获得更大的节能效果。

（7）对于转动惯量较大的离心风机负载，应适当加大加减速时间，以避免在加减速过程

中过电流保护或过电压保护动作，影响正常运行。

二、变频器容量的选择

大多数变频器的产品说明书中给出了额定电流、可配用电动机功率、额定容量3个主要参数，其中唯有额定电流是一个能确切反映变频器带负载能力的关键参数，其余两项参数通常是根据本国或本公司生产的标准电动机给出的，不能确切表达变频器实际的带负载能力，只是一种辅助表达形式。因此，以电动机的额定电流不超过变频器的额定电流为依据是选择变频器容量的基本原则，电动机的额定功率、变频器的额定容量只能作为参考。变频器的容量选择不能以电动机额定功率为依据，这是因为工业用电动机常常在50%～60%额定负载下运行。若以电动机额定功率为依据来选择变频器的容量，则留有余量太大，造成经济上的浪费，而可靠性并没有因此得到提高。所以，以变频器能连续提供的最大电流作为变频器容量大小的依据也就合情合理，甚至更为实用。

变频器容量的选择是一个重要且复杂的过程，除了要考虑变频器容量与电动机容量的匹配外，还应考虑3个方面的因素：一是用变频器供电时，电动机电流的脉动相对工频供电时要大些；二是电动机的启动要求，即是由低频、低压启动，还是在额定电压、额定频率下直接启动；三是变频器使用说明书中的相关数据是用该公司的标准电动机测试出来的，要注意按常规设计生产的电动机在性能上可能有一定差异，故计算变频器的容量时要留适当余量。容量偏小会影响电动机有效转矩的输出，影响系统的正常运行，甚至损坏装置；而容量偏大则电流的谐波分量会增大，也增加了设备投资。

生产实际中，确定变频器容量前应仔细了解设备的工艺情况及电动机参数，还需要针对具体生产机械的特殊要求灵活处理，很多情况下，也可根据经验或供应商提供的建议选择变频器容量。对于笼型电动机，变频器的容量选择应以变频器的额定电流不小于单台电动机或多台电动机连续运行总电流的1.1倍为原则，这样可以最大限度地节约资金。在重载启动、高温环境、绕线转子电动机、同步电动机等条件下，变频器的容量应适当加大。在为现场原有电动机选配变频器时，切不可盲目根据铭牌上变频器参数和电动机的匹配关系来进行选择，应事先计算分析确认合适的容量，从而确保调速系统连续运行时电流不超过变频器额定电流。

三、变频器选型的注意事项

(1) 在选型和使用变频器前，应仔细阅读产品样本和使用说明书，有不当之处应及时调整，再依次进行选型、购买、安装、接线、设置参数、试车和投入运行。

(2) 变频器输出端允许连接的电缆长度（小于30m）是有限制的，若要长电缆运行，或控制几台电动机，应采取措施抑制对地耦合电容的影响，并应放大1～2挡选择变频器容量或在变频器的输出端选择安装输出电抗器。另外，在此种情况下变频器的控制方式只能为U/f控制方式，并且变频器无法实现对电动机的保护，需在每台电动机上加装热继电器实现保护。

(3) 对于一些特殊的应用场合，如环境温度高、海拔高度高于1000m等，会引起变频器过电流，选择的变频器容量需放大1挡。

（4）变频器用于驱动高速电动机时，由于高速电动机的电抗小，会产生较多的谐波，这些谐波会使变频器的输出电流值增加。因此，选择的变频器容量应比拖动普通电动机的变频器容量稍大一些。

（5）变频器用于驱动变极电动机时，应充分注意选择变频器的容量，使电动机的最大运行电流小于变频器的额定输出电流。另外，在运行中进行极数转换时，应先停止电动机工作，否则会造成电动机空载加速，严重时会造成变频器损坏。

（6）变频器用于驱动防爆电动机时，由于变频器没有防爆性能，应考虑是否能将变频器设置在危险场所之外。

（7）变频器用于驱动齿轮减速电动机时，使用范围受到齿轮转动部分润滑方式的制约。润滑油润滑时，在低速范围内没有限制；在超过额定转速以上的高速范围内，有可能发生润滑油欠供的情况，因此，要考虑最高转速容许值。

（8）变频器用于驱动绕线转子异步电动机时，应注意绕线转子异步电动机绕组的阻抗小，因此容易发生由于谐波电流而引起的过电流跳闸现象，应选择比通常容量稍大的变频器。

（9）变频器用于驱动同步电动机时，与工频电源相比会降低输出容量10%～20%，变频器的连续输出电流要大于同步电动机额定电流。

（10）变频器用于驱动压缩机、振动机等转矩波动大的负载及油压泵等有功率峰值的负载时，按照电动机的额定电流选择变频器可能发生因峰值电流使过电流保护动作的情况。因此，应选择比在工频运行下的最大电流更大的运行电流作为选择变频器容量的依据。

（11）变频器用于驱动潜水泵电动机时，因为潜水泵电动机的额定电流比通常电动机的额定电流大，所以选择变频器时，其额定电流要大于潜水泵电动机的额定电流。

（12）变频器用于驱动罗茨风机或特种风机时，由于其启动电流很大，因此选择变频器时一定要注意变频器的容量是否足够大。

（13）变频器不适用于驱动单相异步电动机，当变频器作为变频电源用途时，应在变频器输出侧加装特殊制作的隔离变压器。

（14）选择的变频器的防护等级要符合现场环境，否则会影响变频器的运行。

第三节　变频器的使用注意事项与维护

一、变频器的使用注意事项

变频器使用不当，不但不能很好地发挥其优良的功能，而且有可能损坏变频器及其设备，因此在使用中应注意以下注意事项。

（1）变频器是节能设备，但并不适用于所有设备的驱动。在进行工程设计或设备改造时，应在熟悉所驱动设备的负载性质、了解各种变频器的性能和质量的基础上进行变频器的选型。

（2）认真阅读变频器产品的使用说明书，并按说明书的要求接线、安装和使用。

（3）变频器应牢固安装在控制柜的金属背板上，尽量避免与PLC、传感器等设备紧靠。

（4）变频器应垂直安装在符合标准要求（温度、湿度、振动、尘埃）的场所，并留有通风空间。

（5）变频器及电动机应可靠接地，以抑制射频干扰，防止变频器内因漏电而引起电击。

（6）变频器电源侧应安装同容量以下的断路器或交流接触器，电控系统的急停控制应使变频器电源侧的交流接触器断开，彻底切断变频器的电源供给，保证设备及人身安全。

（7）变频器与电动机之间一般不宜加装交流接触器，以免断流瞬间产生过电压而损坏变频器。

（8）变频器内电路板及其他装置有高电压，切勿以手触摸。切断电源后因变频器内高电压需要一定时间泄放，维修检查时，需确认主控板上高压指示灯（HV）完全熄灭后方可进行。

（9）用变频器控制电动机转速时，电动机的温升及噪声会比用电网（工频）时高；在低速运转时，因电动机风叶转速低，应注意通风冷却或适当减低负载，以免电动机温升超过允许值。

（10）当变频器使用50Hz以上的输出频率时，电动机产生的转矩与频率成反比的线性关系，此时，必须考虑电动机负载的大小，以防止电动机输出转矩的不足。

（11）不能为了提高功率因数而在变频器进线侧和出线侧装设并联补偿电容器，否则会使线路阻抗下降，产生过电流而损坏变频器。为了减少谐波，可以在变频器的进线侧和出线侧串联电抗器。

（12）变频器和电动机之间的接线应在30m以内，当接线超长时，其分布电容明显增大，从而造成变频器输出的容性尖峰电流过大引起变频器跳闸保护。

（13）绝不能长期使变频器过载运转，否则有可能损坏变频器，降低其使用性能。

（14）变频器若较长时间不使用，务必切断变频器的供电电源。

二、变频器的维护

变频器的使用环境对其正常功能的发挥及使用寿命有直接的影响，为了延长使用寿命、减少故障率和提高节能效果，必须对变频器进行定期的维护和部分零部件的更换。由于变频器的结构较复杂，工作电压很高，要求维护者必须熟悉变频器的工作原理、基本结构和运行特点。

1. 日常检查维护

日常检查维护包括不停止变频器运行或不拆卸其盖板进行通电和启动试验，通过目测变频器的运行状况，确认有无异常情况，通常检查内容如下。

（1）键盘面板显示是否正常，有无缺少字符。仪表指示是否正确，是否有振动、振荡等现象。

（2）冷却风扇部分是否运转正常，是否有异常声音等。

（3）变频器及引出电缆是否有过热、变色、变形、异味、噪声、振动等异常情况。

（4）变频器的散热器温度是否正常，电动机是否有过热、异味、噪声、振动等异常情况。

(5) 变频器控制系统是否聚集尘埃、各连接线及外围电气元件是否有松动等异常现象。

(6) 变频器的进线电压是否正常、电源开关是否有电火花、断相、引线压接螺栓是否松动等。

(7) 变频器周围环境是否符合标准规范，温度与湿度是否正常。变频器只能垂直并列安装，且上下间隙不小于100mm。

2. 定期检查维护

定期检查维护的范围主要有检查不停止运转而无法检查到的地方或日常检查难以发现问题的地方，以及电气特性的检查、调整等。检查周期根据系统的重要性、使用环境及设备的统一检修计划等综合情况来决定，通常为6～12个月。

定期检查维护时要切断电源，停止变频器运行，并卸下变频器的外盖。维护前必须确认变频器内部的大容量滤波电容已充分放电（充电指示灯熄灭），并用电压表测试充电电压低于DC 25V后才能开始检查维护。每次检查维护完毕后，要认真清点有无遗漏的工具、螺钉及导线等金属物留在变频器内部，然后才能将外盖盖好，恢复原状，做好通电准备。

(1) 内部清扫。对变频器内部进行自上而下的清扫，主电路元件的引线、绝缘端子以及电容器的端部应该用软布小心地擦拭。冷却风扇系统及通风道部分应仔细清扫，保持变频器内部的清洁及风道的畅通。如果是故障维修前的清扫，应一边清扫一边观察可疑的故障部位，对于可疑的故障点应做好标记，保留故障印迹，以便进一步判断故障。

(2) 紧固检查。由于变频器运行过程中温度上升、振动等原因常常引起主电路器件、控制回路各端子及引线松动，发生腐蚀、氧化、接触不良、断线等，因此要特别注意进行紧固检查。对于有锡焊的部分、压接端子处应检查有无脱落、松弛、断线、腐蚀等现象，对于框架结构件应检查有无松动、导体、导线有无破损、变异等。检查时可用螺钉旋具、小锤轻轻地叩击给予振动，检查有无异常情况产生，对于可疑地点应采用万用表测试。

(3) 电容器检查。检查滤波电容器有无漏液，电容量是否降低。高性能的变频器带有自动指示滤波电容容量的功能，由面板可显示出电容量及出厂时该电容器的容量初始值，并显示容量降低率，推算的电容器寿命等。若变频器无此功能，则需要采用电容测量仪测量电容量，测出的电容量应大于初始电容量的85%，否则应予以更换。对于浪涌吸收回路的浪涌吸收电容器、电阻器应检查有无异常，二极管限幅器、非线性电阻等有无变色、变形等。

(4) 控制电路板检查。对于控制电路板的检查应注意连接有无松动、电容器有无漏液、板上线条有无锈蚀、断裂等。控制电路板上的电容器，一般是无法测量其实际容量的，只能按照其表面情况、运行情况及表面温升推断其性能优劣和寿命。若电容器表面无异常现象发生，则可判定为正常。控制电路板上的电阻、电感线圈、继电器、接触器的检查，主要看有无松动和断线。

(5) 保护回路动作检查。在上述检查项目完成后，应进行保护回路动作检查，使保护回路经常处于安全工作状态。

1) 过电流保护功能的检测。过电流保护是通用变频器控制系统发生故障动作最多的回路，也是保护主回路元件和装置的最重要的回路。一般通过模拟过载、调整动作值，试验在设定过电流值下能可靠动作并切断输出。

2) 断相、欠电压保护功能的检测。电源断相或电压非正常降低时，将会引起功率单元

换流失败，导致过电流故障，因此必须瞬时检测出断相、欠电压信号，切断控制触发信号进行保护。可在变频器电源输入端通过调压器供电给变频器，模拟断相、欠电压等故障，观察变频器的断相、欠电压等相关的保护功能动作是否正确。

三、变频器维护的注意事项

（1）在出厂前，生产厂家都已对变频器进行了初始设定，一般不能任意改变这些设定。而在改变了初始设定后又希望恢复初始设定值时，一般需进行初始化操作。

（2）在新型变频器的控制电路中使用了许多 CMOS 芯片，用手指直接触摸电路板将会使这些芯片因静电作用而损坏。

（3）在通电状态下不允许进行改变接线或拔插连接件等操作。

（4）在变频器工作过程中不允许对电路信号进行检查，这是因为连接测量仪表时所出现的噪声以及误操作可能会使变频器出现故障。

（5）当变频器发生故障而无故障显示时，注意不能再轻易通电，以免引起更大的故障。这时应对断电做电阻特性参数测试，初步查找故障原因。

第四节 PLC 的选型基础

一、PLC 的分类

目前，我国 PLC 的分类还没有一个统一的标准，根据性能、结构、应用范围可将其进行如下分类。

1. 按性能分类

根据 PLC 的 I/O 点数、用户程序存储器容量、控制功能的不同，可将其分为小型、中型和大型 3 类。小型 PLC 又称低档 PLC，它的 I/O 点数为 6～128 点，用户程序存储器容量小于 2KB 字，功能简单，以开关量控制为主，可实现条件控制、顺序控制、定时记数控制，适用于单机或小规模生产过程。中型 PLC 又称中档 PLC，它的 I/O 点数在 128～512 点之间，用户程序存储器容量为 2～8KB 字，功能比较丰富，兼有开关量和模拟量的控制能力，具有浮点数运算、数字转换、中断控制、通信联网和 PID 调节等功能，适用于小型连续生产过程的复杂逻辑控制和闭环过程控制。大型 PLC 又称高档 PLC，它的 I/O 点数在 512 点以上，用户程序存储器容量达到 8KB 以上，控制功能完善，在中档机的基础上扩大和增加了函数运算、数据库、监视、记录、打印及中断控制、智能控制、远程控制的功能，适用于大规模的过程控制、集散式控制系统和工厂自动化网络。

2. 按结构分类

根据 PLC 的构成形式，可将其分为整体式和机架式（模块式）2 大类。整体式结构的 PLC 将 CPU、存储单元、I/O 模块、电源部件集中配置在一个机箱内，这种 PLC I/O 点数少、体积小、价格低，便于装入设备内部，小型 PLC 通常采用这种结构。机架式（模块式）结构的 PLC 将各单元做成独立的模块，使用时将这些模块分别插入机架底板的插座上，可根据生产实际的控制要求配置模块，构成不同的控制系统，这种PLC I/O点数多、配置灵活方便、易于扩展，大中型PLC通常采用这种结构。

3. 按应用范围分类

根据应用范围的不同，可将PLC分为通用型和专用型2类。通用型PLC作为标准工业控制装置可在各个领域使用，而专用型PLC是为了某类控制要求专门设计的PLC，如数控机床专用型、锅炉设备专用型、报警监视专用型等，由于应用的专一性，使其控制质量大大提高。

二、PLC模块的标注

在PLC模块的正面，一般都标注有该模块的型号，通过阅读型号即可以获得PLC模块的基本信息，下面以西门子6ES7-221-0BA23-0XA0（西门子S7-200系列数字输入晶体管型扩展模块）模块标注为例，说明其模块标注的含义。

"6ES7"——"6ES"指自动化系统系列，"7"指S7系列（"5"指S5系列）。

"221"——第1个"2"指200系列（"3"指300系列，"4"指400系列），第2个"2"指数字模块（"1"指CPU模块，"3"指模拟模块，"4"指通信模块，"5"指功能模块），"1"指输入模块（"2"指输出模块，"3"指I/O模块）。

"0BA23"——"0"指功能等级（数值越大功能越强），"B"指晶体管型（"H"指继电器型，"F"指交流型，"P"指温度信号），"A"指扩展模块或辅助模块（"B"指CPU模块），"23"指版本（版本号为2.3，如果最后一位数字"3"不同，基本上可以通用）。

"0XA0"——"0XA"指特殊功能描述（可查阅产品手册），"0"指进口（"8"指国产）。

三、PLC的选择原则

PLC选型的基本原则是根据生产工艺流程的特点和应用要求，最大限度地满足系统的控制功能，保证系统可靠工作，且性能价格比高，并兼顾维护的方便性、备件的通用性以及是否易于扩展和有无特殊功能等要求。

PLC及有关装置是集成的、标准的，按照易于与工业控制系统形成一个整体，易于扩充其功能的原则所选用的PLC应该是在相关工业领域有投运业绩、成熟可靠的系统，PLC的系统硬件、软件配置及功能应该与装置规模和控制要求相适应。

对于一个大型企业系统，应尽量做到机型统一。这样，同一机型的PLC模块可互为备用，便于备品备件的采购和管理。同时，其统一的功能及编程方法也有利于技术力量的培训、技术水平的提高和功能的开发。此外，由于其外设通用，资源可以共享，因此，配置上位计算机后即可把控制各独立系统的多台PLC连成一个多级分布式控制系统，这样便于相互通信、集中管理。

PLC在选型和估算时，应详细分析工艺流程的特点、控制要求、控制任务和范围、所需的操作和动作等，然后根据控制要求，估算I/O点数、所需存储器容量，由此再确定PLC的功能、外设特性等，最后选择有较高性能价格比的PLC和设计相应的控制系统。

第五节　PLC 的 选 型

为了获得最优的性价比，我们在选择 PLC 时要考虑众多的因素，这些因素包括 PLC 的品牌、性能、价格、产品在各行各业的使用情况、产品的开放性、公司新产品的开发能力和持久竞争力、自己对这个产品的熟悉程度和售后服务的了解等。随着科技的不断进步，PLC 的种类日益繁多，功能也逐渐增强，PLC 的选型还要根据实际情况做出适当的调整，以便设计出满足要求的控制系统。

一、PLC 品牌的选择

品牌产品不仅意味着占有大的市场份额，使用面广，而且在技术上具有代表性和先进性，所以选择一款在相应行业应用广泛、具有良好口碑的产品也就为控制系统的可靠性和先进性打下了软硬件基础。

PLC 的性能是多方面的综合体现，包括 I/O 点数的多少、用户存储器（含程序存储器和数据存储器）容量的大小、CPU 的运行速度、指令的种类及条数、内部器件的种类和数量及扩展模块的种类、功能的强弱等，选择一种能满足现在情况并充分考虑将来扩展的 PCL 产品是至关重要的。

当各种品牌的 PLC 产品的性能相当时，价格的因素就凸显出来。选择一款在行业中得到广泛应用的产品也会为工作带来不少益处，因为不用考虑产品的适用性，不用一切都从头开始，有前人积累的经验可供借鉴，这样可以大大提高工程的进度或缩短研发的周期。

二、PLC 机型的选择

PLC 机型的选择要以满足系统功能需要为宗旨，不要盲目贪大求全，以免造成投资和设备资源的浪费。由于机架式（模块式）PLC 的配置灵活、装配和维修方便，因此，从长远来看，提倡选择机架式（模块式）PLC。在工艺过程比较固定、环境条件较好（维修量较小）的场合，建议选用整体式结构的 PLC，其他情况则最好选用机架式（模块式）结构的 PLC。

（1）对于替代继电器-接触器控制电路或生产过程控制、上下限报警、时序控制和条件控制等，则应选用内部功能一般的 PLC。

（2）若需要进行模拟量控制，则应选用具有模拟量 I/O 模块、内部还具有数字运算功能的 PLC。

（3）若需进行数据处理和信息管理，则应选用具有图表传送、数据库生成等功能的 PLC。

（4）若需要进行高速计数，则应选用具有可扩展高速计数模块的 PLC。

（5）若需要进行联网通信、连接打印机或显示器，则应选用具有相应接口及接口程序的 PLC。

（6）对于以开关量控制为主、带少量模拟量控制的工程项目，选用带 A/D 转换、D/A 转换、加减运算、数据传送功能的低档 PLC 就能满足要求。

(7) 在控制比较复杂，控制功能要求比较高的工程项目中(如要实现PID运算、闭环控制、通信联网等)，可视控制规模及复杂程度来选用中档或高档的PLC。

(8) 对于要将PLC纳入自动控制网络的场合，应选用具有通信联网功能的PLC。

三、PLC I/O点数的估算

PLC的I/O点数是PLC的基本参数之一，对于同一个控制对象，由于采用的控制方法不同，PLC的I/O点数也会有所不同。在一般情况下，I/O点数应该有适当的余量，以便随时增加控制功能。通常根据控制设备所需的I/O点数的总和再增加10%～20%的可扩展余量后，作为I/O点数估算的数据。

PLC的I/O点数对价格有直接影响，如果备用的I/O点的数量太多，就会使成本增加。当点数增加到某一数值后，相应的存储器容量、机架、母板等也要相应增加。因此，I/O点数的增加对CPU、存储器容量、控制功能范围等选择都有影响，在估算和选用I/O点数时应充分考虑，使得整个控制系统有较合理的性价比。

四、PLC模块的选择

PLC与工业生产过程的联系是通过I/O接口模块来实现的，PLC有许多I/O接口模块，包括数字量I/O模块、模拟量I/O模块以及其他一些特殊功能模块，不同的模块其电路和性能不同，它直接影响着PLC的应用范围和价格，使用时应根据它们的特点结合实际情况进行合理选择。

1. 数字量I/O模块的选择

对于数字量输入模块，应考虑输入信号电平、信号传输距离、信号隔离、信号供电方式等应用要求。对于数字量输出模块应考虑其种类的特性，如继电器触头输出型、AC 120V/230V双向晶闸管输出型、DC 24V晶体管输出型等的特性。通常继电器触头输出型模块具有价格低廉、电压等级范围大、负载电压灵活(可直流、可交流)、隔离作用好等特点，但是使用寿命较短、响应时间较长，适用于动作不频繁的交、直流负载，在用于感性负载时需要增加浪涌吸收电路。双向晶闸管输出型模块响应时间较快，适用于开关频繁、电感性低功率因数负载场合，但价格较贵，过载能力较差。另外，数字量I/O模块按照I/O点数又可分为8点、16点、32点等规格，选择时也要根据实际的需要合理配备。

2. 模拟量I/O模块的选择

模拟量输入模块按照输入信号可分为电流输入型、电压输入型、热电偶输入型等。电流输入型通常信号等级为4～20mA或0～20mA；电压输入型通常信号等级为0～10V、－5～＋5V等，有些模拟量输入模块可以兼容电压或电流输入信号。模拟量输出模块同样分为电压输出型和电流输出型，电流输出型的信号通常有1～20mA、4～20mA，电压输出型的信号通常有1～10V、－10～＋10V等。对于模拟量I/O模块，按照I/O通道数可以分为2通道、4通道、8通道等规格。

3. 特殊功能模块的选择

特殊功能模块包括通信模块、定位模块、脉冲输出模块、高速计数模块、PID控制模

块、温度控制模块等，选择PLC时应考虑功能模块配套的可能性。硬件方面应考虑功能模块是否可以方便地和PLC相连接，PLC是否有相关的连接、安装位置与接口、连接电缆等附件。软件方面应考虑PLC是否具有对应的控制功能，是否可以方便地对功能模块进行编程。

五、PLC存储器容量的选择

PLC系统所用的存储器基本上由可编程只读存储器PROM、EPROM、EEPROM、RAM几种类型组成，存储器容量则随机型的大小变化，一般小型机的最大存储能力低于6KB，中型机的最大存储能力可达64KB，大型机的最大存储能力可达兆字节。使用时可以根据程序及数据的存储需要来选用合适的机型，必要时也可专门进行存储器的扩充设计。

存储器容量是指PLC本身能提供的用户程序存储单元的大小，因此它应大于程序容量，为了使用方便，存储器容量一般应留有25％～30％的扩展余量。PLC的存储器容量通常与I/O的类型和数量有关系，选择存储器容量之前必须先对用户程序的大小有所了解。用户程序的大小有2种计算方法，第1种方法是先编写程序，然后根据程序使用了多少步来精确计算存储器的实际使用容量，如1000步的程序需占用存储器2KB的容量（1步占用1个地址单元，1个地址单元占用2字节），这种方法的优点是计算精确，缺点是要编写完程序之后才能计算。第2种方法为估算法，较为常用，用户可根据控制规模和应用目的，按照如下经验公式进行估算。

（1）对于数字量输入，存储容量字节数(B)＝数字量输入点数×(10～15)。

（2）对于数字量输出，存储容量字节数(B)＝数字量输出点数×(5～10)。

（3）对于模拟量输入，存储容量字节数(B)＝模拟量输入路数×100。

（4）对于模拟量输出，存储容量字节数(B)＝模拟量输出路数×260。

（5）对于定时器和计数器，存储容量字节数(B)＝总个数×(3～5)。

将上述估算后的字节数相加，并另外再加25％的扩展余量，所得之数即为存储器容量的总字节数。

六、PLC电源的选择

PLC的供电电源，应根据产品说明书的要求选用，一般应选用与电网电压一致的AC 220V电源。重要的应用场合，应采用不间断电源或稳压电源供电。如果PLC本身带有可使用的电源，应核对PLC系统所需电流是否在电源限定电流之内，否则应设计外接供电电源。在选择PLC所用电源的容量时，应核对电源提供的电流是否大于CPU模块、I/O模块、专用模块等消耗电流的总和，如果满足不了这个条件，解决的办法有更换电源、调整PLC模块、更换PLC机型。如果电源干扰特别严重，可以选择安装一个变比为1∶1的隔离变压器，以减少设备与地之间的干扰。

七、PLC扫描速度的选择

PLC采用扫描方式工作，从实时性要求来看，扫描速度应越快越好，如果信号持续时间小于扫描速度，则PLC将扫描不到该信号，造成信号数据的丢失。扫描速度与用户程序的长度、CPU处理速度、软件质量等有关，选择扫描速度（处理器扫描速度）应满足小型PLC的扫描速度不大于0.5ms/千步，大中型PLC的扫描速度不大于0.2ms/千步。目前，PLC接点的响应快、速度高，每条二进制指令执行时间为0.2～0.4μs，因此能满足控制要求高、响应要求快的应用需要。

八、PLC支撑技术条件的选择

选用PLC时，有无支撑技术条件同样是重要的选择依据，支撑技术条件包括下列内容。

1. 编程工具

小型PLC控制规模小、程序简单，不需要运行监控功能时，可用便携式简易手持编程器。而彩色显像管监视器（CRT）编程器适用于大中型PLC，除了可用于编制和输入程序外，还具备编辑和打印程序文本、实时监控运行状况等功能。由于微型计算机已得到普及推广，微型计算机及其兼容机的编程软件包是PLC很好的编程工具。目前，PLC厂商都在致力于开发适用于自己机型的、功能日趋完善的微型计算机及其兼容机编程软件包，并获得了成功。

2. 程序文本处理

是否具有简单程序文本处理、梯形图打印以及参量状态和位置的处理等功能；是否具有程序注释，包括触头和线圈的赋值名、网络注释等，这些对用户或软件工程师阅读和调试程序非常有用。

3. 程序储存方式

作为技术资料档案和备用资料，程序的存储方法有磁带、软磁盘或EEPROM存储程序盒等方式，具体选用哪种储存方式，取决于所选机型的技术条件。

4. 通信软件包

对于网络控制结构或需用上位计算机管理的控制系统，有无通信软件包是选用PLC的主要依据，通信软件包往往和通信硬件（如调制解调器等）一起使用。

第六节　PLC的使用注意事项与维护

一、PLC的使用注意事项

（1）技术指标规定PLC的工作环境温度为0～55℃，相对湿度为85%RH以下（无结霜）。因此，不要把PLC安装在高温、结霜、雨淋的场所，也不宜安装在多尘、多油烟、有腐蚀性气体和可燃性气体的场所，也不要将其安装在振动、冲击强烈的地方。如果环境条件恶劣，应采取相应的通风、防尘、防振措施，必要时可将其安装在控制室内。

（2）PLC不能与高压电器安装在一起，控制柜中应远离强干扰和动力线，如大功率可控装置、高频焊机、大型动力设备等，二者间距应大于200mm。

（3）PLC的I/O连接线与控制线应分开布线，并保持一定距离，如不得已要在同一线槽

中布线应使用屏蔽线。

(4) 交流线与直流线、输入线与输出线最好分开布线，传送模拟量的信号可采用屏蔽线，其屏蔽层应在模拟量模块一端接地。

(5) 干扰往往通过电源进入 PLC，在干扰较强或可靠性要求高的场合，动力部分、控制部分、PLC 自身电源及 I/O 回路的电源应分开配线。另外，PLC 电源线截面积一般情况下不能小于 $2mm^2$。

(6) 根据负载性质并结合输出点的要求，确定负载电源的种类及电压等级，能用交流的不选直流，AC 220V 可行的不选 DC 24V。

(7) 负载电源即便是 AC 220V，也不宜直接取自电网，应采取屏蔽隔离措施，如安装一个变比为 1∶1 的隔离变压器，而且同一系统的基本单元、扩展单元的电源与其输出电源应取自同一相。

(8) PLC 一般可直接驱动接触器、继电器和电磁阀等负载，但是，在环境恶劣、输出回路接地短路故障较多的场所，最好在输出回路上加装熔断器作短路保护。

(9) PLC 接感性负载时，应在负载两端并联 *RC* 浪涌电流抑制器。PLC 接直流负载时，应在负载两端并联续流二极管。

(10) 用户程序宜存储在 EPROM 或 EEPROM 存储器中，当后备电池失电时程序不丢失。若程序存在 RAM 存储器中，应时常注意 PLC 的后备电池异常信号 BATT. V。

(11) 当后备电池异常时，必须在一周内更换，且更换时间不超过 3min，否则会造成存储器 RAM 数据丢失，同时还应做好程序备份工作。

(12) 对大中型 PLC 系统，应制定维护保养制度，做好运行、维护、保养记录。定期对系统进行检查保养，时间间隔为半年，最长不超过一年，特殊场合应缩短时间间隔。

二、PLC 的维护

(1) 检查供电电源。供电电源的质量直接影响 PLC 的使用可靠性，对于故障率较高的部件，应检查工作电压是否满足其额定值的 85%～110%，若电压波动频繁，建议加装稳压电源。对于使用 10 多年的 PLC 系统，若经常出现程序执行错误，首先应考虑电源模块供电质量。

(2) 检查运行环境温度（0～55℃）。温度过高将会使 PLC 内部元件性能恶化和故障增加，尤其是 CPU 会因“电子迁移”现象的加速而降低 PLC 的使用寿命。温度偏低，模拟电路的安全系数也会变小，超低温时可能引起控制系统动作不正常，解决的方法是在控制柜中安装合适的轴流风扇或加装空调，并经常检查。

(3) 检查环境相对湿度（5%～85% RH）。在湿度较大的环境中，水分容易通过模块上集成电路 IC 的金属表面缺陷而侵入内部，引起内部元件性能的恶化，使内部绝缘性能降低，从而会因高压或浪涌电压而引起短路。在极其干燥的环境下，CMOS 集成电路会因静电而引起击穿。

(4) 检查指示灯。PLC 一般设置电源指示灯（POWER，红色）、运行指示灯（RUN，绿色）、报警指示灯（ALAM）、出错指示灯（ERROR）。若 PLC 运行，红色电源指示灯亮，绿色运行指示灯亮，其他指示灯皆不亮，说明系统运行正常。若电源指示灯亮，报警指示灯闪烁，说明PLC存在异常，如电池寿命将尽、循环超时等（但非原则性错误，一般不会中断程序运行），可用编程器清除异常，修正错误，令系统重新运行。若出现错误指示灯亮，说明存在原则性错误，系统将中断运行。若此程序较简短，可用编程器核查或重新输入程序。若程序复杂，可直接更换备品或单元。

（5）检查安装场所。PLC应远离有强烈振动源的场所，防止振动频率为0～55Hz的频繁或连续振动。当使用环境不可避免有振动时，必须采取减振措施，如采用减振胶、减振垫等。

（6）检查安装状态。检查PLC各单元固定是否牢固、各种I/O模块端子是否松动、PLC通信电缆的子母连接器是否完全插入并旋紧、外部连接线有无损伤等。

（7）除尘防尘。要定期吹扫内部灰尘，以保证风道的畅通和元件的绝缘性能。对于空气中有较多粉尘或腐蚀性气体的环境，可将PLC安装在封闭性较好的控制室或控制柜中，并且进风口和出风口加装滤清器，可阻挡绝大部分灰尘的进入。

（8）定期检查。PLC系统内有些设备或部件使用寿命有限，应根据产品制造商提供的数据建立定期更换设备一览表。例如，PLC内的锂电池一般使用寿命是3～5年，输出继电器的机械触头使用寿命是100万～500万次，电解电容的使用寿命是3～5年等。

三、PLC的维护注意事项

（1）拆装模块一定要断电，否则会损坏模块。

（2）PLC的控制电路中使用了许多CMOS芯片，用手指直接触摸电路板将会使这些芯片因静电作用而损坏。

（3）控制柜要有整洁干燥的环境，内部应安放吸湿干燥物，并防止冷却液、油雾的飞溅。

（4）无论系统工作或者停机，控制柜门要始终处于关闭状态，保持部件有良好的密封性。

（5）保持控制柜风机的通风良好，通风口要避开冷却液、油雾飞溅的区域，保持进风口清洁与干燥。

（6）按规定要求，定期检查、清洗或更换风机过滤、防尘网。

（7）定期清洁控制柜内部与电气元件的灰尘，保持电气元件处于良好的工作环境与工作状态。

（8）电缆、电线进出口保持密封状态，防止杂物、灰尘侵入。

（9）对于通断大功率部件的触头，应定期检查触头的接触状态，清理触头表面，防止氧化。

（10）定期检查安装于设备上的检测元件，随时清洁其上的铁屑、灰尘等污物，保证动作可靠。

参 考 文 献

[1] 王仁祥. 通用变频器选型与维修技术. 北京：中国电力出版社，2004.
[2] 邓志良，等. 电气控制技术与 PLC. 南京：东南大学出版社，2002.
[3] 王建，等. 西门子变频器入门与典型应用. 北京：中国电力出版社，2012.
[4] 万英. 维修电工中级考证速成教程. 北京：中国电力出版社，2016.
[5] 万英. 怎样识读常用电气控制电路图. 北京：中国电力出版社，2015.